高等职业院校学生职业综合素质和行动能力系列教程

U0884751

以生涯规划为引导的职业素养训练指导

主　编／耿　兵　周生斌　陈　文
副主编／程春芳　李佳霖　熊　灿
　　　　高　攀

大连理工大学出版社

图书在版编目(CIP)数据

以生涯规划为引导的职业素养训练指导 / 耿兵，周生斌，陈文主编. -- 大连 ：大连理工大学出版社，2024.4

高等职业院校学生职业综合素质和行动能力系列教程

ISBN 978-7-5685-4940-0

Ⅰ. ①以… Ⅱ. ①耿… ②周… ③陈… Ⅲ. ①职业道德－高等职业教育－教材 Ⅳ. ①B822.9

中国国家版本馆 CIP 数据核字(2024)第 073812 号

大连理工大学出版社出版

地址：大连市软件园路 80 号　　邮政编码：116023

发行：0411-84708842　邮购：0411-84708943　传真：0411-84701466

E-mail：dutp@dutp.cn　　URL：https://www.dutp.cn

大连天骄彩色印刷有限公司印刷　　大连理工大学出版社发行

幅面尺寸：185mm×260mm　　印张：15　　字数：347 千字

2024 年 4 月第 1 版　　2024 年 4 月第 1 次印刷

责任编辑：刘俊如　　责任校对：程砚芳

封面设计：张　莹

ISBN 978-7-5685-4940-0　　定　价：48.00 元

前言

《以生涯规划为引导的职业素养训练指导》是高等职业院校学生职业综合素质和行动能力系列教程之一。职业教育是一个类型教育，职业素养的培养对职业院校的学生成长和社会进步具有举足轻重的意义。高职院校的学生必须在充分理解职业教育的前提下规划人生。本教材以学校建立的"三位一体"综合素质及行动能力育人体系为依托，以职业教育为核心，以职业典型为引导，以生涯规划为手段，旨在帮助学生建立终生、可持续发展的职业生涯规划意识，引领学生明确职业方向，提升职业素养，做好个人规划，促进就业行动能力提升，助力他们成长为具备高素质的技术技能型人才、能工巧匠、大国工匠，并能在职场中不断提升自我发展新高度。

本教材共分为五个部分 15 个项目，每个项目都设有"职业课堂"，可帮助学生对职业教育进行深入了解。教材中还有以二维码形式呈现的"拓展阅读""生涯故事"及"趣味测试"，学生可通过扫码自行阅读或完成测试内容。这在帮助学生拓宽知识领域、了解自己的同时，也丰富了教材内容。教材的每个部分都紧扣职业素养训练的关键环节，从认识职业环境、提升职业境界、履行职业职责、提高心理素质到增强社会意识，层层深入，逐步展开。

第一部分"实事求是面向未来职业"包含了"认识职业环境""树立价值追求"和"分析职业目标"三个项目的内容。可帮助学生掌握行业发展分析方法、分析职业发展环境，让学生能够更清晰地了解职业市场的现状和未来趋势。同时，可帮助学生树立适应自身的择业观、明确职业道德与职业责任，有助于其形成正确的职业观念和价值观。

第二部分"理性思维提升职业境界"包含了"认识职业教育""充分认识自己"和"定位职业目标"三个项目的内容。让学生能够更深入地认识职业教育的价值，学习自我管理方法、确定合理的职业目标并分析目标达成的可能性，帮助学生提升自我职业规划能力和执行能力。

第三部分"守法用法履行职业职责"包含了"制订学涯计划""设计职业生涯""实施成长行动"三个项目的内容。旨在帮助学生更好地规划自己的职业生涯并树立正确的职业价值观。在学习与职业相关的法律法规的同时，制订有效的学涯计划并评估其实施情况，能够帮助学生确保职业生涯的合法性和有效性。

第四部分"积极向上提高心理素质"包含了"提升职业素养""丰富行动内容""进行自我评估"三个项目的内容。可培养积极的心理素质、教会学生掌握抗压方法，拥抱变化、树立职业自信和乐观精神，学生能够提升自己在面对职业挑战时的心理承受能力和适应能力。同时，通过制订合理的学习生活计划、增强社会责任感和实践能力、培养个人职业综合胜任力等任务，帮助学生全面提升个人的职业素养和综合能力。

第五部分“承担责任增强社会意识”包含了“总结行动成果”“调整成长计划”“迎接职业挑战”三个项目的内容，目的是让学生了解在职业生涯中承担责任和增强社会意识的重要性。通过总结阶段性成就与收获、查缺补漏提出改进方案、制定下一步训练目标和计划等任务，学生能够不断反思和提升自己的职业素养。同时，分析挑战制定应对方案、制定个人持续发展规划等任务，以帮助学生在职业生涯中保持灵活性和适应性。

本教材由四川长江职业学院耿兵、周生斌、陈文担任主编，四川长江职业学院程春芳、李佳霖、熊灿、高攀担任副主编，四川长江职业学院文健、叶双、陈程、周玲、冷文聪、段春华、张芳 、李资融、廖纪鑫、张莉娜、李星参与了教材编写工作。耿兵负责构建教材的整体框架，确定教材的章节结构、内容安排和逻辑关系，确保教材内容的系统性和连贯性，编写“职业课堂”，确保本教材对于高职院校学生的针对性；周生斌负责明确教材的核心思想，通过深入研究职业教育理论和实践，提炼出教材的关键观点和理念，遴选“拓展阅读”，确保案例具有典型教育价值；陈文编写项目1；程春芳编写项目3；李佳霖编写项目5；熊灿编写项目10；高攀编写项目8；文健编写项目15；叶双编写项目2；陈程编写项目11；周玲编写项目13；冷文聪编写项目9；段春华编写项目7；张芳编写项目12；李资融编写项目14；廖纪鑫编写项目6；张莉娜编写项目4；李星参与第四部分内容审核及资料查重，并提供“生涯故事”材料。全书由陈文统稿并对各部分内容进行统筹安排。

本教材的编写注重理论与实践相结合，同时，学校也围绕“一体化”生涯规划指导及就业行动能力提升开展了多项深入研究①。本教材既包含丰富的理论知识，又提供实用的案例分析，旨在帮助学生将所学知识转化为实际行动，提升职业素养，为未来的职业发展奠定坚实基础。希望广大学生能够认真学习，积极实践，不断提升自己的职业素养，为社会的进步和发展贡献自己的力量。

在编写本教材的过程中，我们参考、引用和改编了国内外出版物中的相关资料以及网络资源，在此对这些资料的作者表示深深的谢意！请相关著作权人看到本教材后与出版社联系，出版社将按照相关法律的规定支付稿酬。

由于编者水平有限，加上时间仓促，书中内容可能存在不当之处，敬请读者指正！

编　者

2024年4月

所有意见和建议请发往：dutpgz@163.com

欢迎访问职教数字化服务平台：https://www.dutp.cn/sve/

联系电话：0411-84706672

①四川长江职业学院2023年校级教改课题“构建高职院校‘一体化’职业生涯指导及就业能力培养体系的研究与实践 ”，课题编号2023JG14；

四川高等职业教育研究中心2023年课题项目“A Project Supported by Scientific Reserch Fund of SiChuan Vocational and techenical Education Center ”“以‘一体化’职业生涯指导思路构建高职院校‘334’就业行动力培养体系的研究与实践”的阶段性成果，项目编号：GZY23B10。

目录

第一部分　实事求是面向未来职业

第二部分　理性思维提升职业境界

第三部分　守法用法履行职业职责

第四部分 积极向上提高心理素质

第五部分 承担责任增强社会意识

第一部分

实事求是面向未来职业

项目1 认识职业环境

项目指南

认识职业环境是我们在选择和发展职业生涯中至关重要的一步。本项目将通过了解职业教育发展趋势、掌握行业发展分析方法、分析职业发展环境以及收集目标职业用人需求等任务，帮助我们全面而深入地认识职业环境。

通过完成项目一的学习，我们可以全面而深入地认识所选职业的环境和发展趋势，为制定职业规划和求职策略寻求有力的支撑和指导。同时，我们还可以通过不断地学习和成长，提高自己的竞争力和适应力，更好地应对职业环境中的变化和挑战。

学习目标

1. 了解职业教育的发展趋势；
2. 了解行业的发展趋势、市场规模、竞争格局等信息；
3. 了解职业的需求、职责、技能要求和发展前景等；
4. 了解目标职业的招聘数量、任职要求、薪资待遇等关键信息。

任务1 了解职业教育发展趋势

任务知识点

一、教育环境的变革与发展

1998年12月24日，中华人民共和国教育部提出了《面向21世纪教育振兴行动计划》，正式拉开了高校扩招的大幕。据统计，1998年，全国高校的招生人数为108万，1999年扩招比例高达47%，这使数十万名考生得以跨入高校大门，也使中国高等教育驶入发展的快车道。

1. 高等教育人数激增

2000 年以前，大学生人数很少，不足 100 万人，那时候的大学生非常吃香，特别是在农村，能成为大学生非常了不起，毕业后非常好找工作。2000 年以后，每年大学毕业生数量都能突破 100 万，且逐年增长，到 2023 年，全国普通高校毕业生规模达 1 158 万人，比 2022 年增加了 82 万人，其中专科生 470 万人。

随着经济、政策、社会环境等各方面的影响，高考人数呈现逐年攀升的趋势。2023 年，全国高考报名人数达到了 1 291 万人，比上一年增加了 98 万人，再次创造了历史新高。这已经是第五年高考报名人数超过千万。而 2013 年高考报名学生只有 912 万人，十年时间，高考学生增加 379 万人，增长约 41.5%

截至 2023 年 6 月 15 日，全国共有高等学校 3 072 所，其中，普通本科学校 2 820 所，含本科院校 1 275 所；高职（专科）学校 1 545 所；成人高等学校 252 所。2023 年，全国共有高等学校 3 074 所，比上年增加 61 所。其中，普通本科学校 1 242 所（含独立学院 164 所）；本科层次职业学校 33 所；高职（专科）学校 1 547 所；成人高等学校 252 所。另有培养研究生的科研机构 233 所。

各种形式的高等教育在学总规模 4 763.19 万人，比上年增加 108.11 万人，增长 2.27%。全国普通、职业本专科共招生 1 042.22 万人，比上年增长 2.73%。其中，普通本科招生 478.16 万人，比上年增长 2.19%；职业本科招生 8.99 万人，比上年增长 17.82%；高职（专科）招生 555.07 万人，比上年增长 2.99%。全国共招收成人本专科 445.49 万人，比上年增长 1.24%；在校生 1 008.23 万人，比上年增长 7.99%。招收网络本专科 163.42 万人；在校生 739.97 万人。

2. 逝去的“耍”大学

你可能曾经听过“大学生是自由的”“读大学就解放了”的说法，但是现在，我们曾经认为的“耍”大学一去不复返。

为了提高大学教育质量，唤醒我国大学生学习意识及就业紧迫感，2018 年 11 月，在由中华人民共和国教育部（以下简称教育部）主办的“2018—2022 年教育部高等学校教学指导委员会成立会议”上，高教司司长做了关于《全面把握形势 全面振兴本科教育 全面发挥教指委作用》专题报告，他提道：大学将实现三个“一去不复返的日子”，其中第一条就是，“不能搞‘玩命’的中学，也不能办‘快乐’的大学！一部分学生天天打游戏、天天睡大觉、天天谈恋爱，‘醉生梦死’的日子一去不复返了！”

大学不再是玩乐的天堂，不再是肆意放纵的乐园。文件下发后，各高校对此高度重视，很多学校提出了教育管理体制改革，对学生的成绩管理也由曾经的期末成绩评定，演变成过程性考核等多种评定方法，这就意味着如果学生平时作业不按时提交、课堂表现差、出勤率差或态度不端，即使期末考试及格，也不能顺利通过该门课程的考核，会面临补考或重修。

2018 年 8 月 22 日，教育部发布了《关于狠抓新时代全国高等学校本科教育工作会议精神落实的通知》（以下简称《通知》），《通知》中贯穿了“狠”的原则。

首先《通知》中说到“要切实加强学习过程的考核，加大过程考核成绩在课程总成绩中的比重，严格考试纪律、严把毕业出口关，坚决取消‘清考’制度”。《通知》要求各高校重塑考试的权威地位，改变国内大学本科阶段“严进宽出”的积弊，不再给学生太多“苟且”的机会和情面。

本科生面临取消“清考”的命运，那么专科生呢？虽然教育部对专科院校并未做出统一要求和规定，但是取消“清考”是大势所趋，目的很明确，就是希望当代大学生认真对待大学学习，而不是混日子，要让自己学到知识、学到文化、学到技能，为立足社会做好准备。目前很多专科院校已做出初步决定，将在未来两年时间里，逐步取消“清考”。学习是为自己不是为其他任何人，所以无论是否取消“清考”，无论何时取消，都请珍惜你的大学时光，学有所成，努力实现自己的职业理想。

3. 职业教育重视程度提高

2019 年中华人民共和国国务院印发了《国家职业教育改革实施方案》(以下简称《方案》)，《方案》中强调“职业教育与普通教育是两种不同教育类型，具有同等重要地位”。

2021 年 4 月 12 日至 13 日，全国职业教育大会在京召开，中共中央总书记、国家主席、中央军委主席习近平对职业教育工作做出重要指示。习近平指出：“在全面建设社会主义现代化国家新征程中，职业教育前途广阔、大有可为。要坚持党的领导，坚持正确办学方向，坚持立德树人，优化职业教育类型定位，深化产教融合、校企合作，深入推进育人方式、办学模式、管理体制、保障机制改革，稳步发展职业本科教育，建设一批高水平职业院校和专业，推动职普融通，增强职业教育适应性，加快构建现代职业教育体系，培养更多高素质技术技能人才、能工巧匠、大国工匠。”

2021 年 4 月，中共中央办公厅、国务院办公厅印发了《关于推动现代职业教育高质量发展的意见》(以下简称《发展意见》)。《发展意见》把类型定位作为谋划职业教育工作的逻辑起点，予以巩固和优化。同时，《发展意见》提出“加快构建现代职业教育体系”，聚焦高质量发展，树立系统观念，强化职业中等教育的基础地位，高质量发展职业高等教育，稳步发展职业本科教育。《发展意见》还提出“建设技能型社会服务”，要求通过加快建设国家重视技能、社会崇尚技能、人人享有技能的技能型社会，激励更多劳动者，特别是青年一代走技能成才、技能报国之路。

2022 年 10 月，中国共产党第二十次全国代表大会报告指出：“统筹职业教育、高等教育、继续教育协同创新，推进职普融通、产教融合、科教融汇，优化职业教育类型定位。”同年 12 月，印发了《关于深化现代职业教育体系建设改革的意见》(以下简称《改革意见》)。《改革意见》指出：“推动职普协调发展、相互融通，让不同禀赋和需要的学生能够多次选择、多样化成才；坚持以教促产、以产助教、产教融合、产学合作，延伸教育链、服务产业链、支撑供应链、打造人才链、提升价值链，推动形成同市场需求相适应、同产业结构相匹配的现代职业教育结构和区域布局。”

二、职业教育发展新动向

在 20 世纪，职业教育的发展经历了多次变革。例如，德国从 20 世纪 60 年代开始推行“双元制”职业教育模式，即通过企业与职业学校之间的合作，提高职业教育的质量和实用性。美国从 20 世纪 70 年代开始推广社区学院制度。

进入21世纪，随着经济全球化和技术进步的加速，职业教育的发展趋势也在发生变化。其中，以下几个方面是未来职业教育发展的重要趋势：

(1)终身学习。随着知识更新速度的加快，终身学习成为职业发展的重要趋势。职业教育需要为学生提供多样化的学习机会和资源，帮助学生不断更新知识和技能，以适应不断变化的工作市场需求。

(2)校企合作。校企合作是职业教育发展的重要方向。通过与企业合作，职业学校可以更好地了解市场需求和行业发展趋势，优化人才培养模式和课程设置，提高人才培养的质量和实用性。同时，企业可以通过与职业学校的合作，获得符合其需求的技能人才，提升其竞争力和创新能力。

(3)数字化和智能化。信息技术的发展为职业教育提供了新的机遇和挑战。数字化和智能化成为职业教育发展的重要趋势，通过信息技术手段，职业学校可以实现远程教育、在线课程、虚拟实训等，打破时间和空间限制，提高教育教学的灵活性和便捷性。

(4)国际化。随着经济全球化的加速，职业教育的国际化也成为一种趋势。职业学校需要加强与国际同行的交流与合作，引进国际先进的职业教育理念、教学模式和教学资源，提高自身的国际化水平，培养具有国际视野和跨文化交流能力的技能人才。

(5)高质量发展。随着人们对职业教育质量和实用性要求的不断提高，高质量发展成为职业教育的重要趋势。职业学校需要加强实践教学和校企合作，提高学生的实际操作能力和职业素养，培养出更多符合市场需求的高素质技能人才。

2021年全国职业教育大会提出要“健全多元办学格局”。2022年修订实施的《职业教育法》第九条：“国家鼓励发展多种层次和形式的职业教育，推进多元办学，支持社会力量广泛、平等参与职业教育。国家发挥企业的重要办学主体作用，推动企业深度参与职业教育，鼓励企业举办高质量职业教育。”

教育部政策法规司在释法中指出：多元办学是职业教育区别于普通教育的重要特征。新法明确办学主体多元，教育部门、行业主管部门、工会和中华职业教育社等群团组织、企业、事业单位等可以广泛、平等参与职业教育；办学形式多样，既可以独立开办，也可以联合开办，既可以开办职业学校、职业培训机构，也可以开办实习实训基地等。新法多措并举推进企业办学，落实企业在职业教育中的主体地位；突出鲜明导向，规定发挥企业的重要办学主体作用，推动企业深度参与职业教育，鼓励企业举办高质量职业教育；丰富举办方式，规定企业可以利用资本、技术、知识、设施设备等要素开办职业学校、职业培训机构，企业职工教育经费可以用于开办职业教育机构；强化办学责任，规定企业应当依法履行实施职业教育的义务，开展职业教育的情况应当纳入企业社会责任报告；完善支持政策，规定对企业开办的非营利性职业学校和职业培训机构可以采取政府补贴、基金奖励、捐资激励等扶持措施，参照同级同类公办学校生均经费等给予适当补助。

此次，《职业教育法》修订坚持目标导向、问题导向、效果导向，系统构建了新时代职业教育法律制度体系。针对性和可操作性更强，体现了最新的发展理念和制度创新。

职业课堂

我国职业教育改革发展综述

党的十八大以来，特别是随着2019年国务院《国家职业教育改革实施方案》的出台，2022年《中华人民共和国职业教育法》修订版颁布，我国职业教育面貌发生了格局性的变化。

截至2021年，我国共有职业学校1.13万所，在校生3 088万人。每年毕业生近千万，累计培训各类从业人员2亿多人次，已经成为世界规模最大的职业教育体系，培养了一大批支撑经济社会发展的技术技能人才。职业教育改革重点体现在下面两个方面：

1. 职业教育从“层次”到“类型”

针对“考不上高中去读中职，考不上本科去读高职”的误区，《国家职业教育改革实施方案》开宗明义指出，“职业教育与普通教育是两种不同教育类型，具有同等重要地位”。2021年，中共中央办公厅、国务院办公厅印发《关于推动现代职业教育高质量发展的意见》指出，职业教育是国民教育体系和人力资源开发的重要组成部分，肩负着培养多样化人才、传承技术技能、促进就业创业的重要职责，并提出“巩固职业教育类型定位”。2022年修订的《中华人民共和国职业教育法》指出，“职业教育是与普通教育具有同等重要地位的教育类型，是国民教育体系和人力资源开发的重要组成部分”，这是首次以法律的形式明确了职业教育的地位。新法规定职业教育是与普通教育具有同等重要地位的教育类型；规定国家统筹推进职业教育与普通教育协调发展；规定职业教育是为了培养高素质技术技能人才，使受教育者具备从事某种职业或者实现职业发展所需要的职业道德、科学文化与专业知识、技术技能等职业综合素质和行动能力而实施的教育；规定职业学校学生在升学、就业、职业发展等方面与同层次普通学校学生享有平等机会，禁止设置歧视政策。

2019—2021年，教育部批准了27所学校独立举办本科层次职业教育。2021年，教育部印发《职业教育专业目录(2021年)》，其中设置了247个高职本科专业，并印发《本科层次职业教育专业设置管理办法(试行)》，正式建立本科层次职业教育专业设置管理的国家制度。从中职到高职专科，再到本科层次职业教育，职业教育止步于专科层次的“天花板”被打破。《职业教育法》更是取消“层次”概念，将职业教育分为“中等职业学校教育”(专科)和“高等职业学校教育”(本科及以上)。

2020年全国高职分类考试招生逾300万人，超过高职学校招生总数的60%，中等职业学校(含技工学校)学生进入高职单招行列，促进了教育结构优化。分类考试招生成为招生主渠道，“1+X”证书制度试点加快推进，职业教育国家学分银行加快构建，“三教”改革持续深化……我国职业教育改革举措频频出台。纵向贯通、横向融通的现代职业教育体系已经构建起来，我国职业教育发展迈入了提质培优、增值赋能的高质量发展新阶段。

2. 职业教育逐步理顺教育链、人才链、产业链衔接的人才培养

职业院校毕业的学生越来越优秀，越来越抢手了。毕业生受欢迎，缘于培养质量的提升。对接重点产业优化专业结构，强化工学结合、注重实训、模块化的教育教学活动，推进产教融合、校企合作……一系列“组合拳”为社会培养高素质技术技能人才奠定基础。

自1996年颁布《中华人民共和国职业教育法》以来，职业教育培养了一大批支撑经济社会发展的技术技能人才，在服务国家战略、服务区域发展、服务乡村振兴、促进教育公平等方面发挥了重要作用。全国职业学校开设1 300余个专业和10余万个专业点，基本覆盖了国民经济各领域，有力支撑我国成为全世界唯一拥有全部工业门类的国家。

资料来源：根据《人人出彩，技能强国》《光明日报》《国家职业教育改革实施方案》整编

任务打卡

生涯故事

➢课堂讨论：

职业教育和本科教育有什么区别？

➢能力养成：

收集并整理关于职业教育发展趋势的资料。

任务2　掌握行业发展分析方法

任务知识点

一、行业环境分析的价值

所谓环境分析就是对我们所处的环境进行一个相对全面和科学的认识、评估和分析，对于每个大学生而言，环境分析就是要了解学校、院系、家庭以及朋友等构成的小环境中的情况，包括可利用的资源；了解国家、社会、地方区域等大环境中的相关政策法规、经济形势，认清所选职业在经济社会大环境中的发展状况、未来的发展趋势等。分析环境因素对自身职业生涯可能产生的影响，能够为学生制定恰当的职业生涯规划提供依据。

二、行业环境分析的内容

1. 微观环境分析

(1)学校环境。学校环境是大学生生活和成长的主要环境,一名毕业生必然会被烙上母校的痕迹。因此,要进行职业选择和职业规划,就不能不认真分析学校环境。所谓学校环境,主要是指所在学校的传统、专业特色与学校声誉、校友去向等。

(2)家庭环境。对家庭环境的了解和分析主要包括家庭经济状况、家人期望、家庭文化等几个方面。

(3)社会环境。一般来说,个人在职业生涯中都会或多或少地寻求他人的帮助,为了顺利就业并获得事业成功,个体还需要就自己的社会关系进行评价和分析。

2. 宏观环境分析

(1)政治法律环境。政治法律环境包括社会制度,政府方针、政策、法律法规等。大学生求职者主要应关心诸如政治环境是否稳定、国家政策是否会改变、政府的经济政策是什么、政府所持的市场道德标准是什么等问题。

(2)经济环境。经济环境包括国家和区域两个层面。国家宏观经济环境主要是指一个国家的人口数量及其增长趋势,国民收入、国民生产总值及其变化情况以及能够反映的国民经济发展水平和发展速度的特定指标。反映国家经济环境状况的关键要素包括GDP的变化发展趋势、利率水平、通货膨胀程度及趋势、失业率、居民可支配收入水平、汇率水平等。区域经济状况主要是指在一定区域内经济发展的状况,主要包括一个地区的经济结构、产业布局、资源状况、经济发展水平以及未来的经济走势等。

(3)社会文化环境。社会文化环境是指影响人们行为、思想的基本因素,包括一个国家和地区的居民教育程度和文化水平、宗教信仰、风俗习惯、审美观点、价值观念等。认真分析社会文化环境,尤其是社会价值观,有利于大学生进行职业规划,因为个人的成功需要社会的认可。只有符合社会主体价值观念,才会被社会认可、接受。另外,价值观也会随着社会的不断发展和进步发生不同程度的变化,从而使人们对职业的认识和需求发生变化。

(4)技术环境。技术环境主要包括国家对科技开发的投资和支持重点、技术发展动态、技术转移和技术商品化速度等。重大技术革命总是会对人类生产和生活方式产生深远影响。技术的发展不仅会带来理论的更新、观念的转变、思维的变革、技能的补充,也会深刻影响人们的职业观念。

三、行业环境分析的方法

通过学习我们了解到环境对个人职业发展的影响,并对我们所处的环境有了一个相对全面和科学的认识,通过了解国家、社会、地方区域等大环境中的相关政策法规、经济形势,我们认清了所选职业技术含量、社会地位及未来发展趋势,拥有了分析环境因素对自身职业可能产生的影响的能力。以下是一些能够帮助我们了解环境与职业探索的工具和方法。

(1)网络信息技术工具。

①我们要了解目前经济社会发展水平,最佳的途径就是通过各类的政府官方网站查

询对应区域的经济社会发展报告。比如，需要了解全国的情况，可以通过查询中华人民共和国中央人民政府网站(www.gov.cn)上《中华人民共和国××××年国民经济和社会发展统计公报》;需要查询四川省的情况，可以通过查询四川省人民政府网站(www.sc.gov.cn)上《关于四川省××××年国民经济和社会发展计划执行情况及××××年计划草案的报告》;再以下市、县、区都有对应的公告和公报，只有对该区域经济社会发展有基本的了解，才能对其他所涉及的板块进行分析和思考。

②通过其他网络搜索，如百度、谷歌、知乎等相关网络工具来获取信息。

③通过相关专业机构，如各类求职软件等，获取相关的职业需求信息；也可以通过新闻媒介网络获取信息，但网络信息鱼龙混杂，要特别注意信息安全，防止网络诈骗问题。

④如果是需要专业或者更全面的信息，可以通过查询网络图书馆、知网、万方等相关信息库来获取。

(2)利用实习、兼职、社会实践及假期和课余时间，多深入社会，调研社会发展的情况，获取第一手资料。

(3)通过学校辅导员、就业部门、校友、亲朋好友介绍来获取信息。

(4)各级各类招聘会以及其他方式。

职业课堂

发展好职业教育 把大国工匠一批批培养出来

"'匠'字就是在专业领域中对自己'斤斤计较'一点，历经磨砺方能实现突破。"在2024年全国两会上，来自江苏代表团的全国人大代表孙景南分享了她对工匠精神的理解。一身灰白工装的她埋头钻研焊接技术30多年，从一名学徒逐渐成长为中国中车公司著名技能专家。这位大国工匠参与、见证了我国轨道交通从"追赶者"到"领跑者"的奋进历程。在她的眼中，焊接更像是一门艺术，每一个焊缝都是一件艺术品。

三百六十行，行行出状元。和孙景南一样，全国人大代表、中国一汽首席技能大师鹿新弟37年来坚守在生产一线，全身心钻研升级柴油机调试技术，不仅将工厂生产效率提高了75%，还填补了我国在这一领域的技术空白；全国政协委员、海尔重庆洗衣机有限公司喷粉班班长卢跃富，10多年来潜心精研洗衣机外表喷粉技术，积累了40多项技术创新成果，将喷粉一次下线合格率由85%提升至98%……

今天，在我国装备制造、人工智能、水利、电力、冶炼、文物保护等各行各业的生产一线，涌现出一批批埋头苦干的大国工匠，他们长期扎根在生产一线，爱岗敬业、吃苦耐劳，执着专注、一丝不苟，精益求精、追求卓越，不断攻克生产过程中的一个个难题，一点一滴提升工艺水平和生产效率，为推动各自领域、行业高质量发展倾注了自己的力量和智慧。从一枚螺丝钉的打磨，到一个焊点的焊接，再到精确至毫米级的工艺，每一个小环节里都蕴藏着大学问，都能做出大成果。大国工匠们正是在一道道工序、一个个试验的钻研打磨中成就了自己一生的事业，努力书写着中国"智"造的光辉图景。他们的精神值得弘扬、值得学习。

一个个大国工匠的脱颖而出，离不开我国职业教育的快速发展。经过多年努力，我国已建成世界规模最大的职业教育体系，拥有上万所职业学校，中高职学校每年培养1 000万左右不同类型的高素质技术技能人才。目前，我国技能人才总量超过2亿人，高技能人才超过6 000万人。但与加快培育新质生产力、扎实推动高质量发展对技能人才的需求相比，现有技能人才总量仍然不足，还存在技能人才供需矛盾。

今年政府工作报告提出，要大力提高职业教育质量。适应先进制造、现代服务、养老照护等领域人才需求，加强职业技能培训。面向未来，我们要继续加大对职业教育的支持力度，在职业教育财政性经费投入、人员编制、优惠政策等方面支持职业院校发展。同时，我们要不断完善和落实技术工人培养、使用、评价、考核机制，持续提高技能人才待遇水平，畅通技能人才职业发展通道，让技能人才更有获得感，把第一线的大国工匠一批批培养出来，进一步筑牢中华民族大厦的基石、栋梁。

资料来源：发展好职业教育 把大国工匠一批批培养出来，央广网，2024.3.10

任务打卡

➤课堂活动：

分小组写出你们所知道的行业。

➤能力养成：

收集1～2个行业中与你专业相关的职位信息。

拓展阅读

任务3 分析职业发展环境

任务知识点

一、分析职业发展环境的步骤

分析职业发展环境是认识职业环境的重要环节。通过了解职业发展环境，我们可以更好地把握职业发展的趋势和方向，为制定职业规划和求职策略提供依据。

(1)关注行业的发展趋势和前景。了解行业的发展阶段、市场规模、竞争格局等信息，可以帮助我们判断该职业在行业中的地位和发展前景。同时，关注行业政策法规的变化，了解政府对行业的支持和监管要求，可以帮助我们预测职业发展的方向和趋势。

(2)分析目标职业的岗位职责和任职要求。通过了解目标职业的岗位职责和任职要求，可以帮助我们明确自己的职业定位和发展方向，为制定职业规划和求职策略提供依据。同时，我们还可以了解该职业在行业中的竞争状况和发展前景，以及从业者的职业发展路径和晋升机会等信息。

（3）关注职业所处的社会环境和文化背景。了解社会对职业发展的态度和价值观，可以帮助我们更好地适应职业发展的需求和文化背景。同时，关注职业发展的教育和培训资源，可以帮助我们了解相关的学习和培训机会，以提高自己的职业技能和竞争力。

（4）关注职业所处的市场环境和就业形势。了解市场的需求和供给情况，可以帮助我们判断职业的就业形势和竞争状况。同时，了解该职业在市场中的薪资水平和福利待遇等信息，可以为我们制定求职策略提供参考。

总之，分析职业发展环境需要我们从多个方面进行综合考虑和分析。通过深入了解行业发展趋势、目标职业的岗位职责和任职要求、社会环境和文化背景以及市场环境和就业形势等信息，我们可以更好地把握职业发展趋势和方向，为制定职业规划和求职策略寻求有力的支撑和指导。

二、分析职业发展环境的内容

分析职业发展环境是一个全面而复杂的过程，需要综合考虑多个方面的因素。通过深入分析以下因素，可以更准确地把握职业发展的机遇和挑战，为个人职业发展规划提供有力支持。

1. 行业趋势与前景

（1）行业增长速度。考察行业近年来的增长率，预测未来的增长潜力，对比行业与整体经济的增速，分析行业的相对表现。

（2）市场规模。分析行业的整体市场规模，包括当前规模和未来预测。研究不同市场细分的发展趋势，对国内外市场进行对比。

（3）新技术与新政策。关注行业内的新兴技术、研发动态，以及政府可能出台的相关政策。这些新技术和政策可能带来行业的变革和新的发展机遇。

（4）人才需求与职业发展。研究行业对人才的需求结构，包括专业技能、学历背景等。分析行业内不同职位的职业发展路径和晋升机会。

2. 政策与法规环境

（1）政策扶持与限制。梳理政府对该行业的政策文件，分析政策对行业发展的促进和限制作用，特别关注税收优惠、资金支持、市场准入等方面的政策。

（2）法律法规影响。研究劳动法、税法等法律法规对行业的具体规定，分析这些规定对企业和员工的影响。关注法规变动趋势，预测未来可能的调整。

（3）国际贸易与合作。了解国际间的贸易协定、关税政策等，分析这些合作对行业的机遇和挑战。关注国际市场的动态，预测行业在全球的发展趋势。

3. 竞争状况与市场结构

（1）主要企业分析。研究行业内主要企业的市场份额、品牌影响力、财务状况等。分析这些企业的竞争优势和劣势，以及它们在行业中的地位。

（2）市场结构类型。判断市场是垄断、竞争还是寡头结构，分析不同结构下的市场特点和竞争态势。研究市场结构的演变趋势，预测未来可能的变化。

（3）竞争挑战与机遇。分析竞争环境对职业发展的具体挑战，如压力增大、竞争加剧等。同时，探讨竞争带来的机遇，如行业创新、技术进步等。

4. 技术进步与创新

(1)技术发展趋势。关注行业内的新兴技术、研发动态,分析这些技术对行业未来发展的影响。预测未来可能出现的技术突破和创新方向。

(2)职业变革与新职业。分析技术进步对传统职业的冲击和变革,预测新职业的出现和发展趋势。关注这些新职业对职业发展的机遇和挑战。

(3)创新活动推动。研究行业内的创新活动,包括研发项目、创新型企业等。分析这些创新活动对行业发展的推动作用,以及对职业发展的积极影响。

5. 企业文化与组织氛围

(1)文化价值观与管理风格。了解目标企业的核心价值观、管理理念等,分析这些价值观对员工行为和工作态度的影响。研究企业的管理风格,包括决策方式、沟通机制等。

(2)团队合作与沟通机制。分析企业内部的团队合作状况,包括团队凝聚力、协作能力等。考察企业的沟通机制,包括信息流通、反馈渠道等。

(3)职业满意度与留任意愿。研究员工对企业的满意度和留任意愿,分析企业文化和组织氛围对员工职业发展的影响。

6. 教育与培训资源

(1)专业培训与在线学习。分析行业内提供的专业培训课程和在线学习平台等资源,了解这些资源的覆盖范围和质量。研究这些资源对员工技能提升和职业发展的促进作用。

(2)企业支持与自我提升。了解企业对员工教育和培训的支持程度,包括培训投入、培训计划等。同时,关注员工自我提升的机会和意愿,分析员工在职业发展过程中的主动性和积极性。

7. 薪酬福利与激励机制

(1)薪酬福利水平。研究行业内的薪酬福利水平,包括基本工资、奖金、福利等。对比不同企业、不同职位的薪酬福利差异,分析行业内的薪酬竞争状况。

(2)晋升与激励机制。分析企业的晋升渠道和激励机制,包括晋升机会、股权激励等。探讨这些机制对员工职业发展的激励作用,以及员工对这些机制的期望和满意度。

8. 社会认知与公众形象

(1)行业地位与声誉。了解社会对该行业的整体认知和看法,包括行业地位、社会声誉等。分析这些认知和看法对行业发展的影响,以及对员工职业尊严和社会认可度的影响。

(2)职业吸引力与认可度。研究行业对潜在求职者的吸引力,分析行业的社会认可度对职业发展的影响。

职业课堂

职业教育对国民经济的贡献

钳工高级技师胡双钱，创造了打磨过的零件百分之百合格的惊人纪录。在中国新一代大飞机C919的首架样机上，有很多老胡亲手打磨出来的“前无古人”的全新零部件。

港珠澳大桥钳工管延安，以匠人之心追求技艺的极致，做到了沉管设备接缝零缝隙，只有初中文化的他，全凭自学让海底隧道成为他实现梦想的平台，成为这项工作的第一人。

“火箭发动机焊接第一人”高凤林，35年，130多枚长征系列运载火箭在他焊接的发动机的推动下顺利飞入太空，被称为焊接火箭“心脏”的人。

捞纸高级技师周东红，经他手捞出晒成的宣纸，每张重量误差不超过1克，30年来始终保持着成品率100%的记录。

高级工艺美术技师孟剑锋，在只有0.6毫米的银片上进行百万次的精雕细琢，最终雕刻出令人叹为观止的“丝巾”。成为国礼和航天英雄、奥运奖章的不二选择。

研磨师宁允展，中国第一位从事高铁列车转向架“定位臂”研磨的工人，被同行称为“鼻祖”。从事该工序的工人全国不超过10人。

顾秋亮。“蛟龙”载人潜水器有十几万个零部件，其组装对精密度要求达到了“丝”级，在全国，能实现这个精密度的只有顾秋亮。

还有许多从业者和职业院校的层出不穷的五一劳动奖章获得者、技术能手，以及千千万万个支撑起制造大国的劳动者，每一个国之重器都离不开他们的身影。他们立足岗位，追求职业技能的极致化，靠着传承和钻研，凭着专注和坚守，用自己的双手创造出不平凡的人生风采，缔造了一个又一个的“中国制造”。这些人应该是数以亿计的，因为，只有这样，我们才能从制造大国走向制造强国，全面建设社会主义现代化国家才有支撑，实现中华民族伟大复兴的中国梦才有支撑。但是，现实是我国技能人才缺口巨大。日本的产业工人队伍中高级技工占比达四成，德国达五成，而我国，这一比例仅为5%左右。我国有技能的劳动者仅占全部就业人员的20%左右，中高技能人才不足6%，高级技工的缺口至少是2 000万。

从宏观层面来说，一项研究表明，若职业教育招生数占比每上升1个百分点，二、三产业吸纳就业比重就能上升约0.5个百分点。香港职业训练局的一份研究报告表明，仅2018—2019一个年度，职业教育毕业生提升了整体工作人口的生产力，为香港经济创造了超过970亿元港币的附加值，相当于香港本地生产总值的3.4%。2019年，从事香港8个核心行业的职业人才为280万名，占香港总人力资源的72%，8个行业为香港整体经济贡献了近2万亿元港币，占当年香港本地生产总值的72%，职业人才成为驱动香港经济发展的主要原动力。

资料来源：有一双手，叫作劳动者的手，中青在线

任务打卡

➤课堂讨论：

请分析“电商直播行业”当下的机遇与挑战。

➤能力养成：

分小组，每个小组选择一个或多个职业领域进行深入研究。准备一个简短的报告，向全班展示分析结果。报告中应包括主要发现、分析过程以及个人或小组的见解。

拓展阅读

任务 4　收集目标职业用人需求

任务知识点

一、明确高等职业教育人才定位

作为职业院校的学生，我们首先要了解，高等职业教育是一种以职业能力为基础，以职业技能为重点，以培养高素质技能型人才为目标的教育类型，它是我国高等教育的重要组成部分，对培养数以亿计的高素质技能型人才，推进社会主义现代化建设具有重要意义。

因此，高等职业教育与职业发展之间存在着密切的关系。

首先，高等职业教育是职业发展的基础和准备。在高等职业教育中，学生通过学习专业知识和实践技能，获得从事某种职业所需的基本素质和能力，从而更好地适应职业岗位的需求，并为未来的职业发展打下坚实的基础。

其次，高等职业教育是个人职业发展的重要阶段。高等职业教育不仅是个人在职业生涯中的一个重要节点，也是个人不断提高自身素质和能力的重要途径。通过参加高等职业教育，个人可以获得更广阔的职业发展空间和更多的职业发展机会，来实现职业目标与个人价值。

此外，高等职业教育与职业发展之间的联系更为紧密，在以下方面的突出特色更有利于培养学生的技术技能，符合产业、行业人才需求。

1. 专业设置与产业发展

高等职业教育的专业设置与产业发展紧密相连。高等职业教育紧跟市场需求，为各个产业培养对口的高素质技能型人才。随着产业的不断升级和调整，高等职业教育也在不断调整专业设置，以适应市场对人才的需求。

2. 课程体系与职业标准

高等职业教育的课程体系与职业标准紧密相连。高等职业教育注重实践性和应用性，课程设置和教学内容都以职业标准为依据，注重培养学生的实践能力和职业技能。学生通过学习课程，获得相应的职业资格证书或技能等级证书，提高自己的职业竞争力。

3. 实践教学与职业素质

高等职业教育的实践教学与职业素质紧密相连。高等职业教育注重实践教学，学生可以通过实验、实习、实训等多种方式提高自身的实践能力和职业技能。同时，高等职业教育还注重培养学生的职业素质，包括职业道德、职业意识、职业行为等，通过对学生职业素质的培养帮助学生树立正确的职业观念和职业态度。

4. 产学研结合与创新创业

高等职业教育的产学研结合与创新创业紧密相连。高等职业教育注重产学研结合，通过与企业、科研机构等合作，推进科技创新和人才培养。同时，高等职业教育还注重培养学生的创新创业能力，通过开设创业课程、开展创业实践等，鼓励学生自主创业，实现自我价值。

二、收集目标职业用人需求的方法

收集目标职业用人需求是了解职业环境的重要环节之一。通过了解目标职业的用人需求，我们可以明确自己的求职方向和目标，提高求职的成功率。以下是一些收集目标职业用人需求的方法。

1. 关注招聘网站

招聘网站是收集目标职业用人需求的重要渠道。通过搜索相关招聘网站，我们可以了解该职业的招聘信息、任职要求、薪资待遇等。同时，还可以关注行业内的专业招聘网，以获取更精准的招聘信息。

2. 参加招聘会

参加招聘会可以与招聘方直接交流，了解该职业的用人需求和招聘要求。在招聘会上，不仅可以与招聘方面对面交流，询问他们对该职业的看法和要求，同时也可以了解其他求职者的求职经验和经历。

3. 利用社交网络

社交网络也是收集目标职业用人需求的重要渠道之一。加入相关行业的社交网络群组或论坛，我们可以与从业者交流，了解该职业的用人需求和招聘要求。同时，还可以通过社交网络了解行业内的最新动态和趋势。

4. 联系职业咨询机构

职业咨询机构可以为求职者提供专业的职业规划和求职指导。通过与职业咨询机构联系，我们不仅可以了解目标职业的用人需求和招聘要求，同时还可以获得一些实用的求职技巧和建议。

总之，收集目标职业用人需求，需要我们多渠道、多角度地了解相关信息，如关注招聘网站、参加招聘会、利用社交网络以及联系职业咨询机构等，通过这些渠道我们可以全面了解目标职业的用人需求和招聘要求，为制定求职策略、提高求职成功率寻求有力的支撑和指导。

职业课堂

职业教育的成才路径

职业教育培养的是高素质技术技能人才、能工巧匠、大国工匠；职业教育一定是培养具备从事某种职业或者职业发展所需要的职业道德、科学文化与专业知识、技术技能等职业综合素质和行动能力的多样化人才的教育；职业教育一定是多证书的教育，实行学历证书及其他学业证书、培训证书、职业资格证书和职业技能等级证书制度；职业教育一定是产教融合、校企合作的教育，企业是办学主体之一，在传承技术技能的同时，德技并修，促进就业。

新职教法给出了职业教育人才的成长路径：

1. 国家建立符合职业教育特点的考试招生制度。一是中高职学校实行贯通招生和培养。二是高职采取文化素质与职业技能相结合的考核方式招收学生，同时，对有突出贡献的技术技能人才，可以破格录取。三是职业学校毕业生，采取单独考试办法进入高等职业学校和实施职业教育的普通高等学校。四是企业与职业学校联合招收学生，以工学结合的方式进行学徒培养。

2. 职业本科教育既可以在高职职业教育本科院校和普通本科高校进行，也可以在“高水平院校”中选择优秀专业开展。教育部2021年出台的《本科层次职业教育专业设置管理办法(试行)》指出，学生可通过高考或专本衔接进入本科学习。

3. 职业教育本科以上教育，在高等职业教育本科院校和普通本科高校进行。职业院校毕业学生可以考取或通过本硕衔接进行研究生阶段的学习。接受高等职业学校教育，学业水平达到国家规定的学位标准的，可以依法申请相应学位。

4. 终身学习机制。国家建立健全各级各类学校教育与职业培训学分、资历以及其他学习成果的认证、积累和转换机制，建立职业教育国家学分银行，促进职业教育与普通教育的学习成果融通、互认。符合条件的企业、行业组织，可以实施相应层次的职业学校教育或者提供纳入人才培养方案的学分课程。开展境内外多种形式的职业教育学习成果互认。

5. 国家通过组织开展职业技能竞赛等活动，为技术技能人才提供展示技能、切磋技艺的平台，持续培养更多高素质技术技能人才、能工巧匠和大国工匠。鼓励职业学校聘请技能大师、劳动模范、能工巧匠、非物质文化遗产代表性传承人等高技能人才，通过担任专职或者兼职专业课教师、设立工作室等方式，参与人才培养、技术开发、技能传承等工作。

6. 面向人人的教育。面向农村组织开展农业技能培训、返乡创业就业培训和职业技能培训，培养高素质乡村振兴人才。组织各类转岗、再就业、失业人员以及特殊人群等接受各种形式的职业教育，扶持残疾人职业教育的发展。保障妇女平等接受职业教育的权利。扶持革命老区、民族地区、边远地区、欠发达地区职业教育的发展。

企业职工教育经费可以用于对本单位的职工和准备招用人员进行职业教育等，其中用于企业一线职工职业教育的经费应当达到国家规定的比例。用人单位安排职工到职业学校或者职业培训机构接受职业教育的，应当在其接受职业教育期间依法支付工资，保障相关待遇。

接受职业培训，经职业培训机构或者职业学校考核合格的，取得相应的培训证书；经符合国家规定的专门机构考核合格的，取得相应的职业资格证书或者职业技能等级证书。

7. 用人单位不得设置妨碍职业学校毕业生平等就业、公平竞争的报考、录用、聘用条件。机关、事业单位、国有企业在招录、招聘技术技能岗位人员时，应当明确技术技能要求，将技术技能水平作为录用、聘用的重要条件。事业单位公开招聘中有职业技能等级要求的岗位，可以适当降低学历要求。

资料来源：根据《中华人民共和国职业教育法》整编

任务打卡

生涯故事

➤课堂讨论：

请从专业能力、通用能力、职业素养三方面分析图 1-1 中“行政助理”岗位的招聘需求。

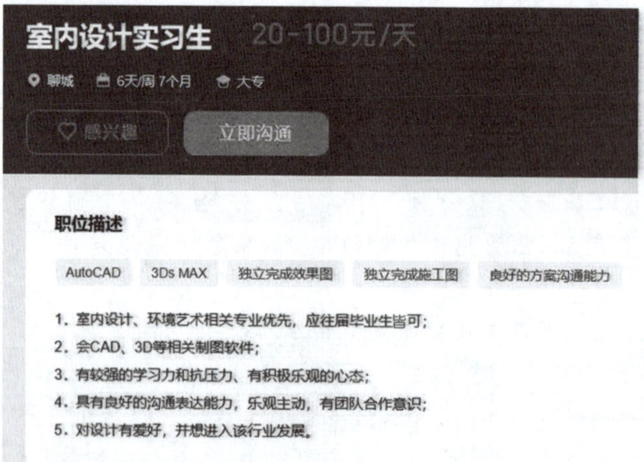

图 1-1 “行政助理”岗位的招聘需求

➤能力养成：

收集不少于 3 个不同招聘网站上，你的目标职业用人需求。

项目总结

通过完成本项目的四个任务,我们深入了解了职业教育发展趋势、掌握了行业发展分析方法,分析了职业发展环境,并收集了目标职业的用人需求。这些任务让我们对职业环境有了更全面、更深入的认识,为我们的职业规划和求职策略提供了有力的支撑和指导。

在任务1中,我们了解了职业教育的发展趋势,把握了未来职业教育的方向和变化,为个人职业规划提供了参考。

在任务2中,我们掌握了行业发展分析方法,可以通过收集行业数据、研究行业报告等方式,了解行业的发展趋势、市场规模、竞争格局等信息。

在任务3中,我们学习了如何分析职业发展环境,如何通过了解行业发展趋势、岗位职责和任职要求、社会环境和文化背景以及市场环境和就业形势等信息,更好地把握职业发展的趋势和方向。

在任务4中,我们学习了如何收集目标职业的用人需求信息,如何通过关注招聘网站、参加招聘会、利用社交网络以及联系职业咨询机构等渠道,全面了解该职业的用人需求和招聘要求。

总之,通过完成本项目,我们全面而深入地认识了自己所选职业的环境和发展趋势,为制定职业规划和求职策略找到了有力的支撑和指导。同时,我们还提高了自己的竞争力和适应力,使我们能够更好地应对职业环境中的变化和挑战。

趣味测试

项目2 树立价值追求

项目指南

当今社会日新月异，人们面临的职业选择和价值追求也随之发生改变。这些选择和追求不仅关乎个人的成长，也对整个社会的发展产生深远影响。正确的价值追求不仅有助于个人在职业生涯中取得成功，更能推动社会的进步和发展。

通过完成对项目二的学习，我们能够树立正确的择业观、明确职业道德与职业责任、了解职业价值与政治认同等方面的知识。这些知识将有助于我们在职业生涯中更好地把握机会、提升自我价值、实现个人理想和社会价值的统一。同时，也有助于我们在未来的工作和生活中，更好地适应社会发展的需要，为实现个人和社会的共同进步做出贡献。

学习目标

1. 了解自己的兴趣、特长和价值观，能够分析不同职业的特点和发展前景，选择适合自己的职业方向。

2. 了解职业道德的基本原则和规范，培养良好的职业操守和道德品质，关注企业或组织的文化和价值观，明确自己在职业活动中的责任和义务。

3. 了解职业价值的基本内涵和意义，了解政治认同的含义和作用，将职业价值与政治认同相结合，实现个人价值和社会价值的统一。

任务1 树立适应自身的择业观

任务知识点

一、职业探索十项要点

职业选择的前提是了解职业，成功的职业选择一定是与个人能力、内在发展需求、个人特质相匹配的，因此，我们应从以下几方面全方位探索和了解职业。

1. 职业描述

职业描述就是定义这个职业。职业描述具体包括职业名称及各方对其的定义。在罗列和学习别人对这个职业的看法后，你也要给这个职业下一个自己的定义，为自己的职业报告做好准备。职业描述是对职业最精炼的概括和总结，是透彻理解职业和调研职业的基础。其实给职业定义的每个字你都是要仔细思考的，因为日后你要做的事情全是对定义的拓展。如果不是最新的职业，一般来说都有固定的对职业的定义，可以参照联合国国际劳工组织，美国、加拿大的职业展望手册，中国的国家劳动和社会保障部的相关表述，很多职业分类大典也都有对职业的详细介绍。

2. 职业的核心工作内容

每个职业都有核心的工作职责和工作内容，即这个职业一般都干什么活，什么工作是这个职业必须要做的。了解职业的核心工作内容，有利于了解完成工作内容背后必须具备的工作能力，这样有利于找到自己的差距。由此可见，你需要培养的能力是能够完成目标职业的工作内容的。在多大程度上了解工作内容，是衡量一个人对工作的熟悉和喜欢的重要标准。成熟的职业都有权威的人事部门为其总结和确定核心工作内容，一些企业的招聘广告中也有对工作内容的描述，也可以请教一些行业协会，或是从事这个职业的资深人士，一般企业的人事部门和直接部门经理也有对职业的具体感悟。

3. 职业的发展前景及其对社会和生活的影响与作用

职业的发展前景，是国家、社会等对这个职业的需求程度，具体包括三个方面，职业在国家阶段发展中的作用、职业对社会和大众的影响及职业对生活领域的影响。就是说，不仅仅要知道这个职业对国家、对社会、对行业有用，也要知道这个职业对大众、对生活的影响，人们对其的依存度和声望度怎样。职业的发展前景，尤其是国家的导向是促进职业发展的黄金动力，知道你日后的发展轨迹，就比较容易判断自己是否能切入及切入点如何选择了。职业在国家发展中的作用一般都有劳动部门的权威预测，但对社会和生活的影响是需要自己去调研的，需要访问从事这个职业的资深人士。

4. 职业的薪资待遇及潜在收入空间

职业是社会分工的产物，职业根据参与社会分工的量来确定相应的报酬，在不同的行业、企业、岗位上还有一些潜在的收入空间。能赚多少钱是大家都关心的话题，一些人还会把赚钱多少作为择业的关键因素之一，所以在考量职业时还要调研职业的薪资状况。其实每个职业都有极致，都有天价，起薪都差不多，但在能力不断提升的背后就蕴藏着高薪。

5. 职业的岗位设置及不同行业、企业间的差别

一般来说，一个职业是有一系列岗位划分的，如人事工作的岗位就分为招聘、考核等很多具体岗位，而不同行业、不同性质、不同规模的企业对岗位的划分和理解也是有很大不同的，很可能同样的岗位名称，工作内容完全不一样。了解职业的岗位设置，能加深对职业外延的理解，了解职业的具体岗位后，就可以有针对性地与自己比较。不同行业对岗

位的理解和要求也是有差异的，而具体到企业就更千差万别了。一般来说，人事权威网站、职业分类大典、业内资深人士是比较了解这个职业的具体岗位设置情况的。

6. 入门岗位及其职业发展通路

入门岗位是指针对应届毕业生的工作岗位，是一些面向大学生开放的中低端岗位。除了了解入门岗位，还要了解一个岗位对应的职业发展通路，即该岗位有哪些发展途径，最高端岗位是入门岗位是提供给大学生的敲门砖，你一定要知道你能通过哪些岗位进入这个职业。

7. 职业标杆人物

职业标杆人物，就是在这个领域谁是做得最好的人。要了解他是怎么做到的，他都取得了什么成绩，遇到了什么困难，具备什么素质等。每个职业都有一流的人物，无论是国内还是国外的。研究职业标杆人物，可以让自己了解他的奋斗轨迹，不仅可以加深自己对职业的了解，也会让你找到在这个职业领域奋斗的途径。当你在网上搜索这个职业时，一般就会找到职业标杆人物，图书馆也会有这方面的书，业内的资深人士都会知道的。

8. 职业的典型一天

对职业的典型一天的了解，更多是在访谈中完成的，你要知道从事这个工作的前辈，一天都是怎么过来的，从早上出门到晚上回家的时间都是怎么安排的。了解职业的典型一天有助于你了解自己是否适合这个职业，如果你不想过这样的一天，就不用再为之努力去学习去准备去进入这个职业了，所以这个过程是很关键的。尤其是这个工作对你个人生活的影响，看你能否接受。职业的典型一天，在职业的核心工作内容中会有涉及，但具体到个人的资料就不多了，所以更多的还是要自己去访谈从事这个职业的人，这样也才更真实。

9. 职业通用素质要求及入门具体能力

职业通用素质要求是指从事这个职业的一般的、基本的要求，也是个人通用素质能力，就是能把这个工作做好要具备的能力。通过对职业外在素质要求的了解，对比自己是否能够胜任，还有哪些要加强和补充的能力，从而将之规划到大学生活里。其实，每个岗位的岗位描述中都有对任职资格的介绍，只要把其整理出来，再加上职业访谈中的内容，列出十项最常用的能力，然后与自己一一对照，就可以发现和认识自我。

10. 职业对个人的内在需求的满足

职业对个人的内在要求的满足主要体现在兴趣与热情、价值观与信仰、成长与提升三个方面。当个人的兴趣与工作相匹配时，人们会感到更有动力和满足感，从而提高工作效率，使工作更具意义和价值。同时，每个人的价值观和信仰都是独特的，当工作能够体现和尊重这些价值观和信仰时，个人会感到有归属感和满足感。此外，工作为个人提供了学习和成长的机会，通过不断挑战自我和接受新的任务，个人可以不断提升自己的技能和能力，从而获得成就感和满足感。

二、择业观的含义及影响

择业观是一个人对职业选择和职业价值的看法和态度，它受个人的价值观、兴趣、能力和社会环境等多种因素的影响。择业观对个人的职业发展和人生规划具有重要的指导意义。

首先，择业观影响个人的职业选择。人们会根据自己的择业观，选择适合自己的职业方向。有些人可能更注重职业的稳定性和安全性，而有些人更看重职业的发展潜力和薪资福利。个人的择业观也会随着时间和经历的变化而发生改变，因此，职业选择也是一个动态的过程。

其次，择业观影响个人的工作态度和职业发展。一个人的择业观不仅决定了他的职业选择，还影响他在工作中的态度和表现。如果个人的择业观与职业相符合，他会更容易在工作中发挥自己的潜力，表现出色，并获得职业发展的机会。相反，如果个人的择业观与职业不匹配，可能会导致他在工作中感到不满和失落，进而影响工作表现和职业发展。

最后，择业观也与社会环境密切相关。社会的需求和发展趋势会对个人的择业观产生影响，同时个人的择业观也反映了社会的价值观和文化背景。因此，个人的择业观不仅应该与社会的需求和发展相符合，同时也应该注重个人价值的实现和人生规划的发展。

总之，择业观是个人职业发展的重要指导因素。通过树立正确的择业观，了解自己的兴趣、价值观和能力，以及社会的需求和发展趋势，个人可以更好地规划自己的职业生涯，选择适合自己的职业，并在工作中发挥自己的潜力，实现个人和职业的共同发展。

职业课堂

现代能工巧匠的产生

现代职业教育是推进我国由制造业大国向制造业强国转变、由中国制造向中国创造转变的重要基础，是巩固脱贫攻坚成果，助力乡村振兴的重要力量，是承载成千上万青年的技能成才梦的重要平台。

做事先做人。职业人才需要德技并修，需要有职业精神。上海市教育委员会职教处处长表示：上海通过“三圈”阵地，即以思政课堂为育人主渠道的“内圈”，素质教育第二课堂与网络育人第三课堂的“中圈”，以及其他社会资源等“外圈”，形成职业教育大思政的工作格局，将“立德树人”融入职业教育的全过程。

职业教育发展要坚持职业教育发展规律。与普通教育相比，职业教育与经济社会发展关系非常紧密，所以职业教育要开放办学，实行产教融合、校企合作，改革育人方式、办学模式。要构建科学合理的职业教育评价体系，引导职业教育按类型教育规律办学，坚定服务发展、促进就业的办学方向；要鼓励学校主动面向国家、区域和行业需求找准办学定位，发挥自身优势，实现差异化、特色化发展；要立足新发展阶段，深化改革创新，围绕产业升级和技术进步新需求，推动专业升级和数字化改造，统筹推进教师教材教法改革，探索中国特色学徒制，深化复合型创新型技术技能人才培养培训模式改革，不断增强职业教育适应性，实现教育链、人才链与创新链、产业链的有机衔接，以便更好地服务经济社会高质量发展。

职业教育发展，需要深化职业教育体制机制改革，夯实职业教育发展的保障基础。上海电子信息职业技术学院院长赵坚表示：上海市构建起纵向贯通、横向融通、开放融合的现代职业教育体系，即中职—高职—应用本科—专业硕士研究生的纵向贯通体系，职业教育与普通教育、职业教育与继续教育、职业教育与产业发展的横向沟通体系，打破了曾经的职业教育止步于专科层次的“天花板”，建立了人才培养的“立交桥”，培养了大批的高素质技术技能型人才。

上海市杨浦职业技术学校校长表示：一方面，职业院校凭借世赛的契机与经验，以赛促教、以赛促学、以赛促练，不断提升院校内涵建设。另一方面，依托职业院校世赛选手培养基地，培育更多优秀的世赛、国赛选手，弘扬“工匠精神”。积极备战世界技能大赛。

上海不断提升职业教育对外开放水平，满足重点行业国际产能合作服务的需求，推进职业院校在教学、技术、科研等方面与国际接轨，引进和输出大批优质的课程与师资。

传承工匠精神，支撑“上海制造”。一是通过课程教学、专题讲座、实习实践等形式，让学生了解工匠与工匠精神，及其对经济建设和社会发展的重大意义。二是通过传授完整的产业链知识与技艺，让学生了解产品的改革和产业发展动向，感受工艺形成的历史文化，体会工艺的价值和工匠的地位。三是改革评价标准，完成一项任务不是以“合不合格”做标准，而是以“完不完美”为要求，纠正追求“速成”的浮躁心理，培养专注持久的定力。

资料来源：培养世界一流能工巧匠的上海方案，学生导报

任务打卡

生涯故事

➢课堂讨论：

请分析教师、程序员、公务员、企业家的职业价值观的前三项可能是什么。

➢能力养成：

明确你的职业价值观。

任务2 明确职业道德与职业责任

任务知识点

随着现代社会分工的发展和专业化程度的提高，市场竞争日趋激烈，整个社会对从业人员职业观念、职业态度、职业纪律和职业作风的要求越来越高。职业生活中的道德规范，不仅对各行各业的从业者具有引导和约束作用，而且也是促进社会持续、健康、有序发展的必要条件。

一、职业道德

职业生活中的道德规范，即职业道德，是指从事一定职业的人在职业生活中应当遵循的具有职业特征的道德要求和行为准则，包括从业人员与服务对象、职业与职工、职业与职业之间的关系。爱岗敬业、诚实守信、办事公道、热情服务和奉献社会是职业生活中的基本道德规范。

1. 爱岗敬业

爱岗敬业是从业者对工作勤奋努力、恪尽职守的行为表现，体现的是从业者热爱工作岗位、对工作认真负责、敬重自己所从事的职业的道德操守。

2. 诚实守信

诚实守信要求从业者在职业生活中诚实劳动、合法经营、信守承诺、讲求信誉，是在行业中扎根立足的基础，体现着从业者的道德操守和人格力量。

3. 办事公道

办事公道要求从业人员做到公平、公正，不损公肥私，不以权谋私，不假公济私，无论对人对己都要出于公心，遵循道德和法律规范来处事待人。

4. 热情服务

热情服务要求每个人无论从事什么工作、能力如何，都应该在本职岗位上通过不同形式为群众服务，形成人人都是服务者、人人又都是服务对象的良好秩序与和谐状态。

5. 奉献社会

奉献社会要求从业人员在工作岗位上兢兢业业地为社会和他人做贡献，这是社会主义职业道德中最高层次的要求，体现了社会主义职业道德的最高目标指向。爱岗敬业、诚实守信、办事公道、热情服务，都体现了奉献社会的精神。

总之，职业道德的基本内容涵盖了爱岗敬业、诚实守信、办事公道、热情服务和奉献社会等五个方面，从业人员应当在实际工作中践行这些道德规范，不断提升自己的职业素养和道德水平，为社会的和谐稳定和繁荣发展做出积极贡献。

二、职业责任

职业责任是每个工作人员都要充分认识的重要概念。职业责任不仅要求工作人员有责任感，按照一定规范或标准开展工作，完成企业的发展目标，增加企业的经济效益，还要求工作人员尊重他人的权利，维护公共利益，拒绝贿赂和欺诈等行为。职业责任不仅有助于个人的成长和发展，也能促进企业的发展和社会和谐。

1. 职业责任的内涵

（1）专业水平和执行力。职业责任是专业水平和执行力的重要表现。具备职业责任感的人会尽职尽责地完成工作任务，注重工作细节和质量，遇到问题时，能够主动提供创新性的解决方案。他们能够以认真的工作态度和积极的行动力，提高工作效率和执行力。

（2）团队合作和协调能力。职业责任强调个体在团队中的角色和责任。具备职业责任感的人会积极与他人合作，协调团队工作，共同实现团队目标。他们愿意承担额外的责任，为团队成员提供支持和帮助，提高团队的凝聚力。

（3）自我驱动和成长。职业责任体现了个体对自身成长和发展的追求。具备职业责任感的人会不断自我激励，主动学习和提升自己的专业知识和技能。他们关注行业的发展趋势和变化，积极适应和应对挑战，不断提高自身的竞争力和适应能力。

2. 职业责任的重要性体现

（1）提高工作效率和执行力。具备职业责任的人，在注重工作细节和质量的同时，会以认真的工作态度和积极的行动力尽职尽责地完成工作任务。因此，具备职业责任有助于个人提高工作效率和执行力，为企业创造更多的价值。

（2）提高团队凝聚力。职业责任能提升个人在工作中的“主人翁”意识。具备职业责任的人会以“主人翁”的状态彼此沟通和交流，并在团队协作中不断增强集体荣誉感，提升团队凝聚力。

（3）促进个人成长和发展。具备职业责任的人能够不断激励自我，主动学习，提升自己的专业知识和技能。这有助于个人的成长和发展。

（4）维护企业声誉和形象。企业员工的职业责任是企业的无形资产，能够帮助企业塑造良好的形象和声誉。具备职业责任的人会为企业赢得客户的信任和支持，提高企业的知名度和美誉度。

（5）推动社会和谐发展。具备职业责任的人会自觉遵守社会公德和法律法规，尊重他人的权利，维护公共利益，为社会的和谐发展做出贡献。

职业课堂

精雕细琢的敬业精神

《现代汉语词典》对敬业的解释是：专心致力于学业或工作。中华民族历来有“敬业乐群”“忠于职守”的传统，敬业是中华民族的传统美德。敬，原是儒家哲学的一个基本范畴，孔子主张人在一生中始终要勤奋、刻苦，为事业尽心尽力。他说过“执事敬”“事思敬”“修己以敬”等语。北宋程颐更进一步说：“所谓敬者，主之一谓敬；所谓一者，无适（心不外向）之谓一。”可见，敬是指一种思想专一，不涣散的精神状态。

古往今来，事业上有所成就者，大都离不开两条：一是有强烈的事业心和责任感，二是锲而不舍的勤奋和努力。这两条的有机结合，即为敬业精神。孟子说：“天将降大任于是人也，必先苦其心智，劳其筋骨，饿其体肤，空乏其身，行拂乱其所为，所以动心忍性，增益其所不能。”意思是，干一番事业，必定要呕心沥血，意志坚强，甘于吃苦，勇于奉献，最终才能有所成就。用现代的话来讲，就是要有敬业精神。

敬业精神是人们基于对一件事情、一种职业的热爱而产生的一种全身心投入的精神，是社会对人们工作态度的一种道德要求，它的核心是无私奉献意识。低层次的，即有功利目的的敬业，是由外在压力产生的；高层次的，即发自内心的敬业，是把职业当作事业来对待的。

敬业精神是一种基于对工作对事业的热爱，并全身心忘我投入的精神境界，其本质就是奉献精神。具体地说，敬业精神就是在职业活动领域，树立主人翁责任感、事业心，追求崇高的职业理想；培养认真踏实、恪尽职守、精益求精的工作态度；力求干一行爱一行专一行，努力成为本行业的行家里手；摆脱单纯追求个人和小集团利益的狭隘眼界，具有积极向上的劳动态度和艰苦奋斗精神；保持饱满的工作热情和务实苦干的精神，把对社会的奉献和付出看作无上光荣；自觉抵制腐朽思想的侵蚀，以正确的人生观和价值观指导和调控职业行为。

敬业精神包括：(1)职业理想，即人们对从事的职业和要达到的成就的向往和追求，是成就事业的前提，能引导从业者高瞻远瞩，志向远大；(2)立业意识，即确立职业和实现目标的愿望，其意义在于利用职业理想目标的激励导向作用，激发从业者的奋斗热情并指引其成才方向；(3)职业信念，即对职业的敬重和热爱之心，表示对事业的迷恋和执着的追求；(4)从业态度，即持恒稳定的工作态度，勤勉工作，笃行不倦，脚踏实地，任劳任怨；(5)职业情感，即人们对从事职业的愉悦的情绪体验，包括职业荣誉感和职业幸福感；(6)职业道德，即人们在职业实践中形成的行为规范。

敬业精神的基本要求：(1)有坚定的专业思想，热爱本职工作，忠于职守，持之以恒；(2)有强烈的事业心，尽职尽责，全心全意为人民服务；(3)有勤勉的工作态度，脚踏实地，无怨无悔；(4)有积极的进取意识，不断创新，精益求精；(5)有无私的奉献精神，公而忘私，忘我工作。

培育敬业精神，要求正确处理和职业联系的“责、权、利”关系。人们如何看待自己从事的职业和岗位，是否认同和追求岗位的社会价值，是敬业精神的核心。如果没有任何认同，就不会有尊重和忠于职业的敬业精神，而认可程度不同，也会产生不同的敬业态度。因此，培育敬业精神首先应从树立职业理想入手，突出以下几个方面内容。

1. 牢固树立职业理想。职业理想是敬业精神的思想基础。每位职工都应把自己的职业看成是为社会做贡献，为人民谋福利，为企业创信誉的光荣岗位，看成是社会、企业运转链条上的重要环节。只有这样才能建立富有时代精神、健康向上的职业理想和目标，并以顽强持久的职业追求把它落实在职业岗位上。

2. 准确设定岗位目标。高标准的岗位目标是干好本职，争创一流的动力。有了岗位目标，才能做到勤业精业，在本职岗位上创造性地开展工作。

3. 大力强化职业责任。发挥本职和岗位的职能、保持职业目标、完成岗位任务的责任，遵守职业规则程序、承担职权范围内的责任，实现和保持本岗位、本职业与其他岗位职业的有序合作，是职业责任的全部内涵。职业责任是主人翁意识的体现，作为企业成员应视企业发展为己任，自觉履行职业责任和义务。

4. 自觉遵守职业纪律。职业道德规范，企业的各项规章制度，是职业纪律的内容。精心维护、模范执行是维护企业正常工作秩序的重要保证。

5. 不断优化职业作风。职业作风是敬业精神的外在表现。敬业精神的好坏决定职业作风的优劣，而职业作风又直接影响企业的信誉、形象和效益。从某种意义上讲，职业作风关系到企业的兴衰成败，关系到企业的生死存亡。要优化职业作风，就要反对腐败和纠正行业不正之风，以职业道德规范职业行为。

6. 全面提高职业技能。企业内部要营造浓厚的学习氛围，促使职工不断掌握新技术、新工艺，不断增加技术能力与业务能力的储备，不断更新知识结构，不断提高管理水平，成为本单位的业务骨干和技术尖兵，以过硬的职业技能实践敬业精神，为国家做贡献，为企业创效益、树信誉、争市场。

任务打卡

生涯故事

➤课堂讨论：

你见过哪些让你觉得值得称颂的，能体现高尚职业道德的行为？哪些是你认为不符合职业操守的行为？

➤能力养成：

找到一个行业工匠，分析其具备的职业价值观及先进职业行为。

任务3　了解职业价值与政治认同

任务知识点

一、职业价值的基本含义

职业价值是一个多维度的概念，它涉及经济、社会、心理等多方面的因素。具体来说，职业价值是指一个人在一定职业领域中所创造的经济与社会价值。一个人的职业价值体现在他在工作中做出的贡献以及带来的收益。

从经济角度来看，职业价值取决于供求关系，即某个职业在市场上的需求和供应情况。供不应求的职业往往具有更高的价值，即需求量大但供应量有限的职业会有更高的薪酬水平。此外，职业价值还会受技术进步、市场竞争以及行业规模等因素的影响。

从社会角度来看，一个人的职业价值还体现在他对社会的贡献程度。一个人从事的职业往往会对社会产生直接或间接的影响。比如，医生和护士的职业价值在于为社会提供健康服务，帮助病人恢复健康，减轻病人的痛苦；教师的职业价值在于培养下一代，传播知识，提供教育服务；工程师的职业价值在于设计和建造基础设施，为社会提供便利和保障。

从心理学角度来看，一个人从事的职业只有与他的兴趣和价值观相契合，才能真正发挥出他的潜力和能力。如果一个人从事他不喜欢的职业，不仅会影响他的工作效率和职业发展，也会影响他的幸福感和生活质量。因此，心理满足和个人成长对职业价值来说是至关重要的。

总之，一个人的职业价值包括他的经济贡献、社会贡献以及心理满足。职业价值不仅仅是通过薪资水平体现出来的，更关乎一个人对社会的贡献和个人的发展。在现代社会中，职业的选择不仅要考虑经济利益，还要与自己的兴趣、价值观相符合，只有这样，才能真正发挥个人的潜力，实现自身的价值。

二、职业价值观和职业发展的关系

价值观是人们对人生价值的认识和根本态度，它支配着人的行为、态度、观察、信念、理解，支配着人认识世界、明白事物对自己的意义，并进行自我了解、自我定向、自我设计，为人自认为正当的行为提供充足的理由。

职业价值观是个人在职业选择和职业发展中所重视的内容和活动，它决定了个人对职业的期望和追求，影响着个人的职业发展方向和职业发展目标。职业发展是指个人在职业、学习和工作方面取得成就的过程，包括个人的职业规划、职业选择、职业提升等方面。所以，职业价值观和职业发展之间存在着密切的关系。

首先，职业价值观对职业发展具有指导作用。一个人的职业价值观决定了他在职业发展中的目标和方向。如果一个人的职业价值观与他的工作相符合，那么他就会更加投入和努力，取得更好的职业发展。相反，如果一个人的职业价值观与他的工作不符合，那么他可能会感到不满意并缺乏动力，从而影响他的职业发展。

其次，职业发展也会影响职业价值观。随着个人职业发展的不断提高，其职业价值观也可能会发生变化。比如，一个人在工作中取得了很大的成就，他可能会更加重视工作成果和自我实现，而不仅仅是薪资水平。同时，随着社会和经济的发展，新的行业和工作机会也不断涌现，这也影响着个人的职业价值观和职业发展。

最后，职业价值观和职业发展是相互影响的。一个人的职业价值观会影响他的职业发展，而职业发展也会反过来影响他的职业价值观。因此，在选择和发展职业时，个人需要充分考虑自己的职业价值观和职业发展方向，制定适合自己的职业规划和发展计划，从而实现自己的职业价值和人生价值。

三、政治认同的基本含义

认同作为一种心理情感，包括认可、赞同。根据心理发展规律，人们对一事物的真正认同需要经历知（了解、理解、掌握）、信（相信、信任、信仰）、行（拥护、维护、发展）等环节。相应地，政治认同教育也包括政治认知、政治认同、政治践行三个层次。政治认同教育要从其形成和发展的各个阶段入手，关注学生个体价值、客观需要，尊重其个体特性，突显主体；基于真实生活，进行生动、全面、客观、科学的认知教育，形成真知；基于理论探究，完成理性、辩证的辨析思考，达成确信；基于知行合一，进行价值引领、行为修正，做到笃行。

政治认同是指人们在社会政治生活中产生的一种感情和意识上的归属感，它与人们的心理活动有密切的关系。人们在社会中生活，因此，要在社会联系中确定自己的身份，如把自己看作是某一政党的党员、某一阶级的成员、某一政治过程的参与者或某一政治信念的追求者等，并自觉地以组织及过程的要求来规范自己的政治行为，这种现象就是政治认同。

政治认同的作用包括多方面，如在体制方面的认同，有助于政治组织及其制度获得合法性，提高组织制度化的程度，这是社会政治稳定的重要前提之一；在政策方面的认同，可以使政治过程获得更多人的参与和支持，使政治组织的方针、政策得到贯彻落实；在政治思想方面，政治认同有助于维系社会政治稳定，提高人们对现存政治体系的情感和忠诚度。

此外，政治认同在当代中国政治建设和社会发展中具有特殊意义。我国正处在转型发展的关键时期，无论是政治组织，还是社会组织，抑或是广大社会成员，都难以避免地产生价值判断和价值选择方面的差异甚至逆反。面对这样一种现状和趋势，用社会发展的远大目标和共同理想来增进当代中国的政治认同，就愈益成为中国特色社会主义政治发展和社会主义核心价值观建设必须完成的一个重大任务。

人民群众对于习近平新时代中国特色社会主义思想的认同，可以明确新时代坚持和发展什么样的中国特色社会主义、怎样坚持和发展中国特色社会主义，明确国家治理的指导思想，包括总目标、总任务、总体布局、战略布局和发展方向、发展方式、发展动力、政治保证等基本问题。人民群众对社会主义核心价值体系认同，有利于构筑中国精神、中国价值、中国力量。

四、政治认同的提升方法

政治认同是国家治理现代化之魂。民心是最大的政治，认同是最强的力量。一个政党，一个政权，其前途命运取决于人心向背。人民有信仰，国家有力量，民族有希望。人民群众对中国特色社会主义强大和稳定的认同，是中国共产党最重要的执政之基、力量之源，也是治理现代化的灵魂。人民群众的政治认同是深化改革的力量源泉。政治认同程度越高，改革的动力越大、阻力越小。没有人民群众自觉而坚定的政治认同，改革就不会形成系统性、整体性和协同性，重要领域和关键环节改革就很难突破。

职业学生可以通过以下方式提高自身的政治认同。

(1)学习政治理论。深入学习马克思列宁主义、毛泽东思想、邓小平理论、“三个代表”重要思想、科学发展观等政治理论，了解国家的大政方针和政策，增强对中国特色社会主义的理论自信。

(2)关注时事。时刻关注国内外大事，了解国家的发展动态，增强对国家大事的关心和参与度。

(3)参加社会实践。通过参与社会实践活动，如志愿服务、社会调查等，增强对社会的了解和认识，提高对政治问题的理解和分析能力。

(4)接受政治教育。积极参加学校的政治课程和活动，接受系统的政治教育，提高政治素养和思想觉悟。

(5)培养批判性思维。学会独立思考,不盲目跟从,能够辨别是非,对政治事件和观点进行客观分析,增强对政治问题的判断力和分析能力。

(6)树立正确的价值观。树立正确的世界观、人生观和价值观,增强对社会主义核心价值观的认同和践行,提高自身的道德素质和思想境界。

(7)发挥学生组织的作用。参加学生组织,如学生会、社团等,通过组织活动和参与管理等方式,增强对集体和社会的责任感,提高政治参与度和组织能力。

(8)加强自我修养。通过读书、思考、自省等方式,加强自身的思想修养和素质提升,增强对政治问题的敏感性和洞察力。

总之,职业学生要提高自身的政治认同,就需要不断学习、实践和反思。通过以上方式,学生可以增强对中国特色社会主义的理论自信和情感认同,更好地为实现中华民族伟大复兴的中国梦贡献自己的力量。

职业课堂

职业教育的价值追求

价值追求是指在一定价值观的指导下,个人或社会主体对某种价值目标持有的执着追求和向往。它是一个动态的、历史的概念,随着社会和文化的变迁而变化。价值追求体现了人们对特定价值的认同和追求,是人们行动的内在动力和方向指南。

价值追求的实现需要个体在实践中不断探索、体验、理解、感受和反思,同时也需要个体在自我认识、自我成长和自我实现的过程中,不断地完善和提升自己的价值观和价值追求。

对于职业教育而言,价值追求是其教育理念、培养目标、教育内容和方法的核心。职业教育的价值追求主要体现在以下几个方面:

(1)实用性和职业性。职业教育强调实用性和职业性,旨在培养学生具备专业知识和技能,使其能够适应市场需求和就业需要。这种价值追求使得职业教育更加注重实践操作和技能训练,强调与实际工作场景的对接和模拟。

(2)社会责任感。职业教育不仅关注学生的个人发展,还强调培养学生的社会责任感。通过开展各种社会实践和志愿服务活动,引导学生关注社会问题,参与社会建设,为社会做出贡献。

(3)终身学习。职业教育强调终身学习的理念,鼓励学生不断地学习和成长。通过提供各种继续教育和培训机会,帮助学生不断提升自己的技能和能力,适应不断变化的工作环境和社会需求。

(4)人文素养。职业教育同样注重学生的人文素养培养,包括道德品质、文化素养、审美情趣等。这有助于学生成为具有健全人格和高素质的人才，为未来的职业发展和社会建设打下坚实的基础。

价值追求在职业教育中具有至关重要的作用，主要体现在以下几个方面：

(1)导向作用。价值追求是个人和组织行动的指南，可以引导职业教育的发展方向。通过明确价值追求，职业教育可以更好地定位自身的使命和目标，为人才培养和社会服务提供明确的导向。

(2)凝聚作用。共同的价值追求可以凝聚各方力量，使师生、企业产生归属感和使命感，形成强大的向心力，推动职业教育的发展。

(3)激励作用。价值追求可以激发人们的内在动力，使人们积极主动地投入职业教育事业中。同时，肯定和奖励符合价值追求的行为，可以进一步激励师生的积极性和创造力。

(4)规范作用。价值追求可以作为行为准则和规范，指导师生、企业的行为。价值追求有助于形成良好的教育氛围和校园文化，保证职业教育的健康发展。

(5)创新作用。在职业教育中，具有前瞻性和创新性的价值追求能够引领教育改革和发展的方向，它能够激发师生的创新精神，推动职业教育的创新发展。

综上所述，价值追求在职业教育中具有多方面的作用，是推动职业教育改革和发展的重要力量。因此，职业教育应当明确自身的价值追求，并以此为指导，不断完善教育体系，提高教育质量。

任务打卡

生涯故事

➤课堂讨论：

请分析践行社会主义核心价值观和个人成长成才的关系。

➤能力养成：

分小组，收集近十年自身专业所在的行业领域取得的显著成就，以 PPT 形式在班级公开展示。展示中应包括成就内容、取得原因以及个人或小组的感受。

项目总结

通过完成本项目的三个任务，我们深入了解了适应自身的职业选择，明确了职业道德的基本要求，掌握了职业责任的主要内容，树立了科学的职业价值取向，提升了自身的政治认同。这些任务让我们对职业价值有了更全面、更深入的认识，为我们的职业规划和求职策略提供了有力的支撑和指导。

通过任务 1，我们了解了适应自身的职业选择，及如何把握未来职业教育的方向和变化，为个人职业规划提供参考。

通过任务 2，我们掌握了职业道德要求与职业责任内容，通过收集行业数据、研究行业报告等方式，我们了解了如何提升个人的职业道德素养、坚守职业责任等方面内容。

通过任务 3，我们树立了科学的职业价值取向，通过分析践行社会主义核心价值观和个人成长成才的关系、收集和展示行业领域显著成就等方式，我们更好地提升了个人的政治认同和价值追求。

趣味测试

总之，通过完成本项目，我们全面而深入地认识了自己职业选择的维度，明确了自身职业的相关道德与责任，为未来就业做好了充分的准备。同时，我们还提高了社会主义核心价值观的政治认同，更好地树立了正确的职业价值追求。

项目3 分析职业目标

项目指南

分析职业目标是职业生涯规划中的重要环节。本项目将介绍如何锁定职业目标范围，如何根据个人的专业、性格、气质和价值观以及社会的发展趋势确定自己的长期目标，如何将长期目标进行分化，并根据个人的经历和所处的组织环境制定相应的中期目标和短期目标。如何运用自我观察或自测认识法、橱窗分析法、360度评价法、SWOT分析法等常用的行业发展分析工具，对自己进行优势与不足分析，并结合自己的职业目标和职业生涯发展的不同阶段，探索适合自己的职业目标达成方法。

通过任务的实施和完成，我们可以掌握职业目标分析的方法，锁定职业目标，明确自己的职业规划，科学分析自身的优势与不足，为实现职业生涯规划打下基础。

学习目标

1. 收集职业目标对求职者的胜任要求，了解行业用人标准；
2. 掌握常用的行业发展分析工具，收集行业信息，对自己进行优势与不足分析；
3. 了解分析职业目标的方法，初步确立自己的职业目标；
4. 结合自己的职业目标和职业生涯发展的不同阶段，探索适合自己的职业目标达成方法。

任务1 锁定职业目标范围

任务知识点

一、职业规划的重要性及影响职业目标选择的因素

1. 职业规划的重要性

职业规划对个人职业发展有积极影响。第一，职业规划可以帮助个人明确自己的职

业方向和目标，避免盲目地选择职业和工作。第二，通过职业规划，个人能够更了解自己的潜力和兴趣，有针对性地提高自己的技能与竞争力。第三，职业规划能够增加职业机会和发展空间。明确的职业规划能够帮助我们更准确地把握市场机会和职业机会，拓展职业发展空间。第四，职业规划可以减少职业迷茫和焦虑，让人更加从容自信，并坚定地按规划的职业发展道路走下去。

2. 职业探索

职业探索是个体在各种环境下认识自己和环境的有力手段和方式。有学者认为，职业探索是个人对自己与工作环境之间关系的认定，个人通过工作实践了解并掌握相关的资料及信息，培养职业需要与兴趣。简单来讲，职业探索是个人对自我特质以及各种不同的职业或者工作，乃至对个人环境关系进行的探索，是对职业发展目标的确定。

大学生在大一阶段，无论是在学习、生活还是在心理上都需要迅速地适应从高中生转变为大学生的过程，并重新进行自我定位。在大学初期，学生面临着生活自理、学习自觉等一系列自我管理与教育的问题，此时，大学生对自我认知和环境认知还不够，职业生涯理论缺乏，目标和现实之间差距较大。学校应该有针对性地引导其积极适应大学生活，初步了解职业生涯规划的理论、自我认知的方法，为有计划地进行职业探索打下良好的基础。

大二时，经过一个学年的大学生活、学习和假期社会实践，学生对大学生活和社会环境已经有了初步的了解，同时对自我也有了一定的认知，各方面能力都得到了一定的提高，已经具备了初步制定自己职业生涯规划的能力，因而这一阶段的职业探索任务在于明确自身的优势、劣势、兴趣爱好、性格、能力，根据自我认知进行个性化的职业探索、培养职业兴趣、树立职业价值观。

进入大三以后，大学生的职业目标逐渐明确，并有计划地开始实施自己制定的职业规划，这种有意识地进行的职业探索可以避免就业的盲目性。

3. 影响职业目标选择的因素

(1)社会因素。

社会是人才得以活动及发挥才干的舞台，也是影响人们成长与发展的重要条件和因素。社会的政治经济形势、涉及人们职业权利的管理体制、社会文化与习俗、职业的社会体系等因素，决定着社会职业岗位的数量与结构、社会职业岗位出现的随机性与波动性，以及人们对职业的认定和步入职业生涯、调整职业生涯的决策。用人单位对员工的培养，个人的社交网络、在职业发展过程中获得的帮助与学习机会、翻阅的图书资料、与职业生涯发展方面有关的制度与政策等，都会对社会职业结构的变迁、人的职业生涯变动的规律性产生影响。

(2)教育背景。

教育是赋予个人才能、塑造个人人格、促进个人发展的社会活动，它奠定了一个人的基本素质，对一个人的人生有着巨大的影响。有些人因未达到某一教育水准而被企业拒绝；有些人因拥有的技术已过时或者过于专业化，且市场对他们的才能需求不高，导致他们在职业上的处境较为被动。所以，树立终身教育观念，不断学习，成为人们的主要任务。教育上的胜利与社会阶层的晋升有着明显的关联，教育是改变社会阶层的主要动力，人们所学的专业，对其职业生涯有着强大的影响，往往能够成为其职业生涯的部分甚至一生的职业类别，即使人们转换职业，也往往与其所学专业有一定联系。

(3)家庭影响。

家庭是一个人生活的重要场所，也是其素质养成、职业生涯选择的主要因素之一。大多父母对自己的子女会有一种期望，这种期望会在人的幼年时期留下印象，并随时间的推移而强化，比较高的期望会有激励作用。父母从事的职业是子女观察社会职业的开始，父母对自己职业的认同与否，对子女将来是否愿意从事这种职业有很大的影响。父母的日常行为，会影响子女职业理想的确立和职业方向、职业种类的选择。一个人的家庭经济条件较好，会增加其接受更高程度教育的机会，其职业的选择空间更大；一个人的家庭经济条件较差，会减少其接受更高程度教育的机会，而且会影响其在是否读书深造、工作单位离家远近及效益好坏方面的选择。

(4)终极目标。

终极目标是指一个人终生追求的不变的目标，其生活中的一切事情都围绕着终极目标而进行。终极目标能激发人们的热情和活力，给人们带来长久的美满、安宁和富有，它是一项人们注定会去做的事情。职业是一种工具，是帮助人们实现终极目标的工具。人们通常会选择与自己终极目标相一致的职业，因此，我们可以这样问自己："我的职业正在帮助我实现人生的终极目标吗?"如果答案是否定的，那就干脆更换职业，倘若更换职业是不现实的，那可再进一步问自己："是否有一种途径可以让我现有的职业与我的终极目标一致起来?"对于第二个问题，答案常常是肯定的，人们在从事一种职业时，业余时间还可兼职。终极目标越高，人们的动力就越大，眼界就越高，考虑问题就越全面；终极目标越低，人们越易于安于现状、产生惰性。

(5)兴趣与意志。

兴趣是职业生涯选择的重要依据，当一个人对某种职业产生兴趣时，他就能调动自身的积极性，积极地感知和关注该职业知识动态。兴趣可以提高人们的工作效率，调动人们的全部精力，以敏锐的观察力、高度的注意力、敏捷的思维能力和丰盛的想象力投入工作，进而提高工作效率。在其他条件相似的情况下，从事自己感兴趣的职业不但能让你感到满足，而且能让你的工作单位对你满意，使你的工作保持稳定。此外，多方面的兴趣可以使人善于应付多变的环境，如果变换工作，只要自己感兴趣，就能够很快地学会这个工作所需的技能，并在新的岗位上很快熟悉和适应新的工作。人们不仅需要了解自己能从事什么样的工作，更重要的是知道自己对哪类工作感兴趣，只有将能力和兴趣结合起来考虑，才能规划好职业生涯并取得职业生涯的胜利。

意志是一个人自觉地确定目标，支配与调节自己的行动，克服各种困难，达到预期目标的心理状态。对自己的行动目的有正确、充分的认识，善于明辨是非，能当机立断做出决定并予以执行，有坚忍的毅力、百折不挠的精神，在行动中善于控制自己的情绪，约束自己的言行，做事有坚韧不拔的精神等，有助于个人在职业生涯中获得胜利。职业生涯规划的自觉性、进行职业抉择的果敢性、为实现长期职业目标而努力的坚忍性、职业规划和决策中的自制性、为完善职业生涯规划做出大量努力的勤劳性等都有益于达到职业生涯规划的科学性和合理性。没有坚强的意志,人就会在顺境中得意忘形,在逆境中消沉颓唐,最终不能实现自己职业生涯的规划。意志对一个人的职业生涯规划来说有着巨大的影响。

(6)机遇。

机遇,是一种随机出现的、具有偶然性的事物。在一个人一生当中会遇到许多偶然的机会,有利的偶然机会就是机遇。如果社会上出现了给一个人提供个人发展、向上流动的职业环境,对于职业发展而言,就是机遇,机遇的出现对一个人的职业生涯规划有积极的推动作用。把握机遇的前提是完善自我、提高素质、具备职业发展的潜质。与此同时,还要善于发现机遇,如果漠视机遇,那么,只能是英雄无用武之地,找不到职业发展的方向。抓住机遇是关键,只有抓住了机遇,才可能施展才华、快速成长。机遇对任何人都是同等的,但又总是降临于素质高、有准备的人的身上,谁素质高、准备充分,谁就能够抓住机遇,获得机会。

二、锁定职业目标的前提条件及方法

在选择职业时,锁定职业目标范围是一个非常重要的步骤。锁定职业目标范围不仅有助于集中精力,为未来的职业发展奠定基础,而且可以避免浪费时间和精力在不合适的领域。以下三个原因说明了为什么锁定职业目标范围是必要的。一是降低选择难度。当我们没有明确职业目标范围时,可能会感到迷茫和不知所措。锁定目标范围可以让我们更容易聚焦和筛选目标,从而降低选择的难度。二是提高成功率。锁定职业目标范围有助于我们更好地了解自己的兴趣、能力和职业前景,从而做出更明智的决策,帮助我们提高职业选择的成功率。三是避免资源浪费。一个人在没有明确职业目标范围的情况下,可能会在多个领域投入时间和精力,这不仅会浪费时间,还可能造成财力、精力和其他资源的浪费。

1. 锁定职业目标的前提条件

首先,要从个人的兴趣出发,因为一个人如果对某个领域感兴趣,他就更容易在这个领域中投入时间和精力,从而取得更好的成绩。

其次,个人能力是锁定职业目标范围的重要依据。因为一个人需要具备相应的能力才能胜任某个职位或从事某个行业。

再其次,个人的价值观会影响职业目标的锁定。例如,一个人如果重视团队合作和人际交往,他可能会选择从事人力资源或销售行业。

最后,充分了解职业发展前景是职业目标设定的重要依据。因为一个人需要考虑未来的市场需求、行业发展趋势等因素,来找到符合自己职业发展的目标。

2. 锁定职业目标的方法

(1) 自我评估。首先,我们需要对自己的兴趣、爱好、特长和潜力有清晰的认识,可以通过自我评估工具或咨询专业人士获得帮助。

(2) 行业研究。了解当前行业趋势和前景,可以帮助我们确定哪些行业或领域具有发展潜力。可以通过网络搜索、行业报告和业内人士的分享获取相关信息。

(3) 技能匹配。根据自己的专业知识和技能,匹配相关行业和职位,这样可以缩小选择范围,提升相关技能。

(4) 价值观匹配。除了兴趣、能力和行业趋势,我们还需要考虑自己的价值观和职业目标是否匹配,这样可以减少职业发展的压力和不适感。

(5)实习或兼职实践。通过实习或兼职实践,可以更直观地了解相关行业和职位的工作内容、挑战和机遇,帮助我们做出更明智的决策。

3. 应对过程中的不确定因素

在锁定职业目标范围的过程中,我们可能会遇到一些不确定因素,这是很正常的。以下是一些应对不确定因素的方法。

(1)保持开放心态。不要过于拘泥于眼前的选择,保持开放的心态有助于我们不断探索新的机会。

(2) 寻求专业建议。咨询专业人士或职业规划师可以帮助我们获得更全面、更准确的建议,从而更好地应对不确定性。

(3)不断学习和成长。通过不断学习提升自己的能力,为未来的职业发展打下坚实的基础。

总之,锁定职业目标范围是选择适合自己的职业方向的重要步骤。通过自我评估、行业研究、技能匹配、价值观匹配以及实习或兼职实践等多种方法,我们可以更准确地锁定自己的职业目标范围。同时,保持开放心态、寻求专业建议并不断学习和成长,有助于我们应对不确定因素,为未来的职业发展奠定坚实的基础。

职业课堂

职业目标:中国经济的重要引擎

中国经济在过去的几十年中取得了举世瞩目的成就,而在这背后,职业目标的明确与实现起到了不可或缺的作用。职业目标不仅关乎个人的发展,更是推动国家经济发展的重要力量。

职业目标为经济发展提供人才支持。在知识经济时代,人才是第一资源,有了明确的职业目标,个人就能够更有针对性地进行学习和实践,提升自己的专业技能和素质。这些具备高素质的人才在各自的岗位上发挥所长,为经济发展提供了源源不断的人才支持。

职业目标促进社会分工与合作。随着经济的发展和社会的进步,社会分工越来越细,每个人都在自己的领域内扮演着特定的角色。明确的职业目标有助于个人找准自己的定位,更好地融入社会分工体系。同时,职业目标的实现也需要团队合作,这有助于促进社会各阶层之间的交流与合作,推动经济的稳定发展。

职业目标为企业创新提供动力。企业是市场经济的主体,也是推动经济发展的主要力量。明确的职业目标能够激发个人的创新精神,促使企业不断进行技术和管理创新,提升市场竞争力。企业的创新不仅能为自身创造更大的价值,还能带动整个行业的进步，进而推动经济的持续增长。

职业目标有助于优化资源配置。在市场经济条件下，资源的配置效率直接影响经济的发展速度和质量。明确的职业目标能够帮助个人更好地了解市场需求，合理规划自己的职业发展路径，使个人资源得到更有效的利用。同时，职业目标的实现也有助于企业根据市场需求进行资源整合，提高整个社会的资源利用效率。

总之，职业目标对中国经济的作用不可小觑。通过明确职业目标，努力实现职业目标，个人能够提升自己的专业素养，为企业和社会创造更多价值；企业能够不断创新，提高市场竞争力；政府能够优化资源配置，推动经济持续健康发展。

任务打卡

➤课堂讨论：

结合自己所学专业，请列举 1～3 个你的目标职业。

➤能力养成：

制定你的职业目标。请将大学目标进行细化，填入表 3-1 中，每项目标写清对应序号，做到切实可行。

生涯故事

表 3-1　　制定职业目标

计划名称	时间跨度	总目标	分目标	计划内容	策略和措施	达成时间
短期计划（大学计划）	大一					
	大二					
	大三（实习）					
中期计划						
长期计划						

任务 2　分析自身优势与不足

任务知识点

一、自我分析在职业规划中的重要性

自我分析就是要全面地了解自己。一个有效的职业生涯规划必须是在客观充分地熟悉自身条件与相关环境的基础上进行的。自我分析就是要审视自己、了解自己，做好自我

认识，这包括了解自己的爱好、特长、性格、学识、技能、智商、情商、思维方式等，即要弄清自己想干什么、能干什么，并在众多的职业里选择最适合自己的一种。自我分析可以采用很多测评工具，如 MBTI、16PF、霍兰德职业性向等，还可以进一步做智商、情商及各项能力测评等，要尽可能深入地了解自己。不要忘记让你的同事和家庭成员甚至是至交好友来评价你，给你意见，因为这些意见往往很中肯，可以帮助你从不同的角度了解自己。自我分析还可以借助 SWOT 分析工具。

自我认识是主观自我对客观自我的认识与评价，自我认识是对自己身心特征的认识，自我评价是在这个基础上对自己做出的某种判断。正确的自我评价，对个人的心理、生活及其行为表现有较大影响。如果个体对自身的估计与社会上其他人对自己客观评价相差过于悬殊，就会使个体与周围人们之间的关系失去平衡，产生矛盾，长此以往，将会形成稳定的心理特征——自满或自卑，这不利于个人的心理健康。

二、自我分析的方法和途径

要分析自我，就要做到用全面的、发展的眼光看待自己。全面认识自己，既要认识自己的外在形象，又要认识自己的内在素质；既要看到自己的优点，也要看到自己的缺点。每个人都是变化发展的，我们要用发展的眼光看待自己，只有这样，我们才能通过不断发扬优点、克服缺点来完善自己。

1. 自我观察或自测认识法

最了解的人是自己，因此，要想全面认识自己，就要做一个“有心人”，即反省自己在日常生活中的点滴表现，总结自己是一个怎样的人。

心理测试是一种比较先进的测试方法，它通过一系列手段，将人的某些心理特征数量化，进而帮助个体衡量其心理因素水平和心理差异。通俗而言，心理测试是指通过一系列科学的方法来测量被评者个性方面差异的一种测量方法。心理测试一般用设计符合信效度的问卷方式进行，一个有用的心理测试必须是有效和可靠的，也就是说，所有被评者对测试问题的认知均等率是很重要的。

2. 橱窗分析法

常言道，当局者迷，旁观者清，周围人对自己的态度与评价，能帮助我们认识自己、了解自己。我们要重视他人的态度与评价，冷静地分析，既不能盲从，也不能忽视。所谓橱窗分析法，是一种借助直角坐标的不同象限来表示人的不同部分的分析方法。它以别人知道或不知道为横坐标，以自己知道或不知道为纵坐标，橱窗分析法也是进行我认知的一种常用方法。如图 3-1 所示，橱窗 1 为自己知道，别人也知道的部分，称为“公开我”，属于个人展现在外，无所隐藏的部分；橱窗 2 为自己知道，别人不知道的部分，称为“隐私我”，属于个人内在的私有秘密部分；橱窗 3 为自己不知道，别人也不知道的部分，称为“潜在我”，是有待开发的部分；橱窗 4 为自己不知道，别人知道的部分，称为“背脊我”，犹如一个人的背部，自己看不到，别人却看得很清楚。

通过四个橱窗可知，我们须加强了解的是橱窗 3 和橱窗 4，即“潜在我”和“背脊我”。

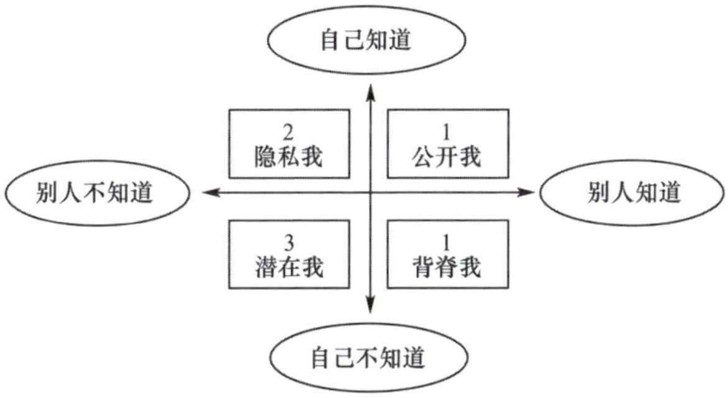

图 3-1 橱窗分析法

如果自己诚恳地征询他人的意见和看法，就不难了解“背脊我”。我们可以，采取同自己的家人、朋友、同事等交流的方式，尽量开诚布公，要做到这一点，需要敞开胸怀，正确对待，有则改之，无则加勉，否则，别人是不会说实话的。

对于了解“潜在我”，我们可以采取 24 小时日记的方式，24 小时日记可以帮助我们将一个工作日和一个非工作日的经历进行对比，让我们了解一些侧面的信息。大学生或职场新人需要对此予以重视，这是了解自我的一种比较不错的途径。

3. 360 度评价法

每个人都生活在集体中，在集体中与他人友好相处，很好地承担自己的责任，会对了解自己有一定的帮助。集体对一个人的评价往往更全面、更客观。比如常用的 360 度评价法（图 3-2）。

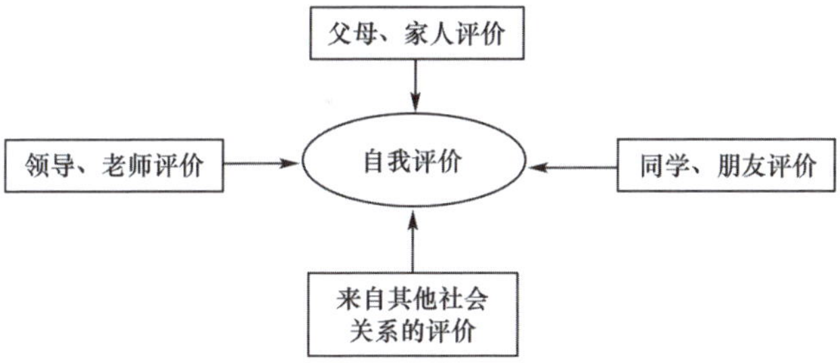

图 3-2 360 度评价法

360 度评价法是指通过不同层面的人员，从不同的角度获取评价，从而帮助我们全方位、准确地认识自我。通过 360 度评价法，我们能收集各方面的意见，清楚自己的长处和短处，达到提高自己的目的。

只有通过多种方式了解自己，努力保持并发挥优势，改进不足，才能不断更新和完善自我，以更新的自己面对新的一天。

4. SWOT 分析法

SWOT 分析法是一个人的求职利器，是市场营销管理中经常使用的功能强大的分析工具。在 SWOT 分析法中，S 代表 strength（优势），W 代表 weakness（弱势），O 代表 opportunity（机会），T 代表 threat（威胁）。其中，S、W 是内部因素，O、T 是外部因素。

内部因素分析是针对个人进行的分析，如表 3-2 所示。

表 3-2　　内部因素

优势 Strengths	劣势 Weaknesses
1. 做事认真、踏实，有浓厚的学习兴趣和一定的实力	1. 性格较内向，不善于与人交往和沟通
2. 具有乐观积极的生活态度，善于发现事物和环境中积极的一面	2. 办事不够细腻，有时考虑问题不全面
3. 富有极强的责任心、爱心，并且喜欢做相关的工作	3. 做事不够果断，尤其事前做决定的时候经常犹豫不决
4. 对一切问题有寻根究底的兴趣，一定要将事情想清楚，并喜欢思考问题，有一定的分析能力	4. 组织能力和管理人员的能力和经验欠缺
5. 有较强的竞争意识，能充分利用环境资源，即与环境的交互能力强	5. 有时做事拖拉，不够雷厉风行
6. 有一定的书面表达能力，逻辑思维性和条理性较强	6. 工作、学习有些保守，冒险精神不够，没有结合长远目标，创新能力有待提高

外部因素是指家庭、社会环境等。外部因素分析是对机会和威胁进行分析，如表 3-3 所示。

表 3-3　　外部因素

机会（Opportunities）	威胁（Threats）
1. 某地区经济发展对目标岗位人才需求量大，尤其是互联网人才	1. 应届毕业生人数较大，就业竞争压力大
2. 当地政府和学校有很多招聘双选会，求职机会大	2. 该地区消费水平高，需要尽快找到工作，对薪资要求也不能太低，求职压力大
3. 在学校还有很多的学习机会，身边有很多优秀的同学和朋友，有与他们构建良好的人际关系的条件	3. 作为专科学生，学历较低，个人求职竞争优势不足
4. 就专业知识方面来说，该地区是高新经济城市，软件专业方向是很有发展前景的	—

SO、WO、ST、WT 是 SWOT 对策矩阵中的四种战略（表 3-4）。

SO 战略（优势—机会）。该战略意味着，当个人具备某些特长或技能，并且外部环境为其提供了良好的发展机会时，应该充分利用这些优势，迅速抓住机遇，实现职业上的跨越式发展。

WO 战略（劣势—机会）。该战略提醒我们，如果个人在某些方面存在不足，即使外部环境提供了诱人的机会，也需要先积极改变个人的劣势，以便更好地适应和利用机会。

ST 战略(优势—威胁)。该战略要求我们在发挥自身优势的同时,保持警惕,时刻关注外部环境中的潜在威胁,以便及时应对并避免风险。

WT 战略(劣势—威胁)。当个人既存在劣势又面临威胁时,需要制订明确的改进计划,积极规避风险,寻求新的发展机会。

通过灵活运用这四种战略,个人可以更好地进行生涯规划,明确自己的职业目标和发展方向,从而实现个人价值。

表 3-4 SWOT 对策矩阵

SO 战略	WO 战略
1.在学校的现阶段继续努力学习,掌握更多的知识,努力提高自己的竞争力	1.积极参加一些就业的培训和企业的招聘宣讲会,锻炼自己,增强自信心
2.多参加各企业的招聘活动,为自己的就业创造更多的机会,积累更多的经验	2.利用自己乐观积极的态度,勇于创新,尝试更多不同的工作,增加就业机会
ST 战略	**WT 战略**
现阶段多学习专业知识,特别是自己感兴趣的知识,以便将来可以在此方面有所发展	多参加集体活动和社交活动,提高与他人的交往和沟通能力,增强自信心,构建良好的人际关系网络

除了以上几种方法,自我分析还可以从性格特点、情绪管理、人际关系等多个维度进行。自我分析可以帮助我们了解自己的性格特点,以便更好地发挥自己的优势;自我分析可以帮助我们更好地管理情绪,提高情绪稳定性和抗压能力;自我分析可以帮助我们了解自己在人际交往中的优势和不足,从而帮助我们构建良好的人际关系。

总之,自我分析是一种重要的个人发展工具,通过深入了解自己的优势、弱势、兴趣和价值观,我们可以更好地规划自己的职业生涯、增强自我意识和自信心。

职业课堂

从“大有可为”到“大有作为”——新时代中国职业教育高质量发展综述

党的十八大以来,我国建成了世界最大规模的职业教育体系,中国特色职业教育发展道路和模式基本形成,职业教育吸引力、影响力、竞争力不断增强,职业教育面貌发生了历史性、格局性变化。

构建纵向贯通、横向融通的现代职业教育体系

我国现有职业学校 1.12 万所,在校生 2 915 万人,职业教育在服务经济社会发展和个人成长成才中发挥了不可替代的重要作用。

但长期以来,职业教育通常止步于专科,这被认为是其发展的关键“瓶颈”。“无奈的选择”“低人一等”等偏见,让职业教育吸引力不足。近年来,有关职业教育改革创新发展的法律制度和政策举措密集出台,有力支撑了职业教育的高质量发展。

从《国家职业教育改革实施方案》启动“中国特色高水平高职学校和专业建设计划”，到《关于推动现代职业教育高质量发展的意见》等为职业教育发展指明路径，再到新修订的职业教育法明确“职业教育是与普通教育具有同等重要地位的教育类型”，职业教育深化改革有了坚实的制度保障。2021 年，全国职业教育大会召开，擘画了新时代职业教育发展蓝图。

职业教育办学“天花板”被逐步打破，“中职、高职专科、职业本科”一体化的职业学校体系基本建成，中职的基础地位得到进一步巩固，高职专科的主体地位不断强化，职业本科正在稳步发展。职业教育与基础教育、高等教育、继续教育之间初步构建了融通机制。

2019 年以来，教育部先后批准 32 所学校开展本科层次职业教育试点，支持优质专科高职院校升级一批骨干专业举办职业本科教育，鼓励应用型本科院校举办职业本科专业，切实提高高层次技术技能人才供给能力。

为全面建设社会主义现代化国家提供有力人才和技能支撑

目前，全国职业学校共开设 1 300 余个专业和 12 余万个专业点，基本覆盖了国民经济各领域，有力支撑了我国成为全世界唯一拥有全部工业门类的国家和世界第二大经济体。

根据产业布局和行业发展需要，职业教育大力发展先进制造等产业需要的新兴专业。2021 年，新版职业教育专业目录发布，首次一体化设计中职、高职专科、高职本科专业体系，共设立 19 个专业大类、97 个专业类、1 349 个专业，更新幅度超过 60%。调查数据显示，在现代制造业、战略性新兴产业和现代服务业等领域，一线新增的从业人员 70%以上是职业院校的毕业生。

要完善职业教育和培训体系，必须深化产教融合、校企合作。10 年来，我国出台并实施一系列政策，开展现代学徒制、产教融合型城市等试点，建立形成了政府主导、行业指导、企业参与的办学格局。

截至 2022 年 5 月，全国共组建了 1 500 多个职业教育集团(联盟)，涵盖了企业、学校、行业、科研机构在内的 4.5 万余家成员单位，形成了资源共享、责任共担、合作发展的具有中国特色的职业教育办学模式。全国共培育了 3 000 多家产教融合型企业、试点，建设了 21 个产教融合型城市，构建起以城市为节点、行业为支点、企业为重点的产教融合新模式。

10 年来，职业教育对接重点产业，强化工学结合、注重实训、推广模块化教学，广泛采用学徒制培养、订单培养。不少职业院校的学生还未毕业即被用人单位“预订一空”，一批批优质学校毕业生进入知名企业就业。职业学校毕业生年终就业率总体保持在 95%以上。

职业教育理念更加深入人心

在鸡蛋壳上雕刻出各地地标建筑，蒙着眼睛切出黄瓜拉花，在气球上切肉丝……在职业教育活动周上，职业院校学生的精湛技能引发人群的一阵阵惊叹。

从 2015 年起，国家将每年 5 月的第二周设为“职业教育活动周”，同期举办全国职业院校技能大赛、中等职业学校“文明风采”活动。“技能成就出彩人生”“技能服务美好生活”“技能支撑强国战略”的理念正在深入人心。

10 年来，中国职业教育人才培养标准和专业建设质量获得国际广泛认同，中餐烹饪国际化教学标准纳入英国普通和职业学历框架体系；吉布提“鲁班工坊”填补了该国没有高等职业教育层次的空白；葡萄牙“鲁班工坊”的建设让中国特色职业教育标准体系走进西方发达国家……

目前，我国在职业教育方面与 70 多个国家和国际组织建立了稳定的联系，在海外的 19 个国家建立了 2 020 个“鲁班工坊”。

实践证明，通过职业教育传播中华文化，是深化中外交流与合作的有效途径。目前，中国在 40 多个国家和地区开设“中文＋职业教育”特色项目，为各国学员提供了职业教育培训和就业发展机会。

职业教育正成为促进“一带一路”沿线国家青年就业和民生改善、各国人民民心相通的有效桥梁，成为中外经贸和人文交流合作的新载体。中国的职业教育正以开放、包容、进取、活力的形象向世界展开怀抱。

任务打卡

➢课堂活动：

任意选择一种方式完成自我分析。

➢能力养成：

请运用 SWOT 分析法结合个人求职目标进行自我分析。

生涯故事

任务 3　探寻职业目标达成路径

任务知识点

一、明确各阶段职业目标的特征

在确定职业目标，完成自我分析后，就要制定相应的行动方案把目标转化成具体的措施。

1. 短期职业目标的特征

(1)目标表述清晰、明确;

(2)于本人具有意义,与自我价值观和中长期目标一致,有可能暂时不能完全满足自己的兴趣要求,但可“以迂为直”;

(3)切合实际,并非幻想;

(4)有具体的完成时间;

(5)有明确的努力方向,通过努力能达到适合环境需要的能力,实现起来完全有把握;

(6)目标精练。

2. 中期职业目标的特征

(1)是结合自己的志愿、组织的环境及要求制定的,与长期目标相一致;

(2)基本符合自己的兴趣、价值观,使人充满信心,且愿意公之于众;

(3)切合实际,并且未来的发展有所创新,有一定的挑战性;

(4)能用明确的语言进行定量与定性说明;

(5)有比较明确的执行时间,可以根据外部环境变化做适当的调整;

(6)设定的目标可以激发自己的能动性,实现的可能性非常大。

3. 长期职业目标的特征

(1)是自己认真选择的,能够和组织、社会的发展需求相结合;

(2)很符合自己的兴趣、价值观,能为自己的选择感到骄傲;

(3)能用明确的语言进行定性说明;

(4)有实现的可能,并有更大的挑战性;

(5)与志向相吻合,能够通过努力实现;

(6)与人生目标相融为一,能够指导自己为创造美好未来坚持不懈。

二、达成职业目标的发展路径

职业目标的发展路径,概括地说就是企业员工有从自己现在和未来的工作中得到成长、发展和获得满足的强烈愿望和要求。为了实现这种愿望和要求,他们制定了职业计划的实施过程。具体而言包括以下几个步骤:

(1)设定明确的职业目标是实现成功的第一步。一个明确的目标将帮助我们更好地了解自己努力的方向和想要达到的位置。无论是成为一名成功的企业家,还是在某个领域成为专家,我们都需要明确自己的目标,并将其写下来。这样做可以帮助我们更好地追踪和评估自己的进展。

(2)制订详细的计划是实现职业目标的基础。一旦我们设定了目标,就需要制订一份详细的计划来实现它。这个计划应该包括具体的步骤和时间表,以确保我们按照计划进行。例如,如果我们的目标是在五年内晋升为高级经理,我们可以制订一个每年提升一级的计划,并列出实现计划所需的具体行动。

(3)积极主动地寻求机会是实现职业目标的关键。我们不能仅仅依靠运气或等待机会。相反,我们应该主动地寻找机会,并利用它们,这包括参加行业相关的培训课程、参加专业机构组织的活动、参加网络研讨会等。通过积极主动地寻求机会,我们可以扩大自己的人脉网络,增加与行业专家和同行的接触机会,及自己的职业发展机会。

(4)持续学习和自我提升是实现职业目标的必备条件。在现代社会,技能和知识的更新速度非常快,为了跟上时代的步伐,我们需要不断学习来提升自己。我们可以通过参加培训课程、阅读专业书籍和文章、参与项目和实践等方式实现。通过持续学习和自我提升,我们可以不断提高自己的专业能力和竞争力,更好地实现职业目标。

(5)与他人建立良好的合作关系也是实现职业目标的重要因素。在现代社会,合作能力越来越被重视。与他人建立良好的合作关系可以帮助我们更好地实现职业目标。我们可以通过与同事合作、参加团队项目、参与志愿者活动等方式建立合作关系。通过与他人合作,我们可以学习和借鉴他人的经验和知识,扩大自己的影响力和资源,更好地实现职业目标。

(6)坚持并保持耐心。实现职业目标是一个长期的过程,在这个过程中,可能会遇到挫折和困难。因此,我们需要坚持并保持耐心。我们应该相信自己的能力和价值,不断调整和改进自己的行动计划。只有这样,我们才能最终实现自己的职业目标。

(7)不断反思和调整。在实现职业目标的过程中,我们应该不断反思自己的行动和决策,并及时进行调整。这可以帮助我们发现问题并及时解决,从而更好地实现职业目标。

职业课堂

职业素质的培养与锻造

职业教育是促进经济社会发展和提高国家竞争力的重要支撑,担负着培养大批高素质技术技能型人才的艰巨任务。因此,职业院校需要做到“德技并修”,厚植工匠精神,从思想引领、课程载体、师资建设、教学方法等方面入手,将工匠精神实践于职业教育全过程。

以“国之大者”引领新时代工匠精神。首先,将工匠精神中的“爱国、敬业、奉献”元素与当前党和国家对职业院校人才培养的要求进行结合,重新设计和定位校园文化,通过“身边的工匠”典型人物选取、弘扬校史中的工匠精神等形式,提供富含高密度当代工匠精神的“氧气”;其次,将工匠精神与职业院校人才培养目标进行结合,把“精益求精”的工匠精神内涵融合到课程设计之中并一以贯之;最后,将工匠精神的“珍视荣誉、专注一事”与学生所学专业进行结合,使其成为促进学习走向自觉、走向深入的内在驱力。

立足学生特点完善新时代工匠精神内容。首先,在低年级中着重推动情感认同和目标锚定相统一,设置工匠精神要点,选择工匠精神维度和技术方向,形成课程素养目标；其次，在高年级中着重推动体悟和技能提升相统一，分解要点，形成课程素养模块；再其次，在教育过程中着重推动实践与教育相统一，将学生关注度高、流量集中的企业典型案例作为教学案例，融入学校教育，增设工匠精神专项，形成技术素养典型项目；最后，按照工作过程典型任务编排教学任务，同步嵌入要求识记、行为操练、心得交流反思等任务，形成工匠精神与技术双螺旋递进的素养课程开发方法，重构课程与工匠精神全过程融通的课程内容。

建设自我成长的工匠精神教育主体。首先，重视工匠精神教师队伍的培养，在职务晋升、津贴配套、福利待遇等方面予以体现和倾斜，形成政策导向，营造“人人争当工匠、我以工匠为荣”的氛围，培育一批中青年工匠教育主体；其次，将国家对专业领域人才需求作为职业院校教师队伍建设培养的目标，面向广大教师培育“德技双带头人”，带动职业院校工匠精神课程走深走远；再其次，将工匠精神与大企业工匠文化进行深度融合，实行“推出去，走进来”的交流提升制度，鼓励职业院校的教师前往企业、工厂顶岗锻炼，邀请企业、工厂中的知名工匠前来学校授课，促进理论与实践互融互通，提升工匠精神情感感染力和理性推动力。

纵观时间长河，一代代为国家事业做出贡献的人物，始终将个人命运和国家命运紧紧相连。每一个名字都如同一颗闪耀的星，闪耀在时代的苍穹。

任务打卡

生涯故事

➤课堂讨论：

结合自身情况，探讨1～2个短期职业目标的特征。

项目总结

通过完成本项目的三个任务，我们深入了解了职业目标对职业发展的影响，了解了影响职业目标选择的因素，掌握了了解自我优势与不足的方法，已经能更好地分析自身的职业目标了。

在任务1中，我们了解了职业目标的范围，了解了如何从6个维度考虑影响职业目标选择的因素，并学习了常见的锁定职业目标的方法，为分析职业目标奠定基础。

在任务2中,我们掌握了自我优势与不足的分析方法,通过自我观察或自测认识法、橱窗分析法、360度评价法SWOT分析法等充分认识自我,为职业生涯目标的选择提供了科学的依据。

在任务3中,我们了解了各个阶段职业目标的特征,学习了职业目标达成的常见路径。

总之,通过完成本项目,我们充分学习了如何结合自身实际情况,分析职业目标,寻找达成职业目标的路径,为选择职业目标和实现职业目标奠定基础。

趣味测试

第二部分

理性思维提升职业境界

项目4 认识职业教育

项目指南

认识职业教育是我们在选择和发展职业生涯中非常重要的一环。本项目将通过理解职业教育的意义和内涵，明确职业教育人才的职业定位，明确技能人才职业精神的标准等任务，帮助我们全面深入地认识职业教育。

通过任务的实施和完成，我们可以深入了解职业教育的重要意义和内涵，明白职业教育与学业教育的区别，从而为规划职业教育和学习策略提供支撑和指导。同时，我们还可以通过不断的探索，提高自己的职业竞争力，更好地适应职业教育和社会需求。

学习目标

1. 收集相关案例和数据，深入剖析职业教育的发展趋势。

2. 收集和分析目标职业的相关信息，明确自己的职业方向，提高岗位匹配率。

3. 收集行业数据、研究行业报告等，了解劳模精神、劳动精神、工匠精神，找到适合职业要求的学习方法和奋斗方向。

任务1 理解职业教育的意义和内涵

任务知识点

一、职业教育的科学理念

在全面建设社会主义现代化国家新征程中，职业教育前途广阔、大有可为。新时代，我们需要树立科学的职业教育理念。

1. 职业教育是特色鲜明的类型教育

普通教育以学科知识分类为起点，遵循认知发展规律开展教学。而职业教育以职业岗位分类为起点，针对技术技能人才成长特点开展教学。由于缺乏清晰合理的分类标准，职业教育被视为普通教育的“衍生品”，一些职业学校按照普通教育开展教育教学，办学封闭，对产业和市场变化反应滞后。

2. 职业教育培养的是技术技能人才

专业、教材、课程必须对接市场需求、与实践相结合，培养途径是产教融合、校企合作，教师是“双师型”，学生强化实习实训，教学采取模块化、项目制、情景式等方式，学校里老师教学生、企业中师傅带徒弟，这些都是职业教育有别于普通教育的显著特点。

3. 职业教育是培养能力的实践教育

职业教育起源于古代学徒制，通过师傅带徒弟、手把手教，把技能传承下去，是典型的实践教育。能上手，留得住，无缝对接是其追求的目标。职业院校实践性教学课时原则上占总课时一半以上，顶岗实习时间一般为 6 个月，要把产教融合、工学结合作为职业教育办学的基本模式，必须在实践中学习、磨炼、培养技术技能，这是客观规律。

4. 职业教育是面向市场的就业教育

职业教育是为特定职业或岗位培养人才。学校应该更多开设紧缺的、符合市场需求的专业，帮助学生实现更高质量的就业。要着眼需求，提升职业的适应性，做到“六个紧盯”：一要紧盯产业链条，二要紧盯企业需求，三要紧盯社会急需，四要紧盯市场信号，五要紧盯政策框架，六要紧盯技术前沿。

5. 职业教育是面向人人的教育

国家秉承全民学习、终身学习的理念，面向全社会，正在建立职业教育专业教学标准、专业认证标准、实践教学场所标准、岗位实习标准，继续教育资历架构体系、学分银行，各种学习成果之间可以互认转换。职业技术技能人才，进校园只是一种途径，从中职、高职、职业本科到专业硕士、博士。但更多的是在工作过程中，不断学习，不断积累，最终达到技术技能人才的顶峰。

二、职业教育的意义和价值①

职业教育与经济社会发展紧密相连，对促进就业创业、助力经济社会发展、增进人民福祉具有重要意义。习近平强调：“在全面建设社会主义现代化国家新征程中，职业教育前途广阔、大有可为。”

新时代以来，我国职业教育在守正创新中实现了新的历史跨越，实现了由原来参照普通教育办学向相对独立的教育类型转变，进入了提质培优、增值赋能的新阶段。目前，全国职业学校共开设 1 300 余个专业和 12 万余个专业点，基本覆盖了国民经济各领域。调查数据表明，在现代制造业、战略性新兴产业和现代服务业等领域，一线新增从业人员 70%以上来自职业院校毕业生。奋进新征程，要牢牢把握职业教育的重要使命和历史机遇，着力推动职业教育高质量发展。

以产业需求为导向。进入新发展阶段，我国产业结构转型升级加快推进，实体经济发

①《人民日报》，2023-07-04(05).

展根基不断筑牢，产业链、供应链现代化水平不断提高。从需求总量上看，社会对应用型人才的需求更大；从需求结构上看，社会对支撑制造强国的紧缺技能型人才的需求更加迫切。这就要求职业教育专业设置适应产业结构转型升级，扩大现代制造业、战略性新兴产业和现代服务业等相关人才培养规模，切实做到“学科跟着产业走、专业围着需求转”。

为创新体系赋能。一个国家的创新体系要充满活力，既要有顶尖的科学家，也要有一流的工程师和技能型人才；既要有引领性、革命性、突破性的理论成果，也要有可转化、能落地、会推广的工程实践。这就需要高等教育和职业教育有机衔接、高效协同。现实中，一些职业院校教学和科研“两张皮”情况有待破解，还需培养更多善于把理论知识转化为各类产品的“大国工匠”。职业教育应加快融入和服务创新驱动发展战略，在推动科技成果转化、加快市场推广、改进产品工艺等方面发挥更大作用。

拓宽职业教育成才道路。职业教育是国民教育体系和人力资源开发的重要组成部分，肩负着培养多样化人才、传承技术技能、促进就业创业的重要职责。只有不断深化改革创新，加快结构转型，让职业教育纵向贯通、横向融通，才能推动职业教育在高质量发展中由大变强。同时，人才培养有其自身规律，职业教育必须遵循技能提升的客观规律，重点推动技术技能传承创新，为学生开辟广阔发展空间。

职业教育是终身教育体系的重要环节。从某种意义上说，职业教育体现为“学习—实践—再学习—再实践”的反复教育，包括但不限于学校教育，还有企业培训、继续教育、技能培训等多种方式。现代职业教育，关注的是人才持续发展的“成长路线图”，旨在促进技能人才不断学习，在技能提升中更好实现人生价值。这就要求职业教育在强化职前教育的同时，承担起职后教育的责任，促进职前职后教育一体化发展，推动各类人才从“一技在手”转变为“学技终身”。

职业教育是培养技术技能人才、促进就业创业创新、推动中国制造和服务实现高质量发展的重要基础。随着我国进入新的发展阶段，产业升级和经济结构调整不断加快，各行各业对技术技能人才的需求越来越迫切，职业教育重要地位和作用越来越凸显。培养规模巨大的高素质技能人才队伍，让教育链、人才链与产业链、创新链有机衔接，就能为建设现代化经济体系、实现高质量发展提供坚实支撑。

职业课堂

现代职业教育体系

新职教法明确了职业教育是与普通教育具有同等重要地位的教育类型。早在2014年，国务院就下发《关于加快发展现代职业教育的决定》，同时下发的《现代职业教育体系建设规划(2014—2020)》，明确了教育体系基本框架。如图4-1所示。左边一列是普通教育，我们都很熟悉，义务教育结束后，进行普通高中，普通本科，再向上是硕士和博士。右边一列是职业教育，从初中阶段的初等职业教育，到中等职业教育，再到高职和应用本科，最后是专业研究生教育。这就是普通教育和职业教育两个类型教育的不同发展途径。

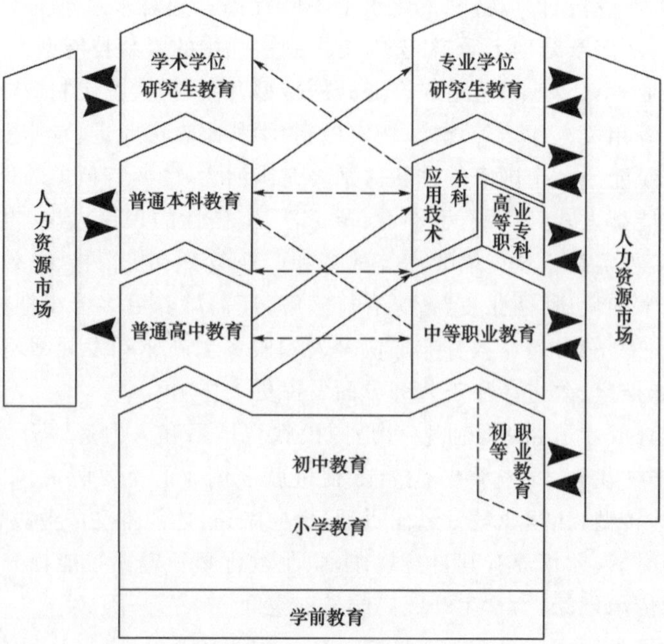

图4-1　教育体系发展的不同途径

普通教育以学科知识分类为起点，遵循认知发展规律开展教学，就像金字塔一样，学习路径是从基础知识到系统知识，从一级学科到分级学科，从学科领域到尖端领域。

职业教育以职业岗位分类为起点，针对技术技能人才成长特点开展教学，像树的年轮一样，技术技能依靠日积月累，从简单到复杂，从生疏到熟练，从初级到高级。长期以来，由于缺乏清晰合理的分类标准，职业教育被视为普通教育的“衍生品”，一些职业学校按照普通教育开展教育教学，办学封闭，对产业和市场变化反应滞后，根源上也是没有把握职业教育的规律和特色。这样的学校不是在办职业教育。所以，我们现在在搞“五年一贯制”“高本贯通”等培养，“岗课赛证”相互融合等，就是在纠偏。我们期待着，通过深化体制改革，加大对职业教育的基础设施投入力度，通过财政手段，优化职业教育资源配置，激发职业院校积极深化改革，面向市场办学，为市场提供定向、精准的技术型人才。

任务打卡

拓展阅读

➢课堂讨论：

我为什么选择职业教育学校？

➢能力养成：

收集并整理关于所学专业职业教育发展趋势的资料。

任务2 明确职业教育人才的职业定位

任务知识点

一、认识职业教育

职业教育是指让受教育者获得某种职业或生产劳动所需要的职业知识、技能和职业道德的教育，包括初等职业教育、中等职业教育、高等职业教育（专科层次职业教育、本科层次职业教育、研究生层次职业教育）。职业教育与普通教育是两种不同的教育类型，具有同等重要的地位。职业教育是一个教育类型，而不是教育层次。

职业教育分为学历职业教育和非学历职业教育两种。学历职业教育主要指以国家统一颁发文凭为主要评价标准的初、中、高等职业教育，包括中专、技校、职高，以及高等职业学校等；非学历职业教育是以获取某种职业从业知识、专业技能为目的的培训和学习过程，包括招录考试、技能培训和资格认证考试培训等。

随着我国职业教育发展步伐的加快，职业教育呈现出一些新的特征。

1. 高档化

高档化，即把一部分职业学校办成规模大、专业设备较齐全、管理水平较高，在职业学校系统中能起骨干和示范作用的学校，也就是建设一批上规模、上档次、上水平的规范化窗口职业学校。目前全国不少省、市已建成这类高档化的职业学校，成效显著。这是职业教育自身发展的必然趋势，也是市场经济和社会发展对职业教育提出的新要求。

2. 规范化

职业教育规范化的实质，即要求我们加强科学管理，加强规范化建设，以提高学校质量，提高社会办学效益。有了高质量，职业教育才能在市场竞争中取胜、发展。教育部以及各地行政部门先后颁布了各种规章制度，使我国职业教育逐步向规范化、现代化迈进。

3. 多样化

随着社会经济体制和产业结构的变化，采取多种形式办学已成为必然。多种形式办学加快了职业教育的发展。

4. 模块化

职业教育根据企业和社会对培养对象的要求，按照对就业环境、职业目标的分析，制订教学计划、大纲，并不断修订，使学校与企业更好地合作。这种由传统模式教学转为以满足企业和社会需求为主、以实际能力培养为主、以学生个体发展为主的模块教学模式，是一场深刻的教育变革。现在不少职业学校对原来教学思想、内容、方式、形式进行了改革。如将原来的年级组、学科组管理变为专业组管理，以加强专业教学目的的落实、研究与生产、经营项目的开发。结合专业特点，积极开展产教结合的有偿服务业务活动，变校内实习基地的消耗性实习为生产基地的创收性实习，这是职业教育战线一个新动向，它反映了职业教育在教学领域改革的方向。

5. 效益化

职业教育是现代经济快速发展的产物，它的出发点、活动过程及归宿点，无不带有明显的经济特征，体现着“经济人”的意志，其实质是对劳动者的智力开发，较之普通教育，更具有社会生产力的特征。职业教育的目标，更适合社会、经济两个层面的需要，应用性强、市场需求大的专业培训更受欢迎，如金融、计算机、外语等。学生也往往从工作的实际需要出发，选择与自身职业相关的培训专业，期望学生能通过学习培训将学到的知识直接应用到实际工作中，产生直接的经济效益。

6. 开放性

职业教育的对象来自社会各个层面，可以容纳不同年龄、不同层次的社会人士参加学习。只要本人有再学习的需要和意愿，都可以加入职业教育的行列，教育过程、教学内容、教学环境与社会联系更加紧密，完全是一个开放式的教育。其教育目标是提高受教育者的职业技术水平，这就要求教育与生产劳动相结合，学习内容与受教育者的工作需要同步，专业化与实用性相结合，使职业教育表现出明显的开放性特点。而职业教育的实践也证明，教育内容越接近受教育者的现实专业需求，受教育者的学习兴趣就越高，教育效果就越好，在生产中的实用性就越强，经济效益越明显，企业领导越有办学积极性，职业教育的生命力就越旺盛。

二、职业教育人才职业发展前景

职业教育人才的职业发展前景广阔，他们可以通过不断提升自己的专业技能和知识水平，在各个领域中发挥自己的优势，实现自己的职业发展目标。同时，政府和社会各界也应该加大对职业教育人才的培养和支持力度，为他们的职业发展提供更多的机会和资源。

(1)市场需求。随着经济社会的发展和技术的进步，市场对技能人才的需求不断增加。职业教育人才具备专业技能和知识，能够快速适应工作岗位，满足市场的需求。因此，职业教育人才的就业前景广阔，职业发展空间大。

(2)行业领域。职业教育人才的培养紧密结合行业需求，涉及的领域广泛。他们可以在制造业、服务业、信息技术等多个行业领域中发挥自己的专业技能和知识，实现自己的职业发展目标。

(3)薪资待遇。职业教育人才在具备专业技能和知识的同时，也具备较高的实践能力和综合素质，因此在薪资待遇方面通常具备一定的竞争力。随着经验和能力的提升，他们的薪资待遇也会相应提高。

(4)职业晋升。职业教育人才在职业晋升方面也有很大的发展空间。他们可以通过不断学习和实践，提升自己的专业技能和知识水平，实现职位的晋升和职业层次的提升。

(5)创新创业。随着技术和经济的快速发展，创新创业成为一种新的职业发展方式。职业教育人才具备创新能力和实践能力，他们可以通过创新创业实现自己的职业发展目标，同时也为经济社会发展做出贡献。

职业课堂

制造大国与制造强国

时任工信部部长曾说，“中国制造”不像我们想象那么强大。在全球制造业的四级梯队中，中国处于第三梯队，而且这种格局在短时间内难有根本性改变。要成为制造强国至少要再努力 30 年。

全球制造业已基本形成四级梯队发展格局：第一梯队是以美国为主导的全球科技创新中心；第二梯队是高端制造领域，包括欧盟、日本；第三梯队是中低端制造领域，主要是一些新兴国家，包括中国；第四梯队主要是资源输出国，包括 OPEC（石油输出国组织）、非洲、拉美等国。

在中国经济下行压力不断加大的今天，有人认为服务业超越制造业成为国民经济第二大产业，中国可以逾越工业化发展阶段，直接进入以服务业为主导的经济结构。不管是从历史经验还是现实情况来看，这都是脱离实际的一种观点。

看看全球科技实力排名：

第一名，美国。全球十大科技顶尖公司，美国占据了八家。英特尔向全世界提供芯片，微软公司和甲骨文公司占据了软件业的基础市场。美国拥有全球最顶尖的实验室，在军工领域、航空航天领域、医学技术领域、信息科学领域……美国以压倒性的技术优势雄居世界之首。

第二名，英国。罗罗发动机。这样一个发动机，牵动的是材料、机械、动力诸多的领域。日本和德国的设备，最核心的部分大多使用了由英国 ARM 公司设计的芯片。英国在钢铁、制药、生物育种、航空航天、机械、微电子、军工、环境科学等方面都处于世界一流之列。

第三名，日本。日本东芝、三菱等公司，拥有很强悍的科研实力。在 20 个关键科技领域，日本的排名靠前，在材料科学、尖端机器人等方面，日本都拥有巨大的科研实力。

第四名，法国。法国保持科技优势是通过国家的高投入来实现的。在 20 个关键科研领域，法国都居于世界前列，在科学研究方面，他们富有创新精神和冒险精神。法国在航天、能源、材料科学、空间技术等方面的优势均比较明显。全球首款商用无人驾驶汽车出产自法国。

第五名，德国。工业 4.0，中国的梦想，德国的现实。德国人的品质在科研实验上就具有优势。德国的科技不仅源于德国的教育，更源于德国的制造业。

第六名，芬兰。除了诺基亚外，芬兰在 20 项关键科技领域，有 17 项排名前十，比如说计算机科学，大家都知道 Windows，但计算机专业的人一定知道 Linux。芬兰教育水平、科技水平始终居于世界前列。我国公开资料显示，芬兰是中国在北欧的第二大技术转让方。

第七名，以色列。在科学技术上，以色列帮助了美国的科研人员对武器装备进行研究和改进。以色列科学家在很多领域都取得了杰出成就，尤其是在电子和化学方面。美国很多高科技公司都在以色列设立研发中心，以色列人参与并承担了关键科研和产品的开发。

第八名，瑞典。瑞典只有900万左右的人口，但其38%的劳动人口在高科技公司就业，这个比例居世界第一。在20项关键科学技术领域，瑞典有14项居于前十，19项居于前二十。

第九名，意大利。意大利有阿古斯坦-维基特兰直升机，有法拉利、玛莎拉蒂、兰博基尼等超级跑车，拥有世界超一流的汽车制造技术。意大利在奢侈品方面的创新能力甚至远超欧美，而最高端的奢侈品往往也代表着最高科技的应用。意大利的机械设备产业位居全球第四、欧洲第二。

第十名，加拿大。在20个关键科学技术领域中，加拿大有16项处于前二十名，4项处于世界前五。加拿大MDA公司为国际空间站制作机械臂和机器人工作站。

第11到19名分别是，荷兰、丹麦、瑞士、澳大利亚、挪威、比利时、俄罗斯、新加坡、韩国。其中，新加坡制造业有四大支柱产业：石化、电子业、机械制造、生物医药。新加坡是世界第三大炼油中心和石化中心，也是全球最大的自升式石油钻井平台制造国。

在科技实力的5个级别里，第一级，核心，美国。第二级，发达，英国、德国、法国、日本。第三级，登堂入室，芬兰、俄罗斯、意大利、以色列、加拿大、澳大利亚、挪威、韩国、捷克等中等发达国家。第四级，在大门口，中国、印度、墨西哥、南非等发展中国家。第五级，落后，其余发展中贫穷国家都在此列。

党的十九届五中全会指出，坚持把发展经济着力点放在实体经济上，坚定不移建设制造强国、质量强国、网络强国、数字中国。建设制造强国，一个关键就是加快发展现代产业体系，推动经济体系优化升级，推进产业基础高级化、产业链现代化。

没有强大的制造业，就没有国家和民族的强盛，打造具有国际竞争力的制造业，是我国提升综合国力、保障国家安全、建设世界强国的必由之路。中国实现从"制造大国"向"制造强国"、从"中国制造"向"中国创造"的转变，一个重要方面是把更多的创新、资金转向实体经济，走出一条更多依靠人力资本集约投入、科技创新拉动的发展路子；同时，要努力培养一支宏大的高素质劳动者大军，涵养劳模精神、劳动精神、工匠精神。习近平在全国劳动模范和先进工作者表彰大会上号召，我国工人阶级和广大劳动群众要继续学先进赶先进，自觉践行社会主义核心价值观，用劳动模范和先进工作者的崇高精神和高尚品格鞭策自己，焕发劳动热情，厚植工匠文化，恪守职业道德，将辛勤劳动、诚实劳动、创造性劳动作为自觉行为。

工匠精神贵在传承，要想真正落地生根，需要全社会形成共识，共同塑造尊技重道的文化氛围。近年来，随着一批"大国工匠"走向"前台"，越来越为人们所关注，工匠精神不仅有了具象的模范代表，而且有了可学可敬的典范。既是受"大国工匠"的带动，又是得益于社会的广泛认同，人们对匠人愈加尊重，对工匠精神愈发推崇，良好的社会文化氛围正在形成。更为重要的是，近年来，"劳动最光荣，劳动最崇高，劳动最伟大，劳动最美丽"的观念日益深入人心，"幸福都是奋斗出来的"理念更加巩固，让劳动者更有尊严，培养工匠精神的土壤也更为肥沃。

资料来源：节选改编自《人民日报》（2020年12月01日05版）

任务打卡

➤课堂讨论：

小组讨论你的职业定位。

➤能力养成：

查阅相关资料，明确你的职业目标。

生涯故事

任务 3 明确技能人才职业精神

任务知识点

一、技能型人才的定义及分类

技能人才是指在某一领域中，具备一定的职业技能和实践经验，能够独立完成工作、解决问题的人才。在当今社会，技能人才已经成为推动经济发展、促进社会进步的重要力量。技能人才的定位可以根据不同领域和行业进行具体划分，以下是一些常见的技能人才的分类。

1. 专业技术人才

这类人才通常需要具备扎实的专业理论知识，以及丰富的实践经验。他们通常需要经过长时间的学习和实践，才能掌握本专业的知识和技能。在工作中，他们需要能够运用所学知识解决实际问题，提供专业的意见和建议。专业技术人才在各个行业都有需求，如工程、医学、法律、金融等。

2. 技能操作人才

这类人才主要在生产、服务等领域工作，具备某一行业的操作技能和实践经验。他们通常需要熟练掌握各种工具、设备和操作流程，能够独立完成操作任务，保证生产或服务的高效、安全和稳定。技能操作人才需要具备高度的责任心和团队合作精神，能够应对各种复杂的工作环境。

3. 创新型人才

这类人才通常具备较强的创新思维和创新能力，能够发现和解决新问题，提出新的思路和解决方案。他们通常需要具备较高的学术素养和研究能力，能够不断探索新的领域和方向。创新型人才在科研、设计、产品开发等领域有广泛应用，是推动科技进步和社会发展的重要力量。

4. 管理型人才

这类人才通常需要具备较高的管理素质和管理能力，能够组织和协调团队完成工作任务，实现组织目标。他们需要具备战略眼光、领导力和决策能力，能够应对复杂多变的市场环境和竞争压力。管理型人才通常担任中高层管理职位，负责制定和执行企业战略，推动组织变革和发展。

5. 创业型人才

这类人才通常具备强烈的创业精神和创业能力，能够发现和抓住商业机会，创造新的商业模式和价值。他们通常需要具备市场洞察力、创新思维和团队协作能力，能够领导团队实现创业目标。创业型人才通常在初创企业、小型企业或自主创业中发挥作用，是推动经济发展和就业增长的重要力量。

技能人才的定位是多元化的，不同领域和行业对技能人才的要求和定位存在差异。但无论哪种类型的技能人才，都需要具备较高的职业素养和丰富的实践经验，能够为企业和社会创造价值。同时，技能人才的培养和发展也需要得到全社会的关注和支持，通过提供良好的教育、培训和实践机会，激发他们的潜力和创造力，为未来的发展奠定坚实的基础。

二、工匠精神的内涵①

党的十八大以来，习近平曾先后多次提及工匠精神，特别是在党的十九大报告中，明确提出了弘扬工匠精神的要求，强调营造劳动光荣的社会风尚和营造精益求精的敬业风气。2020 年 11 月 24 日，习近平总书记在全国劳动模范和先进工作者表彰大会上，阐明了“执着专注、精益求精、一丝不苟、追求卓越”的工匠精神内涵。当前，我国已进入新发展阶段，建设高素质劳动大军，建设科技强国，推动经济社会高质量发展，必须大力传承和弘扬工匠精神。

数千年来，我国历史上产生了无数的能工巧匠，创造了辉煌灿烂的物质文明，也为后人留下了丰厚的文化遗产。中国共产党在百年奋斗历程中，不断培育并逐渐形成了体现民族精神和时代精神的工匠精神。

工匠精神是以爱国主义为核心的民族精神和以改革创新为核心的时代精神的生动体现，是鼓舞全党全国各族人民风雨无阻、勇敢前进的强大精神动力。

1. 工匠精神是一种执着专注的精神

杰出的工人对自己的工作和劳动有着高度的价值认同，视之为人生价值的实现过程。航空修理上的“神医华佗”杨景德，从青涩到耄耋，从未离开过航空修理岗位；晒纸车间里的“铁人”毛胜利专注晒纸 30 年，续写宣纸传奇。这样的大国工匠还有很多，他们聚精会神地工作，达到一种忘我的境界。“航天焊将”陈久友的衣角被高温金属蒸气烫焦，他竟浑然不知。“雕刻大师”马荣一拿起刻刀就仿佛进入了点与线组成的世界。这些取得杰出成绩的工匠，都在用才智长期坚守本职工作，即使面对丰厚物质利益的诱惑，也不改其心、不移其志。

①陈金彪. 工匠精神匠心追梦技能报国. 中国教育报，2021-12-09.

2. 工匠精神是一种精益求精的精神

优秀的工人都具有精品意识，他们在打造自己的作品时，有一种完美主义的“偏执”，为此不惜花费无量的时间和精力。中国新一代运载火箭总装第一人崔蕴，始终坚持践行“干工作就得做到极致，有多大劲使多大劲”的信念。“绝世刀工”龙小平，将每一件产品都当成自己的孩子来孕育。“中国陶瓷艺术大师”朱文立，不断精益求精、超越自我，终于烧制出了如同古老传世品一般的天青釉瓷器。精益求精的精神不仅反映在产品制作上，也体现在工人对技术的追求上，他们不断学习知识、磨炼技能、精进技艺。

3. 工匠精神是一种一丝不苟的精神

优秀的工人每一次打造产品都会认真对待，决不会因为“手熟”就粗心大意，愈认真愈熟练，愈熟练也愈认真。徐立平每一次为航天固体燃料发动机“雕刻火药”时，都像第一次操作那样精心。“深海钳工”管延安负责港珠澳大桥岛隧工程沉管舾装安装工作，他对自己的要求近乎苛刻，安装前反复练习，安装中高度专注，安装后再三检查，手中拧过 60 多万颗螺钉零失误，创下了 5 年零失误的深海奇迹。一丝不苟的精神突出表现在注重细节上，在优秀工人的眼里，打造的产品一点也不能差，在细节中打磨出高品质。

4. 工匠精神是一种追求卓越的精神

追求卓越的精神，表现在工人对自身技艺和工作对象的超越性追求上。赵郁从一名普通装调工成长为中国汽车工业的杰出人物，源自其“当工人就要把自己锻造成一块好钢”的追求。姜涛从一名普通电焊工人成长为技能大师，源自其“既然选择了做一名工人，就要做一名好工人”的追求。追求卓越，就要不断创新，把技能技艺提升到更高层次。铸造工人毛正石不断钻研改进传统铸造工艺，使锻造中的废品率低于国际标准。航天钳工郑朝阳创新发明了多项技术，要求自己“做到 99 分还不够，要做到 101 分”。

三、培养工匠精神的方法

大学生培养工匠精神需要从多个方面入手，包括树立正确的职业观念，注重实践和技能训练，培养耐心和专注力，推动创新和改进，建立良好的学习态度和习惯，参与社会实践和志愿服务，以及寻找优秀导师和榜样等。这些措施的落实，可以帮助大学生培养工匠精神，为其未来的职业发展和社会进步奠定坚实的基础。

1. 树立正确的职业观念

大学生应该树立正确的职业观念，认识到工匠精神在现代社会的重要性。在选择专业和职业时，应该优先考虑那些能够发挥工匠精神、追求卓越的领域和行业。同时，应该将工匠精神融入自己的价值观，以追求卓越、精益求精的态度面对未来的工作。

2. 注重实践和技能训练

大学生应该注重实践和技能训练，通过实践提高自己的动手能力和操作技能。在课程学习中，应该积极参与实验、实训等实践教学环节，努力提高自己的实践能力和技能水平。同时，可以利用课余时间参加技能培训、技能竞赛等活动，拓展自己的技能领域。

3. 培养耐心和专注力

工匠精神强调精益求精，注重细节和品质。大学生应该培养耐心和专注力，在学习和工作中注重细节，不断完善自己的作品和成果。同时，要学会在实践中不断磨炼自己的技能，追求更高的品质和更好的效果。

4. 推动创新和改进

创新是工匠精神的重要组成部分。大学生应该具备创新思维和创新能力，积极探索新的领域和方向。可以通过参加科研项目、创新创业活动等方式，提高自己的创新能力和创新意识。同时，应该积极学习和掌握新技术、新方法，推动技术和工艺的改进。

5. 建立良好的学习态度和习惯

培养工匠精神需要大学生具备良好的学习态度和习惯。要树立正确的学习目标，明确自己的学习计划和任务，合理安排时间，提高学习效率。同时，要注重知识的积累和巩固，不断拓展自己的知识面和视野。

6. 参与社会实践和志愿服务

社会实践和志愿服务是培养工匠精神的重要途径。大学生可以通过参与社会实践和志愿服务，了解社会需求和实际情况，增强社会责任感和使命感。同时，可以借此机会锻炼自己的实践能力和团队协作能力，培养工匠精神中追求卓越、精益求精的精神品质。

7. 寻找优秀导师和榜样

大学生可以寻找在工匠精神方面表现优秀的导师和榜样，向他们学习经验和技艺。通过与他们的交流和学习，更好地理解工匠精神的内涵和价值，提升自己的职业素养和实践能力。

职业课堂

德技并修

2021 年，中共中央办公厅 国务院办公厅印发了《关于推动现代职业教育高质量发展的意见》，强调要坚持立德树人、德技并修，推动思想政治教育与技术技能培养融合统一。

教育部《中国职业教育发展报告(2012—2022 年)》提出：

培养什么人是教育的首要问题。中国职业教育坚持立德树人，把育人和育才相统一，致力于培养高素质技术技能人才、能工巧匠、大国工匠。

强调育人和育才相统一。人无德不立，育人的根本在于立德。中华民族历来崇尚道德修为，认为“德者，才之帅”，重视人的品德塑造。职业教育继承和发扬中华民族崇德的传统，关注学生全面成长成才，将社会主义核心价值观培养融入人才培养全过程。深入推进课程思政，推动专业课与思政课同向同行，传授基础知识与培养专业能力并驾齐驱，理论与实践并重，技术与人文融通，保证职业教育学习者实现德智体美劳的全面发展。

强调职业精神与技术技能培养相融合。国家大力弘扬工匠精神，着眼学生未来的职业发展以及社会和企业对职业人的素质要求，在课程开发、教学标准制定、职业能力规范之中融入职业精神培养要求，增强学生的职业认同感、自豪感，使每一个学生在掌握技术技能的同时，树立正确的劳动观点和劳动态度，养成爱国敬业、诚实守信、勤勉尽责、精益求精、追求卓越、敢于创新等道德素养和工匠精神。

可以看到，坚持德技并修是全面贯彻党的教育方针的基本遵循。2021年4月30日起施行的《中华人民共和国教育法》第五条规定："教育必须为社会主义现代化建设服务、为人民服务，必须与生产劳动和社会实践相结合，培养德智体美劳全面发展的社会主义建设者和接班人。"这是对党的教育方针的规范表述。职业院校就是要以提高劳动教育的水平和质量为切入点，构建德智体美劳全面培养的教育体系，推动中华优秀传统文化、革命文化、社会主义先进文化进教材进课堂进头脑，把立德树人融入思想道德教育、文化知识教育、社会实践教育各环节，贯穿教育教学各领域全过程。

坚持德技并修是办人民满意教育的必然选择。职业教育作为我国教育发展中的重要类型，肩负着培养多样化人才、传承技术技能、促进就业创业的重要职责，在全面建设社会主义现代化国家新征程中具有不可替代的作用。"育人为本，质量立教""教育质量是学校的生命，是教育事业的核心。"所以，德技并修是提高职业教育质量的价值导向。

坚持德技并修是推动现代职业教育高质量发展的根本要求。"人的现代化是教育现代化的核心，促进学生人人发展、全面发展、个性化发展、自主发展、终身发展是高质量教育的基本内涵。"随着职业教育进入高质量发展阶段，育人工作职责更加明确。针对职业院校学生的特点、成长诉求及职业教育规律，需要培养学生的社会适应性，教育学生树立终身学习理念，提高学习能力，学会交流沟通和团队协作，提高学生的实践能力、创造能力、就业能力和创业能力。

锤炼品德修为，多读无字之书。职业教育的学生既要学会做事，又要学会做人。育人是一项系统工程，既包括传授知识，也包括培养能力，更包括提升素质，也正是在育人的过程中，教育的社会功能才得以彰显。对于职业教育而言，德技并修是其基本的育人模式，影响着人才培养的规格和学生成长成才的全过程。因此，职业教育的教育制度设计、教育管理、教学改革等各个与教育相关的环节都必须将促进学生的全面、主动、有个性的可持续发展作为根本目的，从办学目标、教育传统和培养特色方面出发，努力将德技并修渗透到学生的成长中，在调查研究的基础上进行科学设计和有效实施，不断健全完善"三全育人"工作机制，通过理论武装、思想引导、文化引领、典型带动、行为激励、成长导航，以及在实施反馈中改进设计，以不断优化方案、指导和推动更好实践，培养行业操守好、岗位适应快、动手能力强的高素质技术技能人才。

任务打卡

➤课堂讨论：

你所学专业的从业人员行业标准是什么？

➤能力养成：

采访身边的能工巧匠。

生涯故事

项目总结

通过完成本项目的三个任务，我们深入了解了职业教育的意义和内涵，明确了职业教育人才的职业定位，明确了技能人才职业精神。这些任务让我们对职业教育有了更全面、更深入的认识，为我们的职业规划和求职策略提供了有力的支撑和指导。

通过任务1，我们了解了职业教育的意义和内涵，了解了如何把握未来职业教育的方向和变化，为个人职业规划提供了参考。

通过任务2，我们明确了职业教育人才的职业定位，了解了职业教育人才的不同标准。

通过任务3，我们明确了职业精神的标准，能够更好地获得各行各业的专业精神和专业智慧。

总之，通过完成本项目，我们全面而深入地认识了职业教育，了解到自己所学专业在各行业的不同定位，为制定职业规划和求职策略提供了有力的支撑和指导。同时，我们还提高了自己的专业精神和专业智慧，可以更好地应对职业环境中的变化和挑战。

趣味测试

项目5 充分认识自己

项目指南

人的性格各有不同，不同的性格类型能发展出不同的个人行为、技巧和态度。对大学生而言，了解自我职业性格，能够促进个体自我认知，增强职业规划的效果，使大学生在面临就业时能更好地根据自身特点选择岗位，提升岗位的匹配度，提高就业成功率。

本项目将借助专业的职业性格测试，帮助大学生分析自我性格特征，建立在职业性格分析基础之上的职业能力分析有助于大学生了解自我能力，剖析自我能力领域、确定专业就业工作岗位、厘清各项专业能力，此外，结合科学的自我管理方法，将自我职业性格有效嵌入职业能力建设中对大学生职业性、专业性、目标性、可塑性培养大有裨益。

学习目标

1. 借助专业的职业性格测评工具认识自我，了解自我。

2. 在了解职业兴趣、职业性格、职业价值观的基础上，分析以专业能力、方法能力及社会能力为主要内容的职业能力，将学生职业目标与个人成长相契合，职业能力提升与社会需求相匹配，职业成长规划与国家要求相符合。

3. 在了解自我管理的基本内涵、自我管理的意义基础之上，优化自我管理的方式方法，提升自我管理、自我激励的能力。

任务1 了解自我职业特性

任务知识点

一、性格与职业性格

性格是指人在对现实的态度和相应的行为方式中比较稳定的、具有核心意义的个性心理特征，它是一种与社会最密切相关的人格特征，性格是人们通过行为举止中表现出的对现实和周围世界的态度。当代心理学认为，性格是一个人对现实的稳定的态度，以及在与这种态度相应的、习惯化的行为方式中表现出来的人格特征。性格一经形成便比较稳定，但并不是一成不变的，而是可塑性的。性格不同于气质，它更多体现了人格的社会属性，个体之间的人格差异的核心是性格的差异。

大学生处在青年时代，性格还未完全定型，正处于塑造和逐步完善的过程。职业性格的形成在这个阶段尤为重要，它将伴随和影响大学生一生的职业生涯。

职业性格受一个人心理条件先天性、内在性、稳定性的影响，是在职业的岗位匹配、职业的环境适应性、工作业绩和职业成就表现出的一系列无法改变或者说至少是难以培育的非智力决定因素。职业心理学的研究表明，每一类性格都有与之相适应的职业范围。不同的职业需要具有不同性格的从业者，同一类职业工作能够体现出某类共同的职业性格。从事与自己的性格不匹配的工作，个人的才能就会受到阻碍，个人的潜能往往也得不到开发。很难设想让一个性格暴烈的人去搞公关、谈生意或做服务工作，让一个性格怯懦、柔弱的人去搞刑侦破案，让做事大大咧咧、马马虎虎的人去当医生或会计，将是怎样的后果。一个人能力不足，可通过培训提高；当一个人的性格与职业或岗位不吻合时，想要改变性格，是非常困难的。俗话说："江山易改，本性难移"。所以，公司在招聘新人时，非常注重性格考察，只有在性格与职业或岗位吻合时，才会对其能力和其他环节进行测验。如果性格与职业或岗位不吻合，即使有再高的学历、再高的能力，也不予录用。

使一个人在某种职业中获得成功的性格，可能会让你在另一职业中大受挫折。因此，在职业选择和发展中，我们应充分考虑自己的个性特征与职业要求是否相适应，这样，在工作中不仅能够发挥你特有的能力，还能利用你的个人资本，体验更多的快乐和愉悦。正如一位名人所说，成功者大都不是天才，他们只是一些有着普普通通品质的人。他们在适合自己性格的工作中，充分挖掘了自己这些普普通通的品质，达到了一个不一般的高度。

二、职业性格的分类

每个人都是独一无二的，人的个性差异首先体现在性格上。每个人都拥有自己的性格特质，而且人的性格往往不是单一的，而是呈现出一定的复杂性。人的性格千姿百态，许多心理学家试图对性格进行类型分类，因此形成了各种各样的性格类型学说或性格类型论。但由于性格问题的复杂性，至今还没有公认的一致意见。

(1)根据知、情、意三者在性格中所占优势，把人们的性格划分为理智型、情绪型和意志型。理智型的人，通常以理智来评价、支配和控制自己的行动；情绪型的人，往往不善思考，其言行举止易受情绪左右；意志型的人一般表现为行动目标明确，主动积极。

(2)根据人的心理活动倾向于外部还是内部，可把人们的性格分为外向型和内向型。

(3)根据个体独立性程度，可把人们的性格划分为独立型和顺从型。独立型的人善于独立思考，不易受外界因素的干扰，能够独立地发现问题和解决问题；顺从型的人，易受外界因素的干扰，常不加分析地接受他人意见，应变能力较差。

(4)根据人的社会生活方式以及由此而形成的价值观，可把人们的性格类型分为理论型、经济型、审美型、社会型、权力型和宗教型。

(5)根据人际关系，可把人们的性格划分为 A、B、C、D、E 5 种。A 型性格情绪稳定，社会适应性均衡，但智力表现一般，主观能动性一般，交际能力较弱；B型性格具有外向性的特点，情绪不稳定，社会适应性较差，遇事急躁，人际关系不融洽；C型性格具有内向性特点，情绪稳定，社会适应性良好，但在一般情况下表现被动；D型性格具有外向性特点，社会适应性良好或一般，人际关系较好，有组织能力；E型性格具有内向性特点，情绪不稳定，社会适应性较差或一般，不善交际，但往往善于独立思考，有钻研性。

职业课堂

民主文明和谐美丽强国

北京师范大学万海远教授曾说：当前，我国已经进入高质量发展阶段。在高质量发展中促进共同富裕，加强保障和改善民生，有利于扩大居民消费，提升增长潜力，增加社会活力；有利于为人民提高受教育程度创造更加普惠公平的条件，促进人的发展能力全面提升；有利于畅通向上流动通道，为人们勤劳致富创造更加良好的制度环境，形成人人参与的发展环境；有利于强化社会主义核心价值观引领，发展公共文化事业，完善公共文化服务体系，不断满足人民群众多样化、多层次、多方面的精神文化需求。在持续健康发展的基础上，着力解决好发展不平衡不充分的问题，大力提升发展质量和效益，这样才能更好满足人民在经济、政治、文化、社会、生态等方面日益增长的需要，更好推动人的全面发展、社会全面进步。

同时应认识到，共同富裕不是所有人都同时富裕，也不是所有地区同时达到一个富裕水准。我国发展不平衡不充分的问题仍然突出，城乡区域发展和收入分配差距较大，促进共同富裕既不能急于求成，也不能畏难不前，而要对实现共同富裕的长期性、艰巨性、复杂性有充分估计，扎扎实实向前推进。不同人群实现富裕的程度会有高有低，时间上也会有先有后；不同地区富裕程度会存在一定差异，不可能齐头并进。办好这件事，不仅需要持续推动，不断取得成效，也要鼓励各地因地制宜探索有效路径，总结经验，逐步推开。一方面，立足社会主义初级阶段基本国情，坚持社会主义基本经济制度，完善社会主义市场经济体制，充分发挥基本经济制度既有利于解放和发展社会生产力、改善人民生活，又有利于维护社会公平正义、实现共同富裕，推动实现更平衡、更协调、更包容的发展。另一方面，构建初次分配、再分配、三次分配协调配套的基础性制度安排。初次分配既要讲效率又要讲公平，再分配既要促进公平又要考虑效率。在发挥财税调节收入分配作用的同时，还要健全社会保障体系，更好发挥其兜底提低的作用。三次分配主要起辅助作用，鼓励企业或个体自愿参与慈善事业。

促进共同富裕也是共建共享的过程，需要通过辛勤劳动、合法经营、充分高质量就业等方式实现。保障和改善民生，要建立在经济发展和财力可持续的基础上，坚持尽力而为、量力而行，注重在发展中保障和改善民生，重点加强基础性、普惠性、兜底性民生保障建设。鼓励创新创业，积极推进新型工业化、信息化、城镇化和农业现代化，着力激发资本活力和产业发展动力，坚持以产业兴旺带动全体人民通过劳动就业致富增收。

国家行政学院的一位教授曾言：共同富裕是我们党为人民谋幸福的着力点。随着经济社会的不断发展，精神生活共同富裕已成为推进实现共同富裕的重要内容。至少包括以下几个方面：

第一，人民群众文化获得感、满足感倍增。要实现精神生活共同富裕就必须着眼于广大人民群众的新需求新期盼，通过提升公共文化服务水平、推动文化产业高质量发展、开展多样化群众性精神文明活动等，以及多渠道、多形式，人民群众有了更美好的精神文化享受，群众文化创新创造活力被不断激发，人民群众文化获得感、满足感不断增强。

第二，国民素质和社会文明程度达到新高度。社会文明程度和国民素质达到新高度意味着符合社会主义核心价值观的思想观念、价值理念在社会生活中得到广泛弘扬，意味着社会公德、职业道德、家庭美德、个人品德得到显著提升，意味着美好的道德意愿、道德情感，正确的道德判断和道德责任不断形成，全社会道德水平达到一个新的高度。

第三，全社会凝聚力和向心力极大提升。实现精神生活共同富裕，既要做到尊重差异、包容多样，又要能够抵御各种错误思潮、腐朽文化的影响和侵蚀，不断培育、深入践行社会主义核心价值观，进而不断提升全社会凝聚力和向心力。在这一过程中，全体人民在理想信念、价值理念、道德观念上更加紧密地团结在一起，对中国精神、中国价值的认同不断加深，中国特色社会主义共同理想在全民族牢固树立，全社会凝聚力和向心力极大提升。

第四，全党全国各族人民文化自信显著提升。精神生活共同富裕，让人民对自身拥有的文化价值和文化生命力具有充分自信，人民热爱并尊重中华优秀传统文化，继承革命文化，发展社会主义先进文化。在对外文化交流中，能够不忘本来、吸收外来、面向未来，信心十足地向世界展现博大精深、独具特色的中华文明和中华民族精神与时代精神。

任务打卡

拓展阅读

➢课堂讨论：

用 3～4 个词描述你的性格。

➢能力养成：

根据职业性格测试制定个人能力养成目标。

任务 2 剖析自我职业能力

任务知识点

一、职业能力的内涵

职业能力是人们从事其职业的多种能力的综合。职业能力测试是通过某些测试预测某人的职业定位、适合的职业类型及其性格。一般这种属于倾向性的测试又可称为职业能力倾向性测试。职业能力测试能更好地确定一个人对其从事职业的综合考量。职业能力可以定义为个体将所学的知识、技能和态度在特定的职业活动或情境中进行类化迁移与整合形成的能完成一定职业任务的能力。

职业能力是人们从事某种职业的多种能力的综合。职业能力主要包含三方面基本要素,一是指为了胜任一种具体职业而必须要具备的能力,表现为任职资格;二是指在步入职场之后表现的职业素质;三是指开始职业生涯之后具备的职业生涯管理能力。例如,一位教师只具有语言表达能力是不够的,还必须具有对教学的组织和管理能力,对教材的理解和使用能力,对教学问题和教学效果的分析、判断能力,以及对学生进行有效积极的教育的能力,这才是一个老师的职业能力。如果说职业兴趣能决定一个人的择业方向,以及在该方面所乐于付出努力的程度,那么职业能力不仅能说明一个人在既定的职业方面是否能够胜任,也能说明一个人在该职业中取得成功的可能性。

二、了解职业竞争力

大学生在进行职业选择的时候应考虑自己的职业兴趣、职业性格、职业价值观,并对自己进行充分的分析,除此之外,一个人的职业竞争力也是个人在进行职业选择、企业在进行人才选拔时看重的因素,接下来我们了解一下个人职业竞争力最重要的三个要素。

(1)知识及专业技能。知识与专业技能是一个人在职场中创造经济价值的基础,因此不管是初入职场的“小白”,还是有了一定工作经验的职场“老手”,过硬的专业技能是一个人职业竞争力最核心的要素之一。

(2)职业素养能力。例如,学习能力、解决问题的能力、人际交往能力、沟通能力、敬业能力等,都属于职业素养能力。相对知识及专业技能来说,职业素养能力的培养周期较长,是一个人职业发展的软性实力,是通过先天和后天的学习共同培养而成的,对于初入职场的“小白”而言,在面试中,职业素养能力有时候比专业能力更为重要。

(3)职业天赋。职业天赋包括职业价值观、职业性格特质、职业动机、职业兴趣等。这些职业天赋更多的是个人的职业倾向,是受过去的经历和遗传因素影响的。其之所以会成为个人的职业竞争力,是因为一旦一个人的职业选择满足了个人的职业天赋,那么他在此岗位中的发展将会更得心应手,更有优势,更容易做出成绩。

另外,针对不同的年龄阶段,企业对选拔人才所看重的要素是不同的,如有多年工作经验的求职者,企业会更加看重与招聘岗位相关的工作经验,而对于刚出学校的大学生而言,专业技能将会成为企业选拔人才的重要考查因素。

职业课堂

志气是对国家民族的忠诚

西安交通大学校长王树国:何为志气?

志气源于情怀,一个没有家国情怀的人谈不上志气。1919年,青年毛泽东26岁,他在创刊的《湘江评论》上大声呼吁:“天下者,我们的天下!国家者,我们的国家!社会者,我们的社会!我们不说,谁说?我们不干,谁干?”

一个仅26岁的年轻人能发出这样的豪言壮语，是因为他心中有民族、有国家，他看到了国家身处危亡之中。是因为有了陈独秀、李大钊等一批早期共产党人创立中国共产党，才有了中国共产党和全国人民百年的辉煌历程。

志气是对国家、对民族的忠诚。大家都知道，陈独秀的两个儿子都为党的事业奉献了生命。陈乔年走上刑场的时候大义凛然、毫无惧色，他说“让我们的子孙后代享受前人披荆斩棘换来的幸福吧”，这是心中有家国、心中有人民。

志气是贡献，是脚踏实地，为国家、为民族不惜抛头颅洒热血。我们身边何尝不是如此，西迁老前辈响应国家号召从繁华的黄浦江畔来到渭水之滨，他们从未想过自己，他们想的是国家、是民族，在他们心中国家民族至上、人民利益至上，这便是志气。

《人民日报》王利中发文：青年一代有理想、有担当，国家就有前途，民族就有希望。志不立，天下无可成之事。长志气，就要不断筑牢信仰之基、补足精神之钙、把稳思想之舵。中共一大代表平均年龄28岁，长征途中红军将领平均年龄不足25岁，嫦娥团队、神舟团队平均年龄33岁，北斗团队平均年龄35岁……一代代充满救国报国强国志气的优秀青年，把青春和热血融入祖国江河，向我们展示了磅礴的气势。新时代的中国青年要心怀“国之大者”，把立大志、明大德、成大才、担大任作为人生追求，在感悟真理力量中坚定志气，在学思践悟中坚定理想信念，在奋发有为中践行初心使命。

南京师范大学冯建军教授：有理想，才能增强志气。志气就是意志力，就是高远的志向和目标。古人言：“三军可夺帅也，匹夫不可夺志也。”有理想的人，往往奋斗目标明确，意志坚定，不怕各种困难。没有理想的人，缺少志气，也就没有前进的动力。成大事者必然立大志。共产党人的志向从来都不局限于个人利益，而是为了人民、为了国家和民族，为了人类的解放。新时代的青少年应该树立共产主义远大理想和社会主义共同理想，胸怀祖国，把自己的梦想融入国家富强、民族振兴和人民幸福的伟大梦想之中，立志为中华民族的伟大复兴奉献力量，在为人民利益的不懈奋斗中书写人生华章。

任务打卡

➤课堂讨论：

职业能力有哪几个要素？

➤能力养成：

你具备哪些职业能力，请制订一份能力提升计划，提升自己的职业能力。

拓展阅读

任务3　学习自我管理方法

任务知识点

一、自我管理的含义

自我管理将我们从被动地被事物支配转变成了能够掌握主动权的人，能够更好地控制自己的情绪和行为、应对压力和挑战的人。对于任何一个人，自我管理都是非常重要的，因为它可以帮助我们更好地达到目标。下面从多个角度来分析什么叫自我管理。

1. 从人际关系角度看自我管理

自我管理帮助我们掌握情绪控制和人际沟通能力，帮助我们进行更加自觉细致的人际交往。对于人际关系而言，自我管理是非常重要的，它可以帮助我们更好地处理与他人之间的矛盾和冲突。同时，当我们具备了自我管理的能力后，也可以更好地配合他人，帮助他人更好地完成工作和任务，建立更加友好的人际关系。

2. 从学习能力角度看自我管理

自我管理有助于我们更好地发挥学习潜力，掌握学习方法和技巧。自我管理可以有效地提高学习效果，让我们更好地掌握知识和技能，更好地解决学习中的难题。同时，在学习的过程中，自我管理能够帮助我们更好地坚持下去，避免学习上的惰性，使我们更加积极主动地学习。

3. 从职场角度看自我管理

自我管理能够帮助我们更好地适应职场的竞争和氛围，提高工作效率和工作成果。自我管理对于职场人士而言，是非常重要的能力，它能让我们更好地与团队合作、提高自己的工作质量和效率，同时也可以帮助我们更好地在职场中建立良好的口碑和形象。

4. 从健康角度看自我管理

自我管理对健康也有很大的影响。自我管理可以有效地控制我们的情绪，避免过度焦虑或过度紧张，减少对身体的不良影响。同时，良好的自我管理习惯还可以帮助我们更好地保持身体健康，保证充足的睡眠和科学饮食，增强身体免疫力。

二、自我管理的意义

1. 能帮助我们更好地控制情绪

情绪是我们日常生活中重要的一部分，当情绪失控时，我们很容易因为一些小事便产生消极情绪和行为，甚至对我们的生活造成严重影响。因此，掌握自我管理的技能可以帮助我们更好地控制情绪，使我们能够从容面对各种困难和挑战。

2. 能够提高工作效率

自我管理涉及规划、组织和时间管理等方面。这些技能能够帮助我们更好地安排时间，合理地安排任务，避免拖延，保持高效率。同时，这种能力也能够帮助我们更好地规划自己的工作和生活，让我们的时间和资源得到充分利用。

3. 有助于提高个人成就

自我管理能力能更好地为我们指引个人成长方向，提高个人能力，进而提高我们在职业和生活方面的成就。通过自我评估和自我反思，我们可以确定自己的优点和不足，从而采取适当的措施来改进自己。这种能力也可以帮助我们提高自信和自尊，让我们更有动力去追求自己的目标和理想。

4. 有助于我们更好地处理人与人之间的关系

自我管理不仅关系到我们个人的情感和行为，也涉及与他人相处的方方面面。通过掌握自我管理，我们可以更好地处理与他人的关系，避免发生冲突和矛盾，同时还能帮助我们赢得他人的信任和尊重。

综上所述，自我管理在当今社会中极为重要，因为它能帮助我们更好地控制情绪、提高工作效率、提高个人成就并更好地处理人与人之间的关系。所以，我们应该不断提高自我管理能力，从而更好地应对各种挑战，提高自己的竞争力

三、自我管理的方法

1. 设定目标

无论是工作、学习还是娱乐，明确目标是非常必要的。如果没有目标，你就会无所适从，当出现机会或问题时，就无法判断它们会给你的个人生活和工作带来怎样的影响。人在不同年龄段，通常会根据自己的经历和选择，设定不同的目标。例如，在上大学前，几乎每个人都思考过在哪里读书，选择什么专业，以后从事什么行业。毕业前，会考虑自己将要从事什么工作，未来如何发展。但是，很多时候，我们往往只看到眼前，忽略了个人的人生目标，还有一些人会认为走一步算一步，想不了太多。人一旦陷入一种周而复始的状态中，就容易失去长久的规划和憧憬，觉得自己曾经的梦想都已成过去。其实，无论何时，你都可以设定每天、每周、每年甚至更长的目标指引你前进。这么做并不意味着你要成为一个只着眼于未来而忽视现在的人，其真正的意义在于通过设定目标让自己更好地经营现阶段的工作和生活。

2. 优先排序

一旦确定了目标，你就需要根据其重要性、实现的时限进行排序，以便实现这些目标。可以运用 ABC 法，即将所有的目标按 A、B、C 等级划分。A 级是指那些必须在短期内完成的目标；B 级是指那些应该在短期内完成的目标；C 级是指那些可以推迟且不会造成严重后果的目标。对于有些人，把目标分成 A、B、C 远远不够，或者需要细分出很多的 A 级或 C 级目标。在这种情况下，可以将目标分为 A1、A2、A3 等级。也可以运用帕累托法则（又称二八原则），将目标进行管理分类，合理规划时间，提高目标的达成率。

3. 锁定目标

每次计划一项目标，都应该投入全部精力，最大限度地提高工作效率。学会运用“动词＋名词”的方法，将目标简化，确定短期主要工作。例如，完成作业、制订计划等。

4. 设定目标完成期限

除了梳理个人的目标清单，还需要设定每个目标的完成期限。如果你曾经做过类似的工作，那就想想以前完成目标的时间。如果是一项新工作，你预测的期限可以更长一些。切实可行的期限能帮助你把精力锁定在短期目标上，从而有利于长期目标的实现。

5. 合理运用工具

在一定时间内完成某个目标，是确保目标达成的管理，我们现在习惯了手机、电脑的陪伴，经常会出现开小差、注意力无法集中、专注度不够的现象。那么，我们在开始完成一

项工作的时候，可以借助一些时间管理工具，帮助我们提升专注力，做好时间管理。

6. 立刻着手

一旦制订好计划，就应立即行动，改掉拖延习惯。首先整理材料，构思工作方法，避免各种让你分心的元素。当机会就在眼前时，就要好好利用。有意识地控制自己看手机、看电视或聊天的时间，按照计划，踏实走好每一步。

职业课堂

高校培养大学生自我管理能力的对策

自我管理能力对大学生的成长和今后的发展起着决定性的作用。自我管理能力强的学生，能够充分利用大学期间的良好条件，广泛学习，吸收各方面的知识，接受各方面的锻炼，使自己全面发展。这样，今后到了社会上，就能根据自己的实际情况和社会的情况确定自己的方向，制订自己的计划，走好自己的路。因此，各高校应适应我国教育环境的变化，促进学生个性的充分发展，培养学生的自我管理能力。

1. 更新观念，激发学生建立自我管理的理念。苏联著名心理学家维果茨基说："学生归根到底是自己教育自己，在他自己身上，而不是在别的任何地方发生着长期地决定他的行为的各种影响的决战。"因此，需要转变观念，通过"渗透"教育，而非说教，身体力行地影响学生，引导其自我管理。

首先，明确高校管理的主体是学生，而不是被动的管理对象。传统教育观念认为学生是教育对象，学校的管理制度和机构是约束学生的，但这种教育方式已经不能适应现代大学生的心理特点。在我国高校教学中，传统的管理制度和方法不注重学生的主动性，容易加重学生的逆反心理，不利于学生管理；同时，传统的教育方式注重培养学生的专业素质，重理论轻应用，重传授知识轻能力培养的现象普遍存在，这种课堂教育理念束缚了大学生的自我发展意识和个性发展需求。因此，高校需要更新观念，树立学生是学生管理工作的主体地位的观念，充分利用学生的心理需求，发挥其自我意识和潜能。

其次，转变在学生管理中命令式地要求学生服从管理的观念，要与学生形成互动关系，促进学生民主参与。创造条件鼓励学生发掘潜能，自我教育自我发展。不能把学生自我管理的组织和方式当作是管理者实现教育管理的手段，这种思想的根源还是"服从管理"。

2. 下移管理重心，健全学生干部管理制度。对大学生的管理应是抓大放小，将管理重心下移，放权于学生干部一层级。学生工作者要想抓好学生的思想动态，就需要从繁杂琐碎的任务中解放出来，给予学生干部一定的权限。

首先，有意识地加强学生干部自我管理能力的培养。学生成为学生干部，既是由被管理者向准管理者转变的过程，也是增强自我管理意识和能力的过程。由于学生干部始终处在学生班级这样一个正式群体中，其言行举止对其他普通学生的影响胜于传统的说教。以自我管理能力较强的学生干部组成班级委员会更是学生工作者强有力的助手。

其次，改变对学生事务事事躬身亲为的做法，将管理重心下移至班级委员会。所需管理的学生不但为数众多，而且学生的心理、性格、思想和行为各异，完全依靠学生工作者无法完全把握。因此，需要建立管理梯度，对学生分层管理，以班级委员会的自治化管理为核心，做到统筹全局，把握整体动态。对于班级的具体事务，学生工作者以前期指导、中期控制、后期调整教育为主。

最后，形成一套对学生干部进行选拔、组织、培训、激励和考核的机制。对学生的管理要把握、控制住主要的发展方向，放权于学生干部的前提是健全学生干部的管理制度。对学生干部的管理要本着人性化和科学化的原则。他们既是心智尚未成熟的年轻人，又是要用科学的管理手段指导的学生中的生力军。

3. 实施目标管理，引导学生自主优化整合，有效利用学校资源。培养大学生的自我管理能力，可以从引导他们合理有效地利用学校各方面的资源开始。高校给予学生的资源是丰富的，教学、科研、团体活动的资源，不仅是大学生施展才华的良机，更是培养、锻炼他们自我管理能力的平台。

首先，从新生入学教育开始，就授之以渔，根据其学习特点和心理特点，引导他们掌握利用校园资源的方法。如在选课、利用图书馆、社团活动等方面有意识地加强宣传教育，促使他们接触并利用这些资源，在学习和生活上帮助他们进行自我管理的实践。

其次，在学生适应大学学习生活后，有针对地进行个性化指导，使学生能够根据自身的特点自我整合学校内外部的资源，形成独立个性的自我管理方式。高校也需要积极配合学生，尽可能开发资源，满足学生的需求。学生的专业特长和爱好可以通过学生的自我管理发挥出来。如在获得一定的专业知识后，学生可以根据自身的爱好，有选择地参与科研项目或学生社团，形成学术氛围，提高专业水平。

4. 实施环境管理，鼓励学生积极参与学校的管理工作。高校的许多管理工作都可以吸收学生积极参与，这不仅有利于校内资源的合理配置，也有利于提高学生对管理工作的认同感，培养学生的自我管理能力。

首先，对学生的管理可以通过引导学生制定班级和宿舍管理的规章制度，用以规范、约束和引导学生的行为，使学生对自己参与制定的规范遵守、认同习得，形成对规范的自觉维护机制，从而提高自我管理能力。

其次，对于学校的硬件设施，也可以形成学生积极参与管理的机制。让学生明白，他们不仅是使用者，同时也是管理和维护者。如学校的教室、图书馆、实验室等，可以采用班级或年级轮岗管理、专业学生对口管理等方式，最大限度地吸收学生成为教育设施管理者。

任务打卡

拓展阅读

➢课堂讨论：

自我管理的方法有哪些？

➢能力养成：

大学生如何做好自我教育、自我管理、自我服务？

项目总结

通过完成本项目的三个任务，我们深入了解了自我职业特性，剖析自我职业能力，学习自我管理方法。这些任务让我们了解了自我内在特质、潜在职业能力以及如何科学有效地进行自我管理。本项目帮助我们逐步实现了自我认知的过程，了解了自己的优点和缺点，使我们更好地发挥自己潜力和优势。

通过任务1，我们了解了自我的特性，了解了自我性格特性为发掘自我潜在能力和未来可能从事的职业发展方向提供了有益的价值参考。

通过任务2，我们学会了剖析自我能力，通过了解个人职业竞争力的三个要素、知识及专业技能、职业素养能力、职业天赋，更好地发掘自己的能力优势并且能够将能力优势不断扩大化。

通过任务3，我们学习了自我管理方法，设定目标，优先排序，锁定目标，设定目标完成期限，合理运用工具，立即行动。实现从目标到成果的全链条无缝衔接，更为重要的是，通过学习自我管理的方法，我们能够深入剖析自我性格和自我能力，挖掘个人成长价值点。

总之，通过完成本项目，我们全面而深入地认识了自己的职业性格特征，通过剖析自我能力，辅之以科学的自我管理方法，实现自我核心竞争力的有效提升。

趣味测试

项目6 定位职业目标

项目指南

定位职业目标也就是进行职业探索，是对你喜欢或要从事的职业进行理论分析和实际调研的过程，目的是对目标职业做充分的了解，并在明确和目标职业的差距中制定求职策略，从而有效地规划大学生活，以便确立更加明确的职业发展目标。在充分了解了自我的前提下，我们就要找到自己安身立命、自我实现的基础方向。

通过任务的实施和完成，我们可以明确职业目标对未来职业发展的重要意义，明白职业目标与职业规划的重要性，学会制定适合自身发展成长的职业行动方案。同时，我们还可以通过不断的探索，提升自己的职业综合素质，使自己更好地适应岗位目标和职业要求。

学习目标

1. 掌握自己的职业性格，学习制定个人职业目标的原则，确定合理的职业目标来明确职业发展方向。

2. 探索职业目标的相关信息，结合个人优缺点及行业特性分析职业目标的可行性。

3. 根据自己的短期、中期、长期目标，选择合适的行动策略，制定具体的行动方案，并根据不同的职业生涯阶段进行适时调整。

任务1 进行有效的职业目标探索

任务知识点

一、职业探索的内容

职业探索是指对你喜欢或要从事的职业进行理论分析和实际调研的过程，目的是对目标职业做充分的了解，并在明确和职业的差距中制定求职策略，从而有效地规划大学生活。人职是匹配的，因为每个人都有天赋，所以天赋背后就是天职，在充分了解了自我的前提下，我们就要找到自己的天职。天职就是我们的世界，天职是让我们安身立命、自我实现的基础。

二、职业探索的方法

1. 查阅法

(1)通过互联网、书籍、杂志、相关视频资料、专业生涯规划教育平台等，对主观感兴趣的职业方向进行初步查询；

(2)搜索各种典型的职业，了解各职业所需的学历、资格、证书等条件；

(3)通过查阅，对自身理想职业所需的知识、技能等各项条件及个性特征有初步的认识。

查阅法的好处是方便、信息量大、成本低，不足之处是得到的信息是间接的、隔离的，也许与现实有差距。

2. 访谈法

学生可以利用身边的职业资源，讨论感兴趣的职业问题，例如，与父母、老师、亲戚等讨论，从对他们的访谈过程中了解更多的职业现象和职业环境，以及目标职业所需的职业技能、证书。

3. 体验法

体验法是指学生在短时间内通过实践体验活动，了解、学习、参观、体验职业工作现场，包括职业工作性质、内容、环境、氛围等。目前，职业探索中的体验法主要分为两种，即校内游园会体验活动和校外职业体验营。两者体验形式和流程略有差异。

(1)校内游园会体验活动是学生事先通过某个生涯规划教育平台测评工具，结合测评结果和现场工具使用说明，逐步探索自身感兴趣的专业和职业，从而选择某一领域进入面试体验。

(2)校外职业体验营是学生根据测评结果选择与职业体验方向相关的企业和课程，并参加企业组织的深入观摩职业现场、职业工作环境、内容、制度等活动，结合特色体验课程，树立正确职业价值观，为选科、志愿填报奠定基础。

职业探索能够帮助学生综合自身个人特点、不同的职业、不同的环境关系，增强学生对自我、对职业、对环境的认识和理解，确立未来的职业发展和目标，促进个人职业发展，实现自我完善和自我价值。

三、职业探索的注意事项

(1)第一次探索职业时，一定要保质保量地完成，你做好它并不是为了要有多了解它或去做这份工作，而是在探索过程中掌握了解职业的方法，所以请你一定要认真。

(2)时间的效率和效用对于每个人来说是不一样的，所以每个人的用时也是不一样的，但最少需要一个月时间，请注意是有效时间，否则你第一次探索的收益是很少的。

(3)你可以自己搞定这个探索，但前提是你想做。拿出期末备考的精神你完全可以做完它，而工作任务也仅仅是十个方面而已。

(4)找到你需要的信息是一种本事，一种能力，无论是上网搜索，去图书馆查资料，还是请教他人，你要大量地浏览、搜集、整理资料，要有耐心，因为这个结果只有你自己能给自己。

(5)按部就班地逐项完成“职业十项”，遵循先搜集、再整理、接着写自己看法的原则。要保留好你整理前与整理后的材料，以便在对比中再次完善。

没有积极参与职业探索，没有付出时间与精力，随着时间的推移，就会发现自己止步不前，甚至开始后悔自己没有花费更多心思在职业探索上。如果能够有效利用时间，一定能得到不一样的收获。

(6)如果协调他人一起做职业探索远远不及自己做来得快和轻松的话，你就可以自己去做，千万不要因为大家都不做导致你最后也不做的局面。

(7)如果你遇到难以理解和解决的问题时，你一定要在第一时间求助身边老师。千万不要因为一时之难就全盘放弃。

四、职业探索的目标可行性

在职业规划时，只有考虑行业特性和个人优缺点，才能制定出合理、具有指导性的职业规划：要关注以下两个方面：

(1)职业发展目标是符合自己的性格、特长和兴趣的。成功的职业生涯的核心在于自己擅长的工作，只要做自己擅长的工作，我们就能从容不迫。

(2)职业规划要考虑实际情况，短时间高回报的工作看起来是一个飞跃，但对于大多数人来讲职业规划是一个长期生涯累积、经验累积、知识累积的过程，因此职业生涯规划不能不切实际，要根据自身实际情况，逐步提升，最终实现梦想。

职业课堂

职业教育基本办学模式

职业教育培养的是技术技能人才，培养途径是产教融合、校企合作。产教融合、工学结合是职业教育办学的基本模式。

2017年十九大报告中明确：完善职业教育和培训体系，深化产教融合、校企合作。国办发〔2017〕95号《关于产教融合的若干意见》指出：深化产教融合，促进教育链、人才链与产业链、创新链有机衔接，是当前推进人力资源供给侧结构性改革的迫切要求。教职成〔2018〕1号《职业学校校企合作促进办法》提出：产教融合、校企合作是职业教育的基本办学模式，是办好职业教育的关键所在。2022年，新职教法提出：深化产教融合、校企合作是保障职业教育高质量发展的关键举措，新法用9处“鼓励”、23处“应当”和4处“必须”，进一步明确诸多举措，推动全面融合，促进行业企业深度参与职业学校专业设置、教材开发、培养方案制定、质量评价、教师培养培训、实习实训基地建设全过程。鼓励深度融合，规定产教融合型企业制度、中国特色现代学徒制度，推动职业院校和行业企业形成命运共同体。以破解产教融合之难点。

《四川日报》“深化产教融合 推动职业教育高质量发展”介绍了四川省的做法。近年，四川职业教育构建了“专业＋产业”“教学＋研发”“培养＋就业”“园区＋联盟”的产教融合发展模式，推动教育链、人才链与产业链、创新链深度融合。2021 年 4 月，四川省被国务院评为校企合作推进力度大、职业教育发展环境好、推进职业教育改革成效明显的 5 个省份之一。他们的经验：

一是“专业＋产业”推进产教融合，成为产业转型的“链合器”。(1)专业设置紧贴产业需求。建立专业设置宏观调控和动态调整机制，优化全省专业布局，增强专业设置与产业发展的匹配度和吻合度，形成“专业人才—产业工人”的培养效应。专业设置与产业重点的契合度逐年提高，为服务四川省现代产业高质量发展提供高素质技术技能人才支撑。(2)课程内容紧贴职业标准。职业院校建立专业对接产业动态调整机制，按照专业设置对接产业需求、课程内容对接职业标准、教学过程对接工作过程的“三对接”思路，校企合作共建新专业、开发新课程，研制岗位规范和行业标准，共育“双师型”教师队伍。开展“1＋X”证书制度试点，同时，通过精品在线开放课程建设，实现了优质教学资源共建共享。

二是“教学＋研发”推进产教融合，成为技术研发的“催化器”。职业教育是面向所有行业领域的教育，面对“校热企冷”的难题，四川省级相关部门以改革破题，围绕产业升级和地方经济发展对技术技能人才需求，聚焦重点产业领域，首创省级产教融合示范项目，以项目示范探索建立产教融合发展的新模式：(1)多部门协作共管。教育、财政、科技等部门联动发力，构建“双激励”模式，分别安排教育资金奖励入选学校、产业资金奖励入选企业，激发学校和企业发展活力和创新动力。项目聚焦技术技能人才培养和教学实践创新平台建设，突出技术协同攻关和成果转化应用，逐年分批打造产教融合示范项目。面向“5＋1”现代工业重点急需领域，立项建设省级示范项目，吸引聚集各类资金。(2)双主体协同育人。“学教研产”协同育人是培养产业急需人才的重要途径。示范项目实施“双主体”建设，确立学校和企业“双主体”地位，推动“人才培养＋教学研发”的“双类型”示范。校企共建优势特色专业群、专业课程，共同编写双元特色教材，共建省级教师教学创新团队、省级技能大师工作室。校企合作开展技术攻关、合作研发、技术服务项目，获取授权专利，实现成果转化。

三是“培养＋就业”推进产教融合，成为促进就业的“稳定器”。产教融合是深化教育改革，增强职业教育适应性，培养适应产业转型升级和实现高质量发展需要的高素质应用型人才的根本要求和有效途径。(1)对标“高层次”，提升人才培养“含金量”。对接高端产业和产业高端，支持职业院校、应用型本科院校、行业龙头企业联合开展本科层次人才培养改革试点，培养高层次技术技能人才，建立“招生—培养—就业”联动机制，学生在合作企业优先就业。(2)强化“订单式”培养，开通学生就业“直通车”。积极开展现代学徒制试点，通过学校、企业深度合作，实施“订单式”培养，把专业建在产业链上，把学校建在开发区里，推动建立校企联合培养、双元育人的长效机制。开展现代学徒制试点、产教融合示范项目建设，共建产业学院、实训基地、技术创新平台，培养一批企业急需、技艺高超的高素质技术技能人才。

四是“园区＋联盟”推进产教融合，成为地方经济发展的“推进器”。四川把职业教育纳入区域经济社会和产业发展规划，聚焦成渝地区双城经济圈建设重大战略，积极探索产教融合多元发展模式，不断增强职业教育为地方经济社会发展服务的能力。(1)打造区域职教"高原高峰"。建立部省共建协同推动机制，共同推动成都公园城市示范区职业教育融合创新发展。成都市设立职业教育发展专项资金和培养产业发展人才专项资金，成立成都、德阳、眉山、资阳、雅安、乐山、阿坝职业教育发展联盟，大力推进职业教育同城化发展。依托宜宾国家产教融合型试点城市建设，推动建立以城市为节点、行业为支点、企业为重点的产教融合发展新路径新模式，政、行、校、企共建学教研产城一体化试验区，建设"三园""四基地"，打造川南经济区产教融合城市群。(2)组建不同类型职教联盟(集团)。组建多主体、跨区域的职业教育集团(联盟)，集团内校企联合开展职教科研项目。成立成渝地区双城经济圈职业教育协同发展联盟，设立行业性、区域性联盟，依托联盟构建"一院三中心"(协同发展研究院、人才培养中心、产学研合作中心、职业培训中心)，探索实践"产—学—研—用"协同发展机制。

任务打卡

拓展阅读

➢课堂活动：

求职中你最在意一份工作的什么要素？例如，薪资、发展前景、环境等。列出你认为最重要的前5项。

➢能力养成：

写下你近期的三个生涯目标，并尝试计划未来5～10年希望达到的目标。

任务2　确定合理的职业目标

任务知识点

一、职业目标的定位

职业目标定位，就是清晰地明确一个人在职业上的发展方向，它是人在整个生涯发展历程中的战略性问题，也是根本性问题。职业目标定位有三层含义：一是确定自己是谁，适合做什么工作；二是告诉别人你是谁，你擅长做什么工作。三是根据自己的爱好、特长、能力以及个性将自己放在一个合适的工作岗位上。

二、如何设定职业目标

1. 了解自己的兴趣和优势

了解自己的兴趣和优势是确定职业目标的第一步。兴趣是指个人在特定领域中所表现出的喜好和关注，而优势则是指个人在特定领域中所具备的技能、知识和经验。通过反思自己的兴趣和优势，可以找到自己的职业兴趣和擅长的领域。

2. 进行职业调研

进行职业调研是确定职业目标的第二步。职业调研是指通过查阅资料、咨询专业人士、参加职业展览等方式了解职业领域的相关信息。通过职业调研，可以了解不同职业领域的工作内容、发展前景、薪资待遇等信息。同时，通过职业调研，也可以了解自己的职业兴趣和优势与哪些职业领域相匹配。

3. 确定职业目标

在了解了自己的兴趣和优势以及职业环境之后，便可以确定自己的职业目标了。职业目标是指个人在未来五至十年内想要达到的职业目标和成就。职业目标应该具有一定的挑战性和实现的可能性，同时也需要考虑个人的人生价值和追求。

4. 制订实现职业目标的计划

制订实现职业目标的计划是确定职业目标的最后一步。计划应该包括具体的行动方案、时间表和自我监控机制。行动方案包括具体的步骤和措施，时间表应该包括每个步骤的时间节点和预期成果，自我监控机制是指对计划的执行过程进行监控和调整。同时，制订的实现计划应该具有一定的灵活性和可调整性，以应对职业环境的变化和个人情况的发展。

5. 不断调整职业目标

职业目标并不是一成不变的，它应该随着个人经历和职业环境的变化而不断调整。在职业生涯中，要不断反思自己的职业目标是否与个人情况和职业环境相匹配，并进行必要的调整。同时，也要不断地了解职业环境的变化和发展趋势，以便适时调整自己的职业目标。

综上所述，确定自己的职业目标需要对自己有充分的了解，并对职业环境有清晰的认识。在确定职业目标的过程中，需要遵循以上五个步骤，并不断进行反思和调整，以使自己的职业目标更加明确、可行和具有挑战性。

职业课堂

职业教育多元办学格局

坚持政府、行业、企业和社会力量参与办学是职业教育改革发展的重要经验。1980年国务院批转教育部、国家劳动总局（现中华人民共和国人力资源和社会保障部）《关于中等教育结构改革的报告》、1985年《中共中央关于教育体制改革的决定》、1991年国务院《关于大力发展职业技术教育的决定》、1993年中共中央国务院印发的《中国教育改革和发展纲要》等，都从不同程度指出了职业教育“实行多层次、多种形式、大家来办的方针”“鼓励社会各方面联合办学”的思路。1996年《职业教育法》从实施主体角度规定“政府主管部门、行业组织应当举办或者联合举办职业学校”“企业可以单独举办或者联合举办职业学校”“国家鼓励事业组织、社会团体、其他社会组织及公民个人按照国家有关规定举办职业学校”。2002年全国职业教育工作会议及其颁布的《国务院关于大力推进职业教育改革与发展的决定》要求“深化职业教育办学体制改革，形成政府主导、依靠企业、充分发挥行业作用、社会力量积极参与的多元办学格局”。2005年全国职业教育工作会议及其颁布的《国务院关于大力发展职业教育的决定》进一步明确继续完善“政府主导、依靠企业、充分发挥行业作用、社会力量积极参与，公办与民办共同发展”的多元办学格局。2014年《国务院关于加快发展职业教育的决定》提出完善“政府主导、行业指导、企业参与”的办学机制。2019年《国家职业教育改革实施方案》提出了“三个转变”目标，其中之一是“经过5～10年的时间，职业教育基本完成由政府举办为主向政府统筹管理、社会多元办学的格局转变”。此次大会明确要求“健全多元办学格局”。从政策发展脉络可以看出，坚持多元办学是我国职业教育改革发展的重要经验。从实践来看，我国初步形成了中央部门（高职包括教育部和其他部门）、地方（包括教育部门、其他部门和地方企业）、民间共同办学格局。

周凤华在《中国职业技术教育》发文指出：从学校举办者情况来看，职业院校以政府部门举办为主，占到了学校总量的3/4左右，民办学校数量占总量1/4左右，其他部门（主要是行业）举办职业院校数量有下降趋势，企业举办院校占比较小。从职业教育经费构成可以看出，国家财政性教育经费投入在职业教育总投入中所占比重逐年增加。2018年，中等职业学校国家财政性教育投入占到总投入的87.92%，社会投入性教育经费投入占比仅为0.67%。高等职业学校这两个比例分别为65.30%和0.71%。透过数据，可以看出职业教育多元办学格局还存在不平衡不充分的问题，行业企业和其他社会力量参与举办职业教育的积极性不高。究其原因，主要是产教融合顶层设计与实施不协同、行业组织作用发挥不充分、国企办学存在诸多问题与障碍、企业参与校企合作利益机制不健全等。

2021年全国职教会提出要“健全多元办学格局”。2022年新职教法提出：“国家鼓励发展多种层次和形式的职业教育，推进多元办学，支持社会力量广泛、平等参与职业教育”“国家发挥企业的重要办学主体作用，推动企业深度参与职业教育，鼓励企业举办高质量职业教育”。

教育部政策法规司在释法中指出：多元办学是职业教育区别于普通教育的重要特征。新法明确办学主体多元，教育部门、行业主管部门、工会和中华职业教育社等群团组织、企业、事业单位等可以广泛、平等参与职业教育。办学形式多样，既可以独立举办，也可以联合举办，既可以举办职业学校、职业培训机构，也可以举办实习实训基地等。新法多措并举推进企业办学，落实企业在职业教育中的主体地位。突出鲜明导向，规定发挥企业的重要办学主体作用，推动企业深度参与职业教育，鼓励企业举办高质量职业教育。丰富举办方式，规定企业可以利用资本、技术、知识、设施设备等要素举办职业学校、职业培训机构，企业职工教育经费可以用于举办职业教育机构。强化办学责任，规定企业应当依法履行实施职业教育的义务，开展职业教育的情况应当纳入企业社会责任报告。完善支持政策，规定对企业举办的非营利性职业学校和职业培训机构可以采取政府补贴、基金奖励、捐资激励等扶持措施，参照同级同类公办学校生均经费等给予适当补助。

此次职业教育法修订坚持目标导向、问题导向、效果导向，系统构建了新时代职业教育法律制度体系。针对性和可操作性更强，体现了最新的发展理念和制度创新。

任务打卡

➤课堂思考：

制定你的职业目标，并将目标进行细化后填入表 6-1 中，每项目标写清对应序号，做到切实可行。

拓展阅读

表 6-1 职业目标

计划名称	时间跨度	总目标	分目标	计划内容	策略和措施	达成时间
短期计划（大学计划）	大一					
	大二					
	大三（实习）					
中期计划						
长期计划						

任务 3 制定目标达成行动方案

任务知识点

一、职业生涯行动方案的制定

根据自己的各项目标制订行动计划。这里所指的行动主要是指落实目标的具体措施，这一过程中比较重要的行动方案包括职业生涯发展路线的选择、职业的选择和相应的教育和培训计划的制订。例如，在职业素质方面，计划学习哪些知识、掌握哪些技能、开发哪些潜能等。具体到将每一天如何学习、如何劳逸结合、如何参与社会实践活动等落实到每一步活动中去。

根据策略制定具体的行动步骤。对目标进行分析。在这一阶段，可以把整体目标分解成几个主要任务，估计可能会遇到的困难和机会，然后思考有什么方法及可利用哪些资源帮助你达成目标。例如，为达成目标，在工作方面，你计划采取什么措施提高你的工作效率？在业务素质方面，你计划如何提高你的业务能力？在潜能开发方面，采取什么措施开发你的潜能等。都要有具体的计划与明确的措施，并且这些计划要特别具体，以便于定时检查。要加强学习、高效行动，学会管理时间和应对干扰，确保行动计划的顺利完成。

人在不同的职业生涯阶段，行动方案有不同的侧重需要大家高度关注，明确需要进行的培训和准备的调查统计显示，60%以上的职业人选择培训“文不对题”，缺少针对性。有的明明知道自己参加完培训也不可能从事相关工作，只是为有朝一日跳槽增加“亮点”；有的没有明确的职业规划，跟风随大流参加培训拿证书；有的只是转行前的“投石问路”。由于培训的盲目性很大，45.01%的人认为学习的时候有收获，可从事具体工作时收效甚微；感觉“学有所得、非常有益”的人仅占 38.07%；还有 16.93%的人觉得“学着一套、用着一套”。

那么，怎样才能增强培训的有效性、防止培训走偏呢？人才服务中心培训部提出职业生涯持续发展和增值观点，即根据不同的职业发展阶段进行有效充电。

1. 探索期：侧重补充知识

人在职场，在制定自己的培训规划的时候首先应当考虑的是自己正处于职业生涯的哪个阶段。探索期通常是指就业前的充电选择。在这一时期，要首先弄清楚两个问题：我想做什么？我能做什么？以此为依据选准一个明确的方向进行充电，充电方式以补充知识为主。此时往往能够奠定你选择今后职业发展领域的基础。

2. 立业期：增加专业技能

参加工作以后，培训就由补充知识阶段转向技能培训阶段了。对工作两三年、处于立业期开端的人来说，培训计划的侧重点在于提高自己的专业技能。在制订培训计划的时候，可以从自己的目标岗位来着手。比如，你现在是一名店铺的主管，下一步的目标岗位是店铺经理，最简单的办法就是了解店铺经理这个目标岗位需要哪些方面的专业技能，且哪些是自己缺乏的，从而制订具有针对性的培训计划。如果你的下一步职业目标是到另外一家公司寻找相应的岗位，那么你有必要预先了解这家公司对这个工作岗位有什么特定的要求，例如，工作语言、企业文化的改变等，通过及时培训补充自己这方面的技能。

3. 成熟期：转向通用技能

对于那些职业发展已经处于成熟期的职场人来说，培训的主要目标是把自己的专业技能转换为通用技能。举个例子来说，假说你现在已经是一名店铺的销售经理了，下一步的职业发展目标是公司的销售总监。但是作为销售总监来说，不仅要熟悉销售业务，还需要了解产品的市场拓展、客户服务这些领域。对于处于这种位置的人来说，当务之急不是培养继续自己的专业技能，而是需要增加职业的跨度，熟悉其他领域的工作。这个时候，你就可以通过一些课程的进修，例如，选择管理培训课程，或是向企业申请轮岗，熟悉其他部门的工作，这样才能有助于你尽快得到理想的职位，并在新的工作中游刃有余。

4. 高峰期：整合跨行业知识

对于处于职业发展高峰期的管理者来说，如何整合金融、IT、法律等跨行业知识的培训成为新的需求热点。作为企业的高层管理者来说，运筹帷幄不仅表现在对企业内部的重大决策上，更多地体现在对企业资本运营和管理、项目投资、融资渠道、股权运作方面的掌控上。比如，企业打入国际市场，企业管理者急于补充国际标准的法律、行业规范等法律知识；企业时刻面临经营的风险和融资的难题，则高管对金融、财会的培训需求会比较突出。

二、职业生涯规划的步骤

职业生涯是人一生中最重要的历程之一，是追求自我实现的重要人生阶段，对人生价值起着决定性的作用。要做好职业生涯规划就必须按照职业生涯设计的流程，认真做好职业生涯规划的每个环节。职业生涯规划具体步骤概括起来主要包括确定人生志向、自我评估、评估职业生涯机会、选择对的职业、选择职业生涯路线、设定职业生涯目标、制定行动计划、评估与反馈 8 个步骤。

1. 确定人生志向

有一部电影里有这么一句："做人如果没梦想，那跟咸鱼没有什么分别。"梦想，即志向，是事业成功的基本前提，是人生的起跑线，是一个人理想、胸怀、情趣和价值观的反映。我们若谈生涯规划，则必谈志向，制定职业生涯规划的关键，首先在于确定志向。

2. 自我评估

自我评估的目的是认识自我、了解自我。我们只有在认识自我、了解自我的前提下，才能对职业做出正确选择，才能确定哪些职业适合自身发展，才能对自身的职业生涯目标做出最合理的决策。

3. 评估职业生涯机会

在制定职业生涯规划时，评估我们所处环境的条件特点、环境发展变化、自我与环境的关系等是非常必要的，其目的在于帮助我们在复杂的环境中趋利避害，使我们的职业生涯规划更具实际意义。

4. 选择对的职业

男怕入错行，女怕嫁错郎。职业选择的正确与否，关系着人生事业的成与败。我们在选择职业时，不仅要考虑自身的性格、兴趣、特长与职业的匹配情况，还要考虑内外环境与职业之间的匹配度。

5. 选择职业生涯路线

确定了职业之后，就要选择职业生涯路线。你需要确定自己想或能在哪一条职业路线上发展，是行政管理方向，还是技术专业路线，或者是个体创业方向……你需要综合分析与考量，确定自己的最佳职业生涯路线。不同的职业生涯路线，对职业发展的要求也不尽相同。

6. 设定职业生涯目标

职业生涯目标的设定，是职业生涯规划的核心步骤。职业生涯目标可以分为短期目标、中期目标、长期目标和人生目标。这些目标的设定，需要以自身的才能、性格、兴趣和环境为依据，做出正确适当的决策，是不能盲目设定的。

7. 制订行动计划

没有行动，理想只能停留在“想”上，目标永远遥遥无期。制订落实目标的具体行动计划，包含工作、培训、受教育、轮岗等方面的措施。这些计划和措施需要施以具体的行动，不能只停留在表面。

8. 评估与反馈

时代在变，人也在变，职业生涯规划也不能一成不变。影响职业生涯规划的因素有很多，有些是可控的，有些却是不可控的。因此，要使职业生涯规划行之有效，就必须不断地对职业生涯规划进行评估与修订，使其更加贴合实际。

职业课堂

综述：德国“双元制”职业教育让学习和实践紧密结合

德国职业教育的最大特色体现为课堂学习和工作实践紧密结合的“双元制”，这一模式不仅使德国青年失业率长期维持在较低水平，也让德国企业保持强大竞争力。为此，德国始终重视这种职业教育模式。

所谓“双元制”职业教育是将传统的“学徒”培训方式与现代职业教育思想相结合的一种学校和企业合作办学的教育模式，学校为“一元”，企业为“另一元”。在德国，它是除全日制职业教育和升学导向职业教育以外，高中阶段职业教育中的一个重要组成部分，它的特点和目的是能直接向企业输送成熟、合格的技术工人。

接受这种职业教育的学生要和培训企业签订合同，内容包括学习起止日期、学习内容、假期、津贴等。学生部分时间在校学习理论知识，部分时间在企业当“学徒”，把课堂知识应用于实践。如此交替循环，通常在两年至三年半内完成整个职业教育过程。最终，学生还要参加评估考试，通过后获得由相关行业协会颁发全国承认的执业资格证书。毕业学员可进入之前接受培训的企业，也可去其他同类企业从事相关工作，还可以选择继续深造，暂时不进入就业市场。

德国早在1969年便出台了《职业教育法》，规定了职业培训中学生和企业的权利和义务，该法与其他相关法规一起，为如今的“双元制”职业教育模式奠定了制度基础。根据德国联邦职业教育研究所最新目录，德国目前已有325项国家承认的职业教育专业，涵盖工业和手工业、公共服务、家政、农业和海运等领域。

德国联邦教研部长安雅·卡利切克曾对媒体说：“德国青年失业率之所以低，很大程度上得益于我们完善的高中阶段‘双元制’职业教育体系。”德国斯塔蒂斯塔调查公司数据显示,2020年德国15岁至25岁年龄段群体的失业率为5.6%,过去10年这一数据始终维持在7%以内,在欧盟国家中表现优异。

德国行业协会杜塞尔多夫工商会的分析文章认为,有资质的企业开展职业教育培训对企业自身发展也有很多好处,这能帮助企业提前培养成熟员工,而且在多数情况下,学生在企业接受培训时所创造的价值要高于培训支出。

随着德国经济社会发展,职业教育模式不断完善,不仅重新修订相关法律,引入"专业学士""专业硕士"等学位制度,强化职业教育和高等教育的等值对应,增强大众对职业教育的认可度,还规定了学生培训期间的最低津贴及每年增幅标准,确保学生的权益。

为提升我国职业教育质量,教育部2019年印发指导意见,对职业院校专业人才培养方案制定与实施工作提出一系列要求,其中明确加强实践性教学,其学时原则上占总学时数50%以上。

专业人才培养方案是职业院校组织开展教学活动、安排教学任务的规范性文件,是实施专业人才培养和开展质量评价的基本依据。指导意见明确,要加强实践性教学,实践性教学学时原则上占总学时数50%以上。要积极推行认知实习、跟岗实习、顶岗实习等多种实习方式,强化以育人为目标的实习实训考核评价。学生顶岗实习时间一般为6个月,可根据专业实际,集中或分阶段安排。

指导意见提出,鼓励学校积极参与实施1+X证书制度试点,将职业技能等级标准有关内容及要求有机融入专业课程教学,优化专业人才培养方案。同步参与职业教育国家"学分银行"试点,探索建立有关工作机制,对学历证书和职业技能等级证书所体现的学习成果进行登记和存储,计入个人学习账号,尝试学习成果的认定、积累与转换。

2021年全国职业教育大会指出:职业教育是培养能力的实践教育。职业教育源于古代学徒制,通过师傅带徒弟、手把手教,把技能传承下去,是典型的实践教育。职业院校实践性教学课时原则上占总课时一半以上,顶岗实习时间一般为6个月,要把产教融合、工学结合作为职业教育办学的基本模式,必须在实践中学习、磨炼、培养技术技能,这是客观规律。

同时,让教育回归生活,回归社会实践,从生活实践汲取营养、获得力量,是职业教育育人的重要途径。正如北京市教育工委副书记在《现代教育报》发文指出的那样,社会实践是取之不尽的教育源泉。通过社会实践,可以把丰富的生活素材引入课堂,让教育成为充满生命力的活水。社会实践是行之有效的教育形式。实践出真知,对社会的"真知"必须通过社会实践来完成。只有通过系统的社会实践,持之以恒地塑造和提升学生读懂中国的能力,才能培养出中国特色社会主义事业合格建设者和可靠接班人。社会实践是创造价值的教育过程。受教育、长才干、做贡献,概括了社会实践丰富而立体的教育效果,其中"受教育""长才干"是社会实践的本体功能,而"做贡献"这个维度,则指出了青年学生通过社会实践可以激发释放出难以估量的创造力。通过社会实践,让学生进入真情境、解决真问题才能创造出真成果。社会实践是办学水平的教育标尺。

《论语》开篇讲,"学而时习之,不亦说乎"。马克思也说,"哲学家只是用不同的理论解释世界,而问题在于改变世界"。其思想的精髓,就是强调要把理论学习研究主动服务于改造世界的实践。于大学而言,扎根中国大地办教育,社会实践也应发挥指挥棒和风向标的作用。

资料来源:综述德国"双元制"职业教育让学习和实践紧密结合,新华社,2021.4.23

任务打卡

拓展阅读

➤课堂讨论:

影响你职业选择的个人因素有哪些?社会因素有哪些?家庭因素有哪些?

➤能力养成:

遵循 SMART 原则制订职业目标达成的行动计划。

项目总结

通过完成本项目的三个任务,我们深入了解了职业目标的定义,进行职业探索的基本原则,掌握了职业生涯行动方案制定的方式方法,这些任务让我们对职业目标有了更清晰的认知,为我们进行进一步的职业探索和职业生涯规划提供了理论依据和实践支撑。

通过任务 1,我们了解了职业目标的定位、设定方法和原则,确定了合理的职业目标,并明确了职业发展方向。

通过任务 2,我们掌握了职业探索的内容、领域及注意事项,并能根据职业探索更清晰地判断职业目标的可行性。

趣味测试

通过任务 3,我们学会了职业生涯行动方案的制定原则和步骤,明确了不同阶段行动的侧重点,能够通过对分析工具的使用,制定更符合自身要求的职业生涯规划。

总之,通过完成本项目,我们全面而深入地认识了职业目标、职业探索的含义,掌握了制定职业生涯规划的方式方法,能够更好地做出适应未来发展的行动指南。

第三部分

守法用法履行职业职责

项目7 制订学涯计划

项目指南

随着社会的发展和竞争的加剧，大学生涯对学生的成长和发展产生的影响越来越重要。为了更好地帮助大学生规划自己的学习和职业发展，本项目提供了一份全面的学涯计划指南，帮助学生在大学期间实现自我提升和全面发展。

大学生涯规划是学生在大学期间制订的一系列计划和目标，其目的在于帮助学生合理规划时间和资源，提高综合素质和就业竞争力。通过有效的学涯规划，学生可以更好地了解自己的兴趣、优势和不足，明确职业发展方向，提高学业成绩和实践能力，为未来的职业发展打下坚实的基础。

学习目标

1.了解职业相关法律法规，学会保护自己的权益，避免在工作中遇到法律风险。

2.学习有效制订学涯计划的重要内容，通过各项指标分析，使用合适的方法制订适合自己的有效学涯计划。

3.选用合适的评估工具，在每个学期或学年结束后对自己的学涯计划的实施进行评估和总结，及时发现自己的不足和问题，调整计划和实施措施。

任务1 学习与职业相关的法律法规

任务知识点

一、学习常用职业法律法规

在当今社会，职业发展对于一个人的成长和成功至关重要。为了更好地规划自己的职业生涯，了解并掌握职业相关法律法规是必不可少的。通过学习这些法律法规，我们可以更好地保护自己的权益，避免在工作中遇到法律风险。

在工作关系中，劳动关系是最基本的社会关系，劳动关系关系到每一位劳动者和用人单位的利益。大学毕业生进入职场后，便完成了从学生到劳动者身份的转变，开始受到劳动法的保护。初次求职时，大学生由于社会经验不足，会经常感到茫然、焦虑甚至恐惧，有可能消极对待就业、逃避就业甚至厌恶就业。如果在校期间，大学生能够学习相关的法律法规及通识教育，就可以掌握必要的就业法律常识，克服就业时的迷茫和恐惧。

中国现代劳动法体系包括《中华人民共和国就业促进法》《中华人民共和国劳动法》《中华人民共和国劳动合同法》《中华人民共和国社会保险法》《中华人民共和国劳动争议调解仲裁法》等。

（1）中华人民共和国就业促进法。为了促进就业，促进经济发展与扩大就业相协调，促进社会和谐稳定，制定了本法。本法主要内容涵盖了政府责任、工作机制、政策支持、公平就业、就业服务和管理、职业教育和培训、就业援助、监督检查、法律责任等。

（2）中华人民共和国劳动法。这是职场中最基本也是最重要的法律之一，本法规定了劳动者的基本权益和雇主的基本责任，包括工资、工时、休假、社会保险等方面的问题。例如，劳动法规定雇主应当支付劳动者工资，并且不能低于最低工资标准；劳动者每工作满一年，享受带薪年假等。

（3）中华人民共和国劳动合同法。合同法是规定合同订立、履行和解除等方面的法律法规。在职场中，合同是雇主与劳动者之间约定权利义务关系的重要依据。雇佣合同应当明确规定劳动者的工作内容、工资标准、工作地点、工作时间、加班补偿、保险和福利待遇等内容。

（4）中华人民共和国社会保险法。国家建立基本养老保险、基本医疗保险、工伤保险、失业保险、生育保险等社会保险制度，保障公民在年老、疾病、工伤、失业、生育等情况下依法从国家和社会获得物质帮助的权利。

（5）中华人民共和国劳动争议调解仲裁法。发生劳动争议，当事人不愿协商、协商不成或者达成和解协议后不履行的，可以向调解组织申请调解；不愿调解、调解不成或者达成调解协议后不履行的，可以向劳动争议仲裁委员会申请仲裁；对仲裁裁决不服的，除本法另有规定的外，可以向人民法院提起诉讼。

以上这些法律知识对理解和保障职场权益具有重要意义。但请注意，具体法律条款和内容可能因国家和地区而异，建议在实际应用中结合当地法律法规进行理解和操作。

二、学习职业相关法律法规的重要性

（1）保护自身权益。了解职业相关法律法规，可以帮助劳动者明确自己的权利和义务，当遇到劳动纠纷或权益受到侵害时，能够依法维权，保护自己的合法权益。

（2）规范职业行为。职业相关法律法规不仅保护劳动者的权益，也对劳动者的职业行为进行了规范。遵守这些法律法规，有助于劳动者在职场中树立良好的职业道德，避免因违反法律规定而受到惩罚。

（3）促进职业发展。对职业相关法律法规的了解，有助于劳动者在职场中做出更明智的决策，如选择合适的岗位、签订公平的劳动合同、合理规划自己的职业生涯等，从而促进个人职业发展。

(4)培养正确的就业观,提高大学生就业意愿。在劳动关系中,普通劳动者与用人单位的力量对比悬殊,劳动法在平衡双方利益的基础上,倾斜保护劳动者利益,维护社会公平正义。保护劳动者利益,体现了国家对劳动者的重视,提升了大学生的就业信心。劳动创造价值,就业就是将所学知识技能回报社会,实现自己人生价值的过程。学习劳动法可以引导学生树立正确的就业观。劳动法对学生的价值引导,可以培养学生形成尊重劳动、崇尚劳动的价值观,进而培养正确的就业观。正确的就业观,可以提高大学生的就业意愿。

(5)培养契约精神,提升毕业生就业稳定性。部分毕业生在求职和就业中会出现随意违约甚至违法行为,损害了用人单位的合法权益。学习相关职业法律法规可以培养学生的契约精神。在签订就业协议书或者劳动合同前,一定要理性思考、谨慎签订,一旦签订,就要全面履行,不能随意违约,否则,对毕业生本人、毕业院校和用人单位都会造成不良影响。

学校对学生开展专门的就业法律指导,学习相关职业法律法规,帮助学生掌握求职就业相关的法律常识,培养学生树立正确的就业观、权利意识、契约精神和职业道德,可以提高毕业生就业数量和就业质量。

三、制订计划与总结反思

(1)制定学习时间表。将法律法规学习任务分解为若干个部分,制定详细的学习时间表,确保每天有足够的时间投入学习。

(2)采取多样化学习方式。采用多种学习方式,如阅读法律法规原文、参加线上或线下课程培训、听法律专家讲座等,以提高学习效果。

(3)重点突破。针对与个人职业发展关系密切的法律法规进行重点学习和深入理解。

(4)分析实际案例。通过分析实际案例,加深对法律法规的理解和应用。

(5)检验学习成果。通过模拟测试、线上练习等方式检验学习成果,确保掌握所学内容。

(6)总结与反思。思考自己在法律法规学习中的得失,总结学习经验,以便更好地应对未来的职业发展挑战。同时,根据实际情况调整学习计划,不断完善自己的学涯规划。

职业课堂

产教融合、校企合作

上海市教育科学研究院副研究员潘奇在《教育家》发文进行了探究:职业教育如何推进产教融合、校企合作?文章指出:

"类型教育"和"产教融合"是我国职业教育发展的两个核心主题词。作为一种类型教育,职业教育应具有跨界的根本属性,需要打破经济与教育、职业与教育、企业与学校的边界,这一步骤就是"产教融合",突破现有体制机制的桎梏,进行相应的创新。长期以来,我国政策领域持续推进产教融合、校企合作,但实践领域的探索成效并不显著。实际上,在"为什么要融合、谁来融合、怎样融合"的三大命题中,方向是明确的,主体是清晰的,但融合的路径仍是传统的,这就是问题所在。

从消除动力不足、推动企业办学“所有权”与“管理权”有机统一向类型教育发展的方向入手，企业在职业教育发展过程中的地位实现了由“重要力量”向“重要主体”的转变。

“强调发挥企业主体作用”是深化产教融合的核心渠道，这一点无论是政策端，还是办学实践层面，都已形成共识。在新的职业教育发展语境中，“办学主体”的内涵不仅仅是“谁投资谁是办学主体”，即“所有权”问题，更是“办学权在谁手中谁是办学主体”，即“经营权”问题。

企业独立举办职业院校，可以通过一定的制度创新，有效实现“所有权”与“经营权”的有机统一，有可能从根本上解决长期制约校企合作的根本问题，如组织属性差异冲突、“双师型”师资不足、人才培养的适应性和就业导向不明显等，有利于推进产业规则和教育规则的有机统一，实现服务支撑我国经济转型发展和产业升级的最终目标。

当前，符合国情的企业直接运营制度和相应的政策环境仍未完全明朗或形成，“工厂学校”作为我国职业教育办学体制改革中的重要办学类型，在我国改革开放和产业人才培养中发挥了重要作用。许多国有大企业所属的职业院校与企业关系天然紧密，资产纽带与校企结合为一体，在技能人才培养方面独具优势，学校对企业人才需求的反映最直接。问题也同时存在，法律和制度保障不健全，厂校“公”“民”身份困境，经费保障不足，学校管理缺乏独立性等问题，特别是随着国有企业非核心职能分离的要求，到2010 年左右，大部分“厂校”完成了这项改革。可以说，“厂校”的减少和消失，不是否定模式本身，而是顺应企业改革的时代需要，其运作路径、模式、经验的积累仍然对新时代产教融合型企业举办职业教育具有重要的借鉴意义。

从历史反思看，企业直接办学仍面临诸多制度性挑战。从国际经验来看，企业的学校运营需要政府(公共力量)的参与。企业直接办学是职业教育向类型教育发展的最佳选择，但从现阶段看，政府的引导和参与也十分重要。因此，全国职业教育大会提出了“建立政府统一管理、行业企业积极举办、社会力量深度参与的多元办学格局”的目标。在此框架下，提出了“鼓励上市公司、行业龙头企业举办高质量职业教育。灵活开展工作，以企业需求为中心，善于运用市场机制，探索互利共赢的方法，鼓励职业学校探索股份制、混合所有制改革”等重要任务。

“混合所有制”是从中国特色社会主义土壤中产生的新型职业教育办学模式，是企业举办职业学校、实现产教深度融合的重要方式。在此过程中，既可以破“厂校”模式的传统弊端，也可以借鉴国际普遍做法。在办学端充分“发挥企业主体作用”的同时，同步发挥政府在办学方向、师生权益保障、质量监督等方面的重要作用。作为一项重要的制度创新成果，混改在加快职业教育向“类型教育”转型过程中发挥着越来越重要的作用。自 2014 年国务院印发《关于加快发展现代职业教育的决定》，正式提出探索“股份制”和“混合所有制”职业院校改革任务以来，国务院和各部委连续发文鼓励推进改革。教育部在 2021 年工作要点中提出，要加强“推进各地混合所有制改革探索”，加快职业教育混合所有制改革步伐。

2022 年，新职教法颁布，在产教融合、校企合作问题上相关政策明确：一是明确企业主体，新法采取多项措施推动企业办学，落实企业在职业教育中的主体地位，突出鲜明导向，规定发挥企业重要办学主体作用，推动企业深入参与职业教育，鼓励企业举办高质量职业教育，丰富举办方式，规定企业可利用资本、技术、知识、设施设备等因素举办职业学校、职业培训机构，企业职工教育经费可用于举办职业教育，教育机构强化办学责任，规定企业应当履行依法实施职业教育的义务，开展职业教育的情况应当纳入企业社会责任，完善扶持政策，对企业举办的非营利性职业学校和职业培训机构可以采取政府补贴、基金奖励、捐赠激励等扶持措施，参照同级公办学校学生人均经费等给予适当补助；二是坚持多元办学，多元办学是职业教育区别于普通教育的重要特征，新法明确了办学主体多元化，教育部门、行业主管部门、工会、中华职业教育社等集团组织、企业、事业单位等可以广泛、平等地参与职业教育，办学形式多样，既可以独立举办，也可以联合举办，既可以举办职业学校、职业培训机构，也可以举办实习实训基地等；三是深化产教融合、校企合作是保障职业教育高质量发展的重要举措，新法将推进全面融合，促进行业企业深入参与职业学校专业设置、教材开发、培训方案制定、质量评价、师资培训、实习实训基地建设全过程，鼓励深度融合，规定产教融合型企业制度、中国特色现代学徒制度，推动职业院校和行业企业命运共同体的形成。

资料来源：节选自潘奇. 推动"混改"制度政策，激发产教融合动力.《教育家》. 2021 年第 33 期

任务打卡

➤课堂讨论：

分享你了解的某一种职业教育法律法规。

➤能力养成：

收集并整理关于职业教育法律法规发展趋势的资料。

拓展阅读

任务 2　制订有效的学涯计划

任务知识点

一、学涯计划的概念

学涯计划是一个长期、系统的成长规划，它不仅包括学习专业知识，还包括提升个人能力、培养兴趣爱好等多个方面。大学期间是学生自我意识不断完善，自我观念充分发展的时期。大学新生不仅面对着较大的生存发展空间，拥有较多生存资源和抉择机会，同时

他们也面临前所未有的竞争和挑战，以及更多的诱惑和挫折。随着近几年新生成长成才教育工作的不断深入，可以发现教育过程中的问题主要集中在：怎样更好地帮助学生转变角色，了解并适应大学；怎样引导学生根据自身实际，及时确立合适的成才目标，并坚定不移地付诸实施，最终走向成才之路。面对大学新生在学习、生活和工作等方面出现的各种问题，如果思想政治工作做不好，不仅直接影响他们学习目标的确立和实现、身心的健康发展、行为品德的养成、素质的拓展和潜能的培养，也直接影响高校的校风和学风建设。

所谓“基于学涯规划的目标导学的成长成才教育”，就是高校从一年级新生开始，便利用职业发展这根“指挥棒”来引导和激励学生，通过科学的、行之有效的职业生涯规划理论和心理辅导来帮助学生合理规划大学生涯，树立适合自己的努力目标，鼓励他们在大学期间充分发挥自身的天赋条件，弥补和完善自己在心理或能力上的不足，实实在在地为自己最终实现大学生涯目标，特别是将来的成长成才打好基础、做好准备。

二、制订学涯计划的重要性

（1）有利于尽早明确目标，采取有效措施。有明确目标的职业生涯规划对每一个人的成长和发展都至关重要。有职业生涯规划的人未必都能成功，但成功者一般都有一个客观可行的职业生涯规划。哈佛大学一项调查发现，83％没有对人生设定目标的人几乎都生活在社会的最底层；14％短期目标清晰但是没有书面记录的人大多进入了白领阶层，他们生活在社会的中上层；3％长期目标清晰并有书面记录的人，他们为了实现既定目标，几十年如一日，努力拼搏，积极进取，百折不挠，最终成为行业领袖或精英人物。同样，学涯规划对大学生在大学阶段的学习和发展也至关重要。最近几年，开展“学涯规划”教育在各大高校逐步得到重视。在开展“学涯规划和目标导学”教育后，学生对自己有了清晰的认识与合理的定位，对大学有了了解，制定了合理的奋斗目标，对自己大学四年甚至更长时间的学习、生活、工作有了翔实的规划。这样，思想政治教育工作就有了总体指导方向，有利于把握住重点，使工作更加有效。简而言之，学生知所学，教师知所教。

（2）有利于发掘自我潜能，增强个人竞争力。大学学习，不仅仅在于学习专业文化知识，更在于培养个人的综合能力和素质。很多大学生在毕业时拥有优秀的学习成绩以及大量的奖学金证书，但走上岗位以后却很不适应、很难发展。当今社会处在变革的时代，到处充满了激烈的竞争，职业活动的竞争尤为突出。要想在这场激烈的竞争中脱颖而出并立于不败之地，必须设计好自己的大学生涯规划。因为一份行之有效的学涯规划书有利于引导学生正确认识自身的个性特质、现有和潜在的资源优势，帮助学生重新对自己的价值进行定位并使其持续增值；有利于引导学生做出对自己的综合优势和劣势进行对比分析；有利于引导学生评估个人目标和现实之间的差距；有利于引导学生前瞻与实际相结合的职业定位，搜索或发现新的、有潜力的发展机会，使学生学会运用科学的方法，采取可行的步骤和措施，不断增强自己的职业竞争力，实现自己的职业目标和理想。

三、有效学涯计划的内容

为了确保学涯计划的有效性，我们需要制订一个详细、可行的计划，其内容包括：

(1)明确的目标。

分析个人兴趣、优势和市场需求,明确学涯目标和发展方向。

(2)学习计划。

①根据学涯目标,确定所需学习的专业知识和技能;

②制订年度、季度、月度和周度学习计划,包括课程学习、实践经验积累和自我提升等;

③定期评估学习进度,调整计划以确保按时完成。

(3)时间管理。

①分析日常时间使用情况,找出可利用的碎片时间;

②制定时间表,确保学习和生活的平衡;

③培养良好的时间管理习惯,如番茄工作法等。

(4)持续学习与自我提升。

①参加线上或线下培训课程,获取新知识;

②定期阅读专业书籍和行业报告,了解最新动态;

③参与行业交流活动,扩展人脉和视野。

(5)反馈与调整。

①每季度进行一次自我评估,检查学涯计划的执行情况;

②根据评估结果,及时调整计划和目标;

③寻求导师、同学或专业人士的建议,不断优化学涯规划。

通过制订有效的学涯计划,我们可以更好地规划自己的学习和职业发展。这个计划不仅要有明确的目标和计划内容,还要有良好的时间管理技巧和持续学习的态度。在执行过程中,要不断进行反馈和调整,确保学涯计划的有效性。

职业课堂

大众创业、万众创新

2016年,国务院办公厅印发《关于建设群众创业万人创新示范基地的实施意见》,2018年,国务院发布《关于推动创新创业高质量发展、构建"双重创造"升级版的意见》。

2020年上半年,我国高新技术产业增加值保持两位数增长,比规模以上工业平均增长率高出近5个百分点;在线零售额加上过去两年连续的高增长,上半年增速近40%;机器人、新能源汽车等新产品的提高速度也大幅增长。实践证明,在经济面临下行压力的情况下,"双创"为稳定增长、风险防范、扩大就业做出了重要贡献。

随着"大众创业、万人创新"的口号在全国范围的广为流传,越来越多的年轻人开始投身"双创"热潮,许多在校大学生也逐渐成为"创客"中的新锐军。2017年,教育部首次修订《普通高校学生管理规定》,明确提出学生参加创新创业等活动可换算学分计入学业成绩；对休学创业的学生，可单独规定最长学习年限，简化休学核准程序。这一举措激励了大学生们更多地投身创业创新活动，将创新成果与自己的专业知识有机结合，有力地提高了大学生创新的活力和积极性，提高了创新的效率和质量。“双创”不仅为大学生就业提供了更多的可能性，也为我们经济社会的发展提供了动力。中国国际“互联网＋”大学生创新创业大会自2015年召开，到2021年累计有2 533万名大学生参加。据统计，仅六届大会的400多个金奖项目就带动了50多万就业，大会继续深入推进高等教育综合改革，培养了大批“群众创业、万人创新”的新锐军。教育部数据显示，2015—2020届毕业生中创业大学生54.1万人，其中毕业生44.4万人，在校生9.7万人，这说明大学生是群众创业万人创新的新锐军。教育部指出，越来越多的大学生正处于创新创业的浪潮中，而大学生的创新创业实践也面临着融资难、经验不足、服务不足等问题。

为提高大学生创新创业能力，提高创新活力，进一步支持大学生创新创业，2021年，国务院办公厅印发了《关于进一步支持大学生创新创业的指导意见》（以下简称《意见》），这是国务院首次发布的支持大学生创新创业的专门政策文件。

《意见》明确建议加强对大学生创新创业的财税支持和货币政策支持，高校毕业生在毕业年度内从事个体工商行业，符合规定条件的，按一定限额依次扣除3年内当年实际应缴纳的增值税、城镇维护建设税、教育费增值税、地方教育增值税、个人所得税，对月销售额在15万元以下的小规模纳税人免征增值税，对中小企业和个体工商户按规定减免所得税。

《意见》鼓励金融机构按照市场化、商业可持续的原则为大学生创业项目提供金融服务，落实创业担保贷款政策及分红政策，将高校毕业生个人最高贷款额度提高到20万元，免去10万元以下贷款、获得设区的市级以上荣誉的高校毕业生创业者的反担保要求，对符合高校毕业生设立条件的中小企业，最高贷款额度提高到300万元。

《意见》探索建立大学生创业风险救助机制，建议有条件的地方采取创业风险补贴、商业保险费补贴等方式鼓励大学生创业。同时，规定毕业后创业的大学生可以按规定缴纳“五险一金”，减少大学生创业的后顾之忧。

《意见》加强大学生创新创业服务平台建设，加强建设高校创新创业实践平台、科技创新资源开放共享平台、大学生创新创业信息服务平台、全球创新创业竞争平台等，优化双创环境建设，促进大学生双创成果转化。

《意见》提出，研究建立大学生创新创业成果转化服务机构，建立相关成果与行业产业的长效机制，促进大学生创新创业成果在相关行业企业的推广应用，同时，做好大学生创新项目知识产权的可靠性、保护性等工作，强化激励导向，加快落实以增加知识价值为导向的分配政策，落实成果转化奖励和收益分配办法，加强面向大学生的科技成果转化培训课程建设。

《意见》专门对中国国际“互联网＋”大学生创新创业大会提出了新的要求。支持行业企业深化赛事合作，拓宽赛事举办资金筹措渠道，适当增加大赛冠项名赞助经费额度。同时，充分利用市场化方式，研究推进中央企业、社会资本发起的中国国际“互联网+”大学生创新创业大会项目专项发展基金的设立。

《意见》建议深化高校创新创业教育改革，建立以创新创业为导向的新型人才培养模式，健全校校、校企、校地、校所合作的创新创业人才培养机制，构建创新创业教育特色示范课程，实施高校双创校外领导专项人才计划，探索实施驻校企业家制度，吸引更多各行各业优秀人才成为双创领导。

《意见》建议，在现有基础上，加大教育部中央彩票公益金大学生创新创业教育发展资金支持力度，加大中央高校教育改革专项资金支持力度，把创新创业教育和大学生创新创业状况作为资金分配的重要因素。

《意见》出台后，各地各部门支持大学生创新创业的力度进一步增强，合作支持大学生创新创业的机制进一步完善和畅通，高校创新创业教育改革将进一步深入推进，切实提升大学生的创新精神、创业意识和创新创业能力。

资料来源：节选自国办发〔2021〕35 号《国务院办公厅关于进一步支持大学生创新创业的指导意见》

任务打卡

➢课堂活动：

制订一份自己的每日学习计划。

➢能力养成：

收集 1～2 个时间管理小工具。

生涯故事

任务 3　评估学涯计划的实施情况

任务知识点

一、学涯计划评估理论依据

学涯计划的实施是一个持续的过程，需要定期评估以了解进展情况，发现潜在问题，并及时调整计划。通过评估，我们可以确保学涯计划的顺利实施，并为未来的发展提供指导。

评估学涯计划的理论依据主要来自职业规划、教育心理学和终身学习等领域的理论。

1. 职业规划理论

（1）特质-因素理论。该理论强调个人特质与职业要求的匹配。在评估学涯计划时，可以考虑个人的兴趣、价值观、技能等特质是否与所选职业路径相匹配。

（2）生涯发展阶段理论。此理论将职业生涯划分为不同的发展阶段，每个阶段有不同的任务和挑战。评估学涯计划时，可以根据个人所处的生涯阶段来审查计划的适宜性和针对性。

（3）社会认知职业理论。该理论强调个人、环境和行为的相互作用在职业选择和发展中的重要性。评估时，应考虑学涯计划是否充分考虑了社会环境因素以及个人的自我效能和结果预期。

2. 教育心理学理论

（1）自我决定理论。该理论强调内在动机在学习和发展中的重要性。评估学涯计划时，可以考察计划是否激发了学生的内在动机，促进其自主学习和持续发展。

（2）成功教育理论。成功教育理论主张通过设定明确的学习目标、提供适当的学习支持和及时反馈来促进学生的成功。在评估时，可以检查学涯计划是否为学生提供了这些成功所需的条件。

3. 终身学习理论

（1）终身学习。终身学习强调学习的连续性和全过程性，即学习是要跨越人的一生的。评估学涯计划时，应考虑计划是否支持个人在不同生命阶段持续学习和发展的需求。

（2）知识更新与技能提升。随着科技和社会的快速发展，知识和技能的更新变得尤为重要。评估时，应关注学涯计划是否有助于个人跟上时代的步伐，帮助个人不断提升自己的专业知识和技能。

评估学涯计划的理论依据涉及多个学科领域，这些理论为评估提供了框架和指导，有助于确保学涯计划与个人的特质、需求和社会环境相适应，从而促进个人的职业发展和终身学习。

二、学涯实施成效的评估方法与步骤

（1）设定明确的目标。在制订学涯计划时，要确保设定了明确、可衡量的目标。这样，在评估实施情况时，可以清晰地了解目标是否达成，以及达成的情况如何。

（2）跟踪进度。制定一个跟踪进度的系统，以便了解学涯计划的实施情况。可以包括定期检查计划、记录进展情况、更新目标等。

(3)收集反馈。向自己、导师、同学或行业专家寻求反馈，了解他们对你的学涯计划的看法。他们可能会提供有关计划实施情况的见解和建议。

(4)分析数据。如果学涯计划涉及具体的项目或任务，收集相关数据并进行分析。例如，如果你计划提高自己的阅读量，可以记录每个月阅读的书籍数量，并分析这些数据以了解计划的实施情况。

(5)调整计划。在评估实施情况的过程中，如果发现学涯计划存在不足或需要改进的地方，不要犹豫进行调整。适时的调整可以帮助你更好地实现学涯目标。

(6)自我反思。定期进行自我反思，了解自己在实施学涯计划中的表现。思考自己在计划执行过程中面临的挑战和克服的困难，以及如何进一步提高计划的实施效果。

(7)记录成就。在学涯计划的实施过程中，记录所取得的成就和进步。这有助于增强自信心，同时也可以作为未来评估的参考依据。

(8)寻求专业意见。如果可能的话，寻求职业规划专家或职业顾问的意见。他们可以为你提供有关学涯计划实施情况的更具体和专业的评估。

通过以上方法，可以更好地评估学涯计划的实施情况，了解计划的进展和存在的问题，以便进行必要的调整和改进。持续的评估和调整是确保学涯计划有效实施的关键。

三、设计学涯计划的工具

1. 自我评估工具

(1)兴趣量表。例如，Strong Interest Inventory 和 Holland's Interest Inventory 可以帮助你确定自己的职业兴趣领域。

(2)价值观问卷。例如，Values in Action Inventory of Strengths 可以帮助你确定自己的核心价值观和个人优势。

2. 技能评估工具

可使用在线工具来评估和识别你的技能。

3. 目标设定与跟踪工具

(1)SMART 目标设定法：用于设定具体、可衡量、可达成、相关的和时限明确的目标。

(2)电子日历或计划表。用于跟踪和安排你的任务和活动。

4. 反馈工具

(1)360 度反馈。通过上级、同事、朋友或家人等获得多角度的反馈，了解你的优点和需要改进的领域。

(2)SWOT 分析。用于分析你的优势(Strengths)、劣势(Weaknesses)、机会(Opportunities)和威胁(Threats)。

5. 数据与信息收集工具

(1)电子笔记应用。如 Evernote 或 OneNote，用于记录和整理笔记、想法和计划。

（2）学习管理或课程管理系统。例如，Moodle 或 Canvas，跟踪你的学习进度和成绩。

6. 生涯规划软件与应用程序

（1）iGrad。这是一个针对大学生和职场新人的职业规划软件。

（2）Zumper。这是专门为职业生涯中期的人设计的职业规划应用。

（3）LinkedIn Learning。LinkedIn Learning 提供了各种职业技能的在线课程和证书。

7. 专业评估工具与咨询服务

（1）心理测评工具。如 MBTI、Big Five Personality Traits 等，帮助你了解自己的性格特点和工作风格。

（2）职业咨询师或教练。职业咨询师或教练可以提供一对一的咨询和指导，帮助你深入了解自己的职业兴趣、能力和目标。

8. 项目与实习评估表

（1）项目经验评估表。用于评估你在项目中承担的角色、取得的成就和学习到的技能。

（2）实习反馈表。收集上级、同事和客户的反馈，以了解你在实习中的表现和收获。

9. 社交媒体追踪与网络分析工具

（1）社交媒体追踪工具。例如，Mention 或 Sprout Social，用于监测你的在线声誉和影响力。

（2）网络分析工具。例如 OKR（Objectives and Key Results），目标与关键成果法，O 即 Objectives，是我们在学业规划中想要实现的目标/理想；KR 即 Key Results ，是为了实现我们的 Objectives 而制定的关键性成果节点，通过这个节点，我们可以将看似遥远的学业目标，进行量化处理，让其具有可执行性与可实现性。

在评估学涯计划时，可以根据自己的需要选择合适的工具，并结合自我反思、反馈和实际成果来全面评估计划的实施情况。通过持续的评估和调整，确保学涯计划的有效性，从而促进个人职业发展。

职业课堂

职业教育多样化人才

职业人才，即参与社会分工，自身具备较强的专业知识、技能和素质等，能通过为社会创造物质财富和精神财富，获得合理报酬，并在满足自我精神需求和物质需求的同时，实现自我价值最大化的这类群体。

人才的多样性是客观存在的，也是社会的客观需要，人天生就有差异，这种差异决定着人才的差异，只有承认人才的差异性，才能允许学生个性发展，发挥学生的潜能。社会是一个巨大的机体，该机体必须健康有序地发展和进步，任何有益于社会的职业、岗位都不能缺少，若缺少某一岗位，能胜任某一岗位的人越来越少，这个机体(社会)就会发生故障。但每个人都不可能胜任所有的岗位，这就是社会对人才多样化的要求。人才有不同之处，但没有贵贱之分，任何对社会有益的职业都是不可或缺的，每一个人都以对社会有贡献而自豪，对社会有贡献的人都应该受到社会的尊敬。

职业教育是"发展服务、促进就业"的教育类型，担负着面向生产、建设、服务、管理一线培养所需技术技能人才的使命。职业人才的多样性是显而易见的，因此，我国积极调整职业教育水平、布局结构以及培训期限和方式，坚持多样化、灵活、不拘形式的培训方式，强调产教融合、校企合作、工学结合，实行"岗训赛证"融通，加强实践教学，要求半年以上岗位实习，授课教学利用实景岗位、虚拟岗位、真实项目、仿真项目，实行模块化、项目制、情景式教学，倡导让学生尽快适应岗位，逐步注重知行，整合学业。这种教学模式培养出来的学生，责任感强，适应性好，能力强，不辞劳苦，善于沟通，深受雇主青睐。

当前，全球经济发展正由工业经济向知识经济转变，这对劳动者的素质提出了新的要求，即职业技能人才的培养要适应经济发展水平的需要。对我国来说，在当前社会和岗位需求呈现多样性、变化极快、升级转型加快的背景下，职业教育担负着为企业培养更多符合要求的优秀技术技能人才，职业教育多样化人才应运而生。多样化人才又称非标准化人才，职业教育以培养技术技能人才为中心，主体是各类企业在实体岗位上的就业、立身、晋升，接受教授的课程安排和教育流程，而不是教育行政主管部门制定的方案和规程，根据市场需求进行教育、培养。

职业教育对于受教育人群来说，存在着水平和类型的差异。学历教育包括中职、高职专科、高职本科，甚至职业教育研究生。

专家指出：职业教育人才观、教育观和质量观影响其健康发展。职业教育人才应具有"兼容性""倾向性"和"伸缩性"，职业教育教学过程要关注"人性"，教学学习要注重"隐性"，教学内容要加强"术性"，职业教育质量应具有适应性、多样性和复合性。职业人才的培养注重从工具主义到以人为本、从单一技能培养到综合能力培养、从职业维持到创业能力培养、从技术到人文精神培养的变迁，这是职业教育变革的方向。

任务打卡

➢课堂讨论：

请简述学涯计划的评估方法。

➢能力养成：

分小组展示自己使用评估工具测评自己的学涯计划的实施情况。

生涯故事

项目总结

随着教育程度的普及和市场竞争的日益激烈，学涯规划在个人发展中的重要性逐渐凸显。本项目旨在帮助学生或职场新人制订有效的学涯计划，提高职业竞争力，实现个人职业目标。

通过任务1，我们学习了相关法律法规，可以更好地保护自己的权益，避免在工作中遇到法律风险。

通过任务2，我们学习了制订一份具体的、可行的学涯计划，包括学习内容、时间安排、目标设定等。

趣味测试

通过任务3，我们学会了如何反馈评估个人能力，如何定期回顾和评估学涯计划的实施情况，如何收集反馈，总结经验教训。

通过本项目，我们深入了解了学涯规划的重要性，掌握了制订学涯计划的步骤和方法，提高了自我认知和职业规划意识。同时，也培养了资源整合能力、行动能力和反馈评估能力。

项目8 设计职业生涯

项目指南

明确而合适的目标,是一个人职业生涯中的灯塔,可以指引其走向成功。成功与不成功的人差别在于:成功的人可以无数次修改方法,但绝不轻易放弃目标;与之相反,不成功的人总在修改目标,就是不改方法。法国著名作家蒙田曾说:"灵魂若找不到确定的目标就会迷失。"无数事实证明,一个人能否成就一番事业,很大程度上取决于有无一个正确而恰当的人生目标。没有人生目标或人生目标选择不正确,将使人浑浑噩噩、一事无成。在生涯规划制定过程中,目标就像是一艘船的舵手,掌控着方向;行动计划像船上的水手,只有相互配合,一环扣一环才能使船快速前进。在行进过程中,有时会遇到风浪,可能会把船吹得偏离方向,这时就需要重新确定正确的方向,否则会沿着错误的方向越走越远,永远也不能到达理想的目的地。

学习目标

1. 掌握如何制定个人生涯规划的技巧,制订切实可行的行动计划,包括职业发展路线选择、职业选择以及相应的教育和培训计划。
2. 培养人际交往能力,提升思维分析、工作与组织协调能力,增强个人综合能力。
3. 培养自我管理能力,确保行动计划的顺利实施,逐步实现个人生涯规划目标。

任务1 设计合理的生涯规划

任务知识点

一、职业生涯规划的内涵

"生涯"是个人终其一生所扮演角色的整个过程,生涯的发展是以人为中心的。那么什么是职业生涯规划呢？职业生涯规划是指个人发展与组织发展相结合，通过对职业生涯的主客观因素分析、总结和测定，确定一个人的奋斗目标，并为实现这一职业目标而预先进行生涯系统安排的过程。职业生涯规划也被称作职业生涯设计，分个人职业规划（设计）和组织职业规划（设计）两个方面。职业生涯规划其实就是自我追求职业生涯发展道路的过程。

二、设计职业生涯规划的步骤

（1）设定正确的职业理想和明确的职业目标。职业理想在人们职业生涯设计过程中起着调节和指南的作用。一个人选择什么样的职业，以及为什么选择该职业，通常都是以其职业理想为出发点的。任何人的职业理想必然要受到社会环境、社会现实的制约。社会发展的需要是职业理想的客观依据，凡是符合社会发展需要和人民利益的职业理想都是高尚的、正确的，并具有现实的可能性。大学生的职业理想更应把个人志向与国家利益和社会需要有机地结合起来。

（2）进行正确的自我分析和职业分析。首先，要通过科学认知的方法和手段，对自己的职业兴趣、气质、性格、能力等进行全面认识，清楚自己的优势与特长、劣势与不足。避免设计中的盲目性，达到设计的适当性。其次，现代职业具有自身的区域性、行业性、岗位性等特点。要对该职业所在的行业现状和发展前景有比较深入的了解，比如人才供给情况、平均工资状况、行业的非正式团体规范等，还要了解职业所需要的特殊能力。

（3）构建合理的知识结构。知识的积累是成才的基础和必要条件，但单纯的知识数量并不足以表明一个人真正的知识水平，人不仅要具有相当数量的知识，还必须形成合理的知识结构，没有合理的知识结构，就不能发挥其创造的功能。

（4）培养职业需要的实践能力。综合能力和知识面是用人单位选择人才的依据。一般来说，进入岗位的新人，应重点培养满足社会需要的决策能力、创造能力、社交能力、实际操作能力、组织管理能力和自我发展的终身学习能力、心理调适能力、随机应变能力等。

（5）参加有益的职业训练。职业训练包括职业技能的培训，对自我职业的适应性考核、职业意向的科学测定等。可以通过“三下乡”活动、大学生“青年志愿者”活动、毕业实习、校园创业及兼职、模拟性职业实践、职业意向测评等进行职业训练。

职业课堂

四次工业革命

第一次工业革命。标志：珍妮纺纱机的发明。发源地为英国。这是由水力和蒸汽动力推动的工业革命，人类从此进入蒸汽时代。

第二次工业革命。标志：电力和内燃机的发明。发源地为美国。此次革命由电力推动大规模生产和装配线，人类从此进入电气时代。

第三次工业革命。标志：原子能和计算机的发明。发源地为美国。人类从此进入信息时代和科技时代。

第四次工业革命，亦称工业4.0，它继承第三次工业革命的成果，采用计算机和自动化技术，通过以数据和机器学习为动力的智能和自主系统来提高新一次工业革命的水平。它将融合物理、数字和生物领域的新技术，这将对所有的学科和行业产生极大的影响。它是以互联网产业化、工业智能化、工业一体化为代表，以人工智能、清洁能源、无人控制技术、量子信息技术、虚拟现实以及生物技术为主的全新技术革命。第四次工业革命的发源地为德国、美国、中国等科技大国。它是继蒸汽技术革命、电力技术革命、信息技术革命后的又一次科技革命。现在，只要我们环顾四周，就知道第四次工业革命已经在路上！

截至2018年，旧金山、东京、北京和新德里先后成立了第四次工业革命中心，同时，世界经济论坛第四次工业革命中心成立。至少100个国家和地区已经开始了一场为工业4.0做好的竞赛。

德国被公认为第四次工业革命的先驱，它以强大的教育成果、先进的技术培训计划、高素质的现有劳动力和经过证明的创新能力脱颖而出。德国正在加快制定自己的标准，随着工业4.0在2011年的推出，德国成为最先加强产品、价值链和商业模式的数字化和互联互通，推动数字制造业向前发展的国家之一。另一个主导制造业的国家是美国。美国在生产要素驱动因素方面和创新能力、人力资本等方面处于领先地位，目前处于围绕第四次工业革命新兴技术的主要发展前沿。在过去的20年里，我国已经从生产低成本产品发展到生产更先进的产品。然而，由于规模大，不同地区的发展水平不同，所以，整体的平均准备水平不高。2015年，我国开始提升中国制造业向高质量发展，开始了产业转型升级。同时，全球第二人口大国、增长最快经济体之一的印度迈向工业4.0，成为全球制造中心的意图是显而易见的。

下面九项技术被认为是工业4.0的主要组成部分：

1. 大数据与分析。随着计算能力的增强，我们现在可以实时分析大量的数据。从生产设备和系统等收集的数据，以及从企业和客户管理系统收集的数据，都需要进行整理，最终成为支持实时决策的标准。大数据还将决定企业的重大决策，因为它在本质上更具预测性，能够洞察因果关系、未来趋势和行为。数据集的互操作性、标准数据格式和数据安全问题是挖掘大数据潜力需要解决的关键问题。另外，目前的分析能力与数据生成速度之间的“分析差距”也需要缩小。

2. 自动机器人。制造业对提高其生产力的需求首先推动了工业4.0的发展。因此，制造业也将是第一个拥有机器人的行业，这些机器人将在自身和人类之间进行协调，以扩大现有的生产能力和效率。

3. 模拟。利用实时数据，在虚拟模型中反映物理世界。该模型旨在帮助用户在虚拟模型中测试活动，以便根据时间、成本和总体效率提前调整，以应对现实中的变化。

4. 水平和垂直系统集成。目前，单个任务通常与制造流程中的其他任务不相衔接。为了使流程自动化，这些任务需要相互联系在一起，以抢占需求并为突发事件、同步活动、优化资源甚至可能与框架之外的系统通信做好准备。它的目标是跨越整个价值链、公司、部门、职能和能力来创建一个更具凝聚力的网络。跨系统的通用数据集成和互操作性旨在真正实现整个价值链的自动化。

5. 物联网。物联网使更多的设备通过嵌入式计算实现相互“交谈”。这种通过集中控制器进行的通信还将分散分析和决策，从而实现更多的实时响应。这一领域在短期内实现了快速增长，反过来又转化为更大的机遇。

6. 网络安全。设备的连接性增强，以及开放网络中数据的不断流动，使得系统容易受到恶意软件和间谍软件的网络威胁。识别这些威胁并保护数据对维护工作协议和系统的完整性以及数据本身的保密性非常重要。因此，新的数据和系统保护机制分支已经发展到可以保护虚拟世界的程度。

7. 云计算。如软件开发平台、服务器、存储和软件等服务在互联网上的使用，通常被称为“云”。系统之间的数据共享和功能将超越站点和公司边界，将通信和反应时间缩短到几毫秒，这极大地促进更多用于生产和服务集成的数据驱动服务。

8. 增材制造。最常见的例子是 3D 打印，用于模型制作和小规模生产领域。这一领域的长足发展对生产小批量的定制产品很有吸引力，这些定制产品优势明显，例如，可以使用不同的材料，并将复杂轻型的设计变为现实。

9. 增强现实。增强现实技术还处于发展阶段，在公众中的应用才刚刚起步。它在真实的特性之上添加了一个虚拟层以提供更多的信息和维度，增强理解和可视化。预计它将为工人和用户提供更广泛的用途，为改进决策和工作程序提供实时信息。

与以往工业革命不同的是，在过去工业革命中，技术的进步导致了对当时经济的全面改革，而在这次革命中，个人技术和一体化系统正在一起创造一个所有国家都渴望的生态系统，并最终跨越到第四次工业革命中去。工业 4.0 时代关乎的不仅仅是竞争问题，更是在瞬息万变的全球动态中的生存问题。

任务打卡

拓展阅读

➤课堂活动：

分小组讨论什么是生涯规划。

➤能力养成：

自己设计一份生涯规划书。

任务 2　制定有效的职涯发展通道

任务知识点

一、什么是职涯发展通道？

职涯发展通道是职业发展理论的一个重要组成部分，也是职业发展管理的核心。在职业生涯设计时，大学生要根据社会和职业发展的具体要求，将已有知识科学地重组，建构合理的知识结构，增强获取和管理职业通道的能力。

二、如何制定职涯发展通道？

1. 提高职业能力

职业能力是指实现优秀工作绩效表现出的行为，也是推动实现职业绩效所需的态度、知识、技能的总和，主要指创新能力和独立工作能力。从毕业生就业反馈来看，现代职业对毕业生的知识结构共性要求是扎实的基础知识，这是厚积薄发的前提；足够的专业知识，是能上岗的条件；熟练的专业技能，是实现职业生涯目标的关键；培养职业需要的实践能力，参加有益的职业训练，具备良好的道德修养和健康的心理素质，是职业生涯的基础。

2. 分析职业发展环境

分析职业发展环境是一个全面而复杂的过程，需要综合考虑多个方面的因素。通过深入分析社会环境、职业所处的行业环境、企业内部环境及岗位要求等因素，可以更准确地把握职业发展的机遇和挑战，为个人职涯发展通道提供有力支持。

职业课堂

现代化经济体系的“四梁八柱”

四梁八柱一词源于中国古代传统的一种建筑结构，靠四根梁和八根柱支撑着整个建筑，四梁八柱代表了建筑的主要结构。在党的最新理论成果中，“四梁八柱”是形象的比喻，强调我们的改革要有一个基本的主体框架。

我国经济的“四梁八柱”是什么？党的最新理念成果“四梁八柱”主要体现在实现中华民族伟大复兴的中国梦、统筹推进“五位一体”总体布局、协调推进“四个全面”战略布局、新发展理念、社会主义核心价值观、经济发展新常态、供给侧结构性改革、“一带一路”、构建以合作共赢为核心的新型国际关系和“人类命运共同体”等十大方面，这十个方面的每个方面都与经济息息相关。这十个方面是党中央治国理政新理念新思想新战略的基础性、标志性的重要思想、重大战略，是构成党的最新理论成果的“四梁八柱”，为我们向新的奋斗目标前进提供了基本依据。

1. 实现中华民族伟大复兴的中国梦。到中国共产党成立 100 年时，实现全面建成小康社会的目标，到中华人民共和国成立 100 年时，实现建成富强民主文明和谐的社会主义现代化国家的目标。

2. “五位一体”总体布局。经济建设、政治建设、文化建设、社会建设和生态文明建设。

3. “四个全面”战略布局。全面建成小康社会、全面深化改革、全面推进依法治国、全面从严治党。

4. 新发展理念。创新、协调、绿色、开放、共享的发展理念。

5. 社会主义核心价值观。国家层面的价值目标，富强、民主、文明、和谐；社会层面的价值取向,自由、平等、公正、法治;公民个人层面的价值准则,爱国、敬业、诚信、友善。

6.经济发展新常态。其主要特点为速度,从高速增长转为中高速增长;结构,经济结构不断优化升级;动力,从要素驱动、投资驱动转向创新驱动。

7.供给侧结构性改革。其根本目的是提高社会生产力水平,落实好以人民为中心的发展思想;在适度扩大总需求的同时,去产能、去库存、去杠杆、降成本、补短板;从生产领域加强优质供给,减少无效供给,扩大有效供给,提高供给结构适应性和灵活性,提高全要素生产率,使供给体系更好适应需求结构变化。

8.“一带一路”。丝绸之路经济带重点畅通中国经中亚、俄罗斯至欧洲(波罗的海);中国经中亚、西亚至波斯湾、地中海;中国至东南亚、南亚、印度洋。21世纪海上丝绸之路重点方向是从中国沿海港口过南海到印度洋,延伸到欧洲;从中国沿海港口过南海到南太平洋。合作重点以政策沟通、设施联通、贸易畅通、资金融通、民心相通为主要内容。

9.新型国际关系。建立平等相待、互商互谅的伙伴关系。坚持多边主义,不搞单边主义;要奉行双赢、多赢、共赢的新理念,扔掉我赢你输、赢者通吃的旧思维。营造公道正义、共建共享的安全格局。摒弃一切形式的冷战思维,树立共同、综合、合作、可持续安全的新观念。谋求开放创新、包容互惠的发展前景。促进和而不同、兼收并蓄的文明交流。构筑尊崇自然、绿色发展的生态体系。

10.“人类命运共同体”。“对话而不对抗,结伴而不结盟”的政治新道路。“大河有水小河满,小河有水大河满”的经济新前景。“命运与共、唇齿相依”的安全新局面。“并育而不相害”的文明新气象。

任务打卡

拓展阅读

➤课堂活动:

了解“职位”“工作”“职业”“职业生涯”的含义。

➤能力养成:

制定符合自己的职业生涯发展通道。

任务3 优化目标达成的行动计划

任务知识点

一、制定行动计划的步骤

在制定好职业生涯目标与发展通道后,行动成为最关键的环节。没有行动,一切都是“没有用的”,更谈不上事业的成功。这里所指的行动,是落实目标的具体措施,包括工作、训练、教育、轮岗等。具体地讲，可以在工作和潜能开发方面多下功夫、多做准备。

（1）未雨绸缪，制订一份详细的行动计划。在校大学生制订的行动计划可包括专业学习、技能训练、顶岗实习、职业软技能培养等方面。

（2）自律与约束，落地生根。制订行动计划的目的在于约束个人的行为，使个人的行为不会偏离自己设定的目标。一个好的行动计划必须能够明确回答三个问题，即做什么、怎么做、何时做。这就相应地形成了行动计划包含的三个基本内容，即任务、措施和步骤。行动计划制订完成后，必须严格按照计划实施。

二、如何动态优化行动方案？

1. 方案一：立足本行业，谋求更高发展

（1）第一步，短期目标，稳扎稳打，立足现有岗位求发展。在求学和求职阶段，在现有岗位上充分学习、全面掌握相关专业技能。在此之后，转换工作环境，如可以有计划地离开目前的小公司，在大中型企业谋求初级岗位。值得注意的是，转到较大企业的任职初期，薪水或许得不到较大提升，但只要企业的文化氛围对自身职业技能的发展有利，也就达到了转换职业环境，进一步谋求发展的目的。

（2）第二步，中期目标，尽快成为行家。中期目标是成为相关职业的专家，能熟练运用第二门语言，拓宽知识技能，为实现下一目标做准备。

2. 方案二：积累知识、财富及社会经验，寻找机会创业

在某行业中，你要有足够的兴趣，有自己创业的愿望，再优化行动方案，思考如何实现“三步跳”。例如，想要跻身健身行业成为老板，就需要制定“三步走”的行动规划。

（1）第一步，短期目标，应聘于一家较大的公司的相关岗位。初期的工资可能会低一点，无须太过介意，要在公司站稳脚跟，争取在短期内熟悉公司的相关管理流程。

（2）第二步，中期目标，积累相关经验，积累行业信息。在做好日常工作的前提下，注意积累健身行业信息，掌握公司运作细节。为达到这一目的，可在业余时间兼职做健身教练，为日后的经营管理打下基础。

（3）第三步，长期目标，完成经验积累自己当老板。积累知识、经验和财富，处处做有心人。在完成了上述两步规划之后，可尝试自己创业当老板，进入新的发展通道。

职业课堂

新时代的奋斗目标和战略布局

党的十九大综合分析国际国内形势和我国发展条件，对决胜全面建成小康社会提出了明确要求，将实现第二个百年奋斗目标分为两个阶段安排。从 2020 年到 2035 年，在全面建成小康社会基础上，再奋斗 15 年，基本实现社会主义现代化，到 21 世纪中叶把我国建成富强民主文明和谐美丽的社会主义现代化强国。这是新时代中国特色社会主义发展的重要奋斗目标和战略安排。

根据发展阶段制定发展战略，是我们党治国理政的一条重要经验。中国特色社会主义进入新时代，党的十九大根据新的发展形势和时代要求，明确提出既要全面建成小

康社会、实现第一个百年奋斗目标，又要乘势而上开启全面建设社会主义现代化国家新征程，向第二个百年奋斗目标进军。这一具有连续性和前瞻性的战略安排，是在科学把握时代趋势和国际局势重大变化，科学把握世情、国情、党情深刻变化的基础上做出的。改革开放以来我国经济社会的发展进步，特别是十八大以来党和国家事业发生的历史性变革，国际环境发生的新变化和发展趋势，中国共产党人的历史使命，都是做出这一战略安排的重要依据。

新的奋斗目标和战略安排，具有鲜明的实践特色和深远的历史意义。它描绘了从现在起到21世纪中叶我国现代化建设的宏伟蓝图，与时俱进地擘画了我国社会主义现代化建设的时间表和路线图，为中国巨轮在奔腾不息的历史长河中立起了新航标，为实现中华民族伟大复兴的中国梦吹响了集结号。依照这一战略安排，“基本实现现代化”的奋斗目标将提前15年实现，“社会主义现代化国家”将被“社会主义现代化强国”取代，“美丽”将成为衡量社会主义现代化强国的重要维度。所有这些新谋划新部署都彰显了我们党解放思想、实事求是、与时俱进的政治品格，体现了我们党对社会主义建设规律认识的不断深化。

十九大后，根据《中共中央关于制定国民经济和社会发展第十四个五年规划和二〇三五年远景目标的建议》，国家编制和发布的《中华人民共和国国民经济和社会发展第十四个五年(2021—2025年)规划和2035年远景目标纲要》，阐明了国家战略意图，明确了政府工作重点，用以引导规范市场主体行为，是我国开启全面建设社会主义现代化国家新征程的宏伟蓝图，是全国各族人民共同的行动纲领。

其中，新型基础设施建设首次写入了国家规划。新型基础设施建设(简称：新基建)，主要包括5G基站建设、特高压、城际高速铁路和城市轨道交通、新能源汽车充电桩、大数据中心、人工智能、工业互联网七大领域，涉及诸多产业链，是以新发展为理念，以技术创新为驱动，以信息网络为基础，面向高质量发展需要，提供数字转型、智能升级、融合创新等服务的基础设施体系。

任务打卡

拓展阅读

➤课堂讨论：

你是否已经做好成为一名职业人的准备？

➤能力养成：

制订合理的行动计划。

项目总结

通过完成本项目的三个任务，我们深入了解了如何设计职业生涯，怎么样制订有效的职涯发展计划，如何优化达成目标的行动计划，这些任务让我们对设计职业生涯有了更全面、更深入的认识。

通过任务 1，我们了解了如何设计职业生涯，为个人职业规划提供了参考。

通过任务 2，我们掌握了职涯发展通道的概念，学习了如何制订职涯发展通道。

通过任务 3，我们了解了怎样优化目标达成的行动计划，学习了动态优化行动方案。

总之，通过完成本项目，我们全面而深入地认识了自己所选职业生涯的发展趋势，为制定职业生涯规划和求职策略提供了有力的支撑和指导。同时，我们还提高了自己的竞争力和适应力，以便更好地应对职业环境中的变化和挑战。

趣味测试

项目9 实施成长行动

项目指南

做好职业生涯规划是我们选择和发展职业生涯最重要的一个步骤。本项目将介绍如何分析个体现状与目标差距、如何制订个人能力提升计划，以及如何建立个人职业顶端优势。通过对本项目三个任务的实施和完成，我们可以更加全面地提升自己各方面的能力，并能够根据大环境的变化，制定适合自己的职业目标，帮助自己更好地去适应社会的大环境，并得到快速的成长。

学习目标

1. 通过学习 SMART 分析法、PEST 模型等，了解个人现状，分析现状与目标之间的差距，对目标进行修订，从而制定出更加适合自己的职业目标。

2. 通过提升学习能力、人际交往能力、思维分析能力、工作能力、组织协调能力，提高个人自身的综合能力。

3. 在提升个人能力的基础上，通过学习理论知识、夯实专业技能、加强专业实践，更好地认识职业能力和专业技能，建立属于自己的个人顶端优势，实现个人的成长。

任务1 分析个体现状与目标差距

任务知识点

一、个体现状的概念及其意义

1. 个体现状的概念

在大学生职业生涯规划中，个体现状是指个体在教育、技能、兴趣、价值观、个性特点、人际关系、家庭背景和经济状况等方面的综合表现。个体现状反映了个体在职业生涯发展过程中的起点和基础。因此，我们在进行个体现状分析的时候，可以从以下几个方面来考虑：

(1)教育背景。包括所学专业、学历、成绩等，这些因素会影响个人在求职市场的竞争力和发展潜力。

(2)技能和能力。包括专业知识、实践能力、沟通能力、团队协作能力等，这些能力是个人在职场中取得成功的关键。

(3)兴趣爱好。了解自己的兴趣爱好有助于找到与自己兴趣相符的职业，从而提高工作满意度和职业成就感。

(4)价值观和人生目标。明确自己的价值观和人生目标，有助于选择与自己价值观相符的职业，实现职业生涯的长远发展。

(5)个性特点。了解自己的性格特点、优点和不足，有助于选择适合自己的职业发展方向，提高职业适应性。

(6)人际关系。分析自己在人际交往中的优势和劣势，有助于提高人际沟通能力，拓展人脉。

(7)家庭背景和经济状况。家庭背景和经济状况会影响个人的就业选择和职业发展路径，需要在职业生涯规划中充分考虑。

(8)健康状况。保持良好的身体健康状况，有助于应对职业生涯中的各种挑战，实现职业生涯的持续发展。

2. 分析个体现状的意义

个体现状在职业生涯规划中是最基础的，也是做好职业规划的起点。如果自己对自己所处现状不够了解，或者自视过高，很容易遭遇碰壁或者失败；如果自己认为自己的现状处于劣势，也会导致自己信心不足、犹豫不决，从而错失良机。因此，分析个体现状是职业生涯规划得以实施的必要条件。

(1)分析个体现状有助于了解优劣势，明确职业发展方向。

个体是做出职业生涯规划的主体，通过分析个体现状，个人可以更清晰地认识到自己在各方面的优势和劣势，为制定合适的职业生涯规划提供依据。同时，分析个人现状有助于找到自己的兴趣点，了解自己的能力所在以及与价值观相符的职业方向，从而实现职业生涯的长远发展。

(2)分析个体现状有助于提高职业竞争力和适应性。

我们在进行个体现状分析时，通过分析自身知识储备、所学技能等，会发现自己存在的不足之处，从而有针对性地进行学习和提升，提高自己在职场中的竞争力。

除此之外，分析个体现状也能帮助我们更好地了解自己的性格特点和适应能力，从而选择适合自己的职业发展路径，提高职业适应性。

(3)分析个体现状有助于扩展人脉资源，实现职业生涯目标。

我们能够通过对个体现状的分析了解到自己在人际关系方面的优势和劣势。充分发挥自己的优势，规避劣势，帮助我们提高人际沟通能力，扩大人脉资源，为职业生涯发展创造更多机会。在此基础上，制定出切实可行的职业生涯规划，为实现个人职业生涯目标奠定基础。

二、分析个体现状的常用方法

1. SMART 分析法

SMART 是明确性(specific)、可衡量性(measurable)、可达成性(attainable)、相关性(realistic)和时限性(time-based)的首字母缩写。SMART 分析法是指个体在分析现状制定职业目标时,按照 SMART 分析法确定准则,建立科学有效的目标。

(1)明确性。明确性,即尽可能把目标制定得明确、具体一些,包括遇到的问题或关心事情的实质内容。

(2)可衡量性。可衡量性,即制定的目标应该是可以量化的、能度量的,这样可以帮助人们跟踪进度并检查他们是否实现了目标。

(3)可达成性。可达成性,即要确保制定的目标是在可实现范围内的。

(4)相关性。相关性,即目标与目标之间应相互关联,确保能够实现最终目标。

(5)时限性。时限性,即每个目标需要有合理的执行时间段。没有时限性的目标大多是低效的。

2. PEST 模型

PEST 模型是一种常用的宏观环境分析工具,通过分析政治(political)、经济(economic)、社会(social)、技术(technological)四个方面的因素,个人可以了解外部环境对职业发展的影响。

(1)PEST 对职业规划的影响

①政治因素。政治因素主要指政府政策和法律对职业发展的影响。政府政策的变化可能会影响某些行业或职业的需求和发展。政府对某些行业提供优惠政策或支持,会促进这些行业的发展,从而产生更多的就业机会。而某些政策的限制或变更可能会导致某些行业或职业的就业机会减少。因此,了解政治因素对职业发展的影响,可以在职业规划中做出合理的选择。

②经济因素。经济因素主要指经济发展对职业发展的影响。经济的繁荣与衰退、人们消费能力的提高与降低都会影响就业市场的需求和就业机会的变化。在经济繁荣时期,就业机会相对较多,薪资增长可能较快;而在经济衰退时期,就业市场竞争加剧,就业机会变少,薪资增长可能较慢。因此,了解经济因素对职业发展的影响,可以在职业规划中做出相应的调整和决策。

③社会因素。社会因素主要指社会文化和价值观对职业发展的影响。社会的变迁和人们对不同职业的需求和偏好的改变,会直接影响不同职业的就业前景和发展机会。例如,在环保意识提高的背景下,在与环境保护相关的行业可能会获得更多的就业机会和发展空间。因此,了解社会因素对职业发展的影响,可以选择与自己价值观相符合的职业方向。

④技术因素。技术因素主要指科技创新对职业发展的影响。随着科技的不断进步,一些新兴的职业相继出现,而传统的职业可能会面临被自动化替代的风险。因此,了解技术因素对职业发展的影响,可以帮助个人及时适应科技发展的趋势,并选择能够与科技结合的职业方向。

(2)使用 PEST 模型进行职业规划的步骤

在使用 PEST 模型进行职业规划时,可以按照下面的步骤进行:

①研究政治因素。了解政府的相关政策和法律,以及其对职业发展的影响。

②分析经济因素。关注经济的发展趋势和就业市场的供需状况,以及其对职业发展的影响。

③考察社会因素。了解社会对不同职业的需求和偏好,以及其对职业发展的影响。

④探讨技术因素。关注科技的发展趋势和在各个行业中的应用,以及其对职业发展的影响。

⑤综合分析结果。根据对 PEST 模型各个因素的评估,综合分析外部环境对职业发展的影响,并对自己的职业规划做出相应的调整和决策。

三、分析差距及制订计划的步骤

1.分析差距

实现目标的过程就是缩小差距的过程,只有明确差距,才能采取有效的行动。无论是大一新生,还是即将毕业的学生,都要做这样的差距分析。弥补差距,就是我们奋斗的目标。我们可以从三个角度分析差距,一是知识角度,二是素养角度,三是经验角度。

(1)知识角度的差距分析

知识包括知识结构和知识基础两方面内容。每个大学毕业生,在毕业求职时,都会向用人单位提供一份成绩表。这一份成绩表,既包括大学所有必修课的成绩,又包括所有指定选修课的成绩,还包括参加的公选课的成绩,这些可以反映出你具有怎样的专业知识基础。当然,用人单位也会采取笔试、面试的方式来考查学生的基础知识结构,以及在专业知识之外,是否对知识结构进行了拓展。那些在本专业之外,又辅修了其他专业的学生,显然就更具有优势。

(2)素养角度的差距分析

职业素养是一个人持续成长的基石,关系到你以后在用人单位的成长。在中央电视台与智联招聘联合举办的《绝对挑战》栏目校园招聘研讨会上,用人单位的招聘负责人对单位用人理念和毕业生就业中存在的问题进行了交流。他们一致认为,成绩、专业知识和经验不是阻碍大学生就业的最大难题,职业规范和职业意识等职业素养才是大学生最缺乏的。

(3)经验角度的差距分析

我们无法责怪用人单位的"急功近利",要求招聘的人才具备一定的经验,一进公司就能"上手",就能派上用场,这是市场的需求。所以,拥有一定工作经验和动手实践能力的大学生,在竞争中就具有一定的优势。有调查表明,超过 60%的大学生进入用人单位之后,需要用两年甚至更长的时间来适应职场,这就是他们缺乏工作经验所致的。他们不知道怎样与人打交道、怎样与人合作、怎样完成领导交办的工作、怎样融入公司的文化价值观之中,做一名合格的职场人士。

因此,大学生不能只顾着校园里的生活,有效的兼职、见习和实习将是学习之外的一个十分重要的课题。大学生的工作经验和动手实践能力,体现在以下几方面:一是在大学里从事过哪些勤工助学的工作；二是在大学里参加了哪些社会实践活动；三是在大学里参加了哪些教学实践活动和生产实习；四是在社会中做过什么兼职。因为在这些活动中，学生可以一定程度地知道工作与学习的不同、职场与学校的不同、同事与同学的不同、并积累动手实践能力。当然，你的实习或兼职如果是与你职业目标相关的工作岗位，那么，你的竞争力将更大。

2. 行动计划的制订与措施

制订行动计划的措施主要包括学习、工作、训练、教育、轮岗、参加社会活动、培训等项目。例如，你选择从一名财务人员做起，但是你在进行 5 年、10 年或者 20 年个人职业规划时希望成为一名理财规划师。那么，你应该问自己以下几个问题：哪些特别的培训和学习才能使我有资格做一名理财规划师？为使自己发展路上顺畅坦荡，需要排除的内部和外部障碍有哪些？我周围的人在这方面能给我帮助吗？我要到什么样的用人单位工作才能更快地实现这个目标？……

一般情况下，建议大学生先把 3～5 年的实施计划的具体方案制定出来，等到这个阶段完成了之后，根据实际情况再来规划下个阶段的具体计划。制订计划的时候要注意以下三个方面：

(1)列出完整的目标清单。

完整的目标清单应该包括详尽的职业生涯大小目标、差距清单，以及其他试图在大学里完成的目标。比如，一个立志成为船舶制造专家的大学生，他可能还想学会拉二胡和开汽车，或者把自己练成一个“型男”，等等。那么，现在就请把所有的目标任务都罗列在清单中。列出各种差距的清单，消除这些差距就是你大学生活里要奋斗的目标。

(2)确定用多长时间来完成这些任务。

比如，你的大学时光只有三年，你的目标任务却很多，那么，你就只能做出选择和放弃。比如，你的大学时光是三年，你的能力特别强，时间安排又特别合理，那么，你就可以完成更多的任务。但相对于你要完成的目标任务，大学的时光总是短暂的。所以，一个真正能够成才的大学生，是必须计算投入与产出的，是必须对时间进行合理、有效安排的。

(3)找到合适的措施

知道了任务之后，现在就要构想一下完成这些任务的措施。比如，你想拥有另外一种专业知识，那么，你可以通过自考的方式、修习第二专业的方式，或者旁听的方式，当然，也可以选择自学的方式习得。再比如，要找到一个称心的工作，你也许会采用增加实践经验的办法，或先考研究生的办法，或通过出国留学的途径来实现。所有这些就是措施。我们要找到适合我们的措施，才能实现目标。

职业课堂

中华优秀传统文化、革命文化和社会主义先进文化

习近平指出：“我们要坚持道路自信、理论自信、制度自信，最根本的还有一个文化自信”。“文化自信，是更基础、更广泛、更深厚的自信。在 5 000 多年文明发展中孕育的

中华优秀传统文化，在党和人民伟大斗争中孕育的革命文化和社会主义先进文化，积淀着中华民族最深层的精神追求，代表着中华民族独特的精神标识。”

什么是文化？余秋雨给出的定义：文化是一种成为习惯的精神价值和生活方式，它的最终成果是集体人格。什么是中国文化？中国文化是中国人形成了习惯的精神价值和生活方式。文化的最终成果是集体人格。文化经过长时间的沉淀，一定会结出一个东西来，这就是集体人格。人格指的是一个人的生命格调和行为规范，是一批人在生命格调和行为规范上的共同默契，这种共同默契不必订立，它是深入到潜意识当中形成的一种本能。

美国历史学家斯塔夫里阿诺斯在他的《全球通史》中写道：罗马崩溃之后，欧洲进入了中世纪，而中国则突飞猛进，一直是世界上人口最多、最富饶、最先进的国家。从公元6世纪到16世纪，中国文明以其顽强的生命力和对人类遗产的巨大贡献，始终居于领先世界的地位。在世界古代文明中，中华文明是唯一延续至今的文明。这是因为我们的文化优势，其实就是人格优势，是我们集体人格的优势，是我们的祖先在我们的内心种下的人格优势。

中华文化历史悠久、积淀深厚、博大精深、源远流长，上下五千年、纵横八万里，物质层面的“四大发明”、丝绸之路、浩瀚文物，精神层面的家国情怀、君子人格、魏晋风度、盛唐气象等都给世人留下了难以磨灭的记忆和印象。我们国家依靠着中华优秀传统文化成为世界上唯一传承下来的文明，传统文化是我们屹立于世界文化之林的坚固根砥。中国正处于文化大国的崛起过程中，正从文化大国走向文化强国。面对中华文化，我们应取其精华、去其糟粕，寻找一条适合自己国家文化强国发展的道路。

中国共产党已经走过100年波澜壮阔、峥嵘岁月、筚路蓝缕、矢志不渝的道路。“坚持真理、坚守理想，践行初心、担当使命，不怕牺牲、英勇斗争，对党忠诚、不负人民”的建党精神，“以史为鉴、开创未来”和“九个必须”，都是党和人民在伟大斗争中孕育的革命文化。争取民族独立、人民解放和实现国家富强、人民幸福，是中国共产党百年历史的主题和主线；“不懈奋斗史”“理论探索史”“自身建设史”，是中国共产党百年历史的主流和本质；把革命、建设、改革、复兴事业不断推向前进，是中国共产党百年历史的鲜明特征；逐步实现救国、兴国、富国、强国的奋斗目标，是中国共产党百年历史的庄严使命。百年党史蕴藏着矢志不渝奋斗的精神密码，彰显着共产党人的卓越智慧，解读着砥砺前行的制胜法宝。当今时代，环境已发生巨大变化，国内外环境日趋复杂严峻，我们比以往任何时候都更需要弘扬革命精神。

在中国特色社会主义伟大实践中，中国从刚开始不得不为之的闭关锁国，到今天的全球命运共同体，形成了我们的社会主义核心价值观、以爱国主义为核心的民族精神和以改革创新为核心的时代精神。这是一种新的文化，它不仅提升了我国自身的发展，同时对世界的发展也起到了重要作用，从北斗到空间站，从5G到物联网，从东风到歼20，无处不凸显出改革开放的成就。在两个一百年奋斗征程的新时代，习近平新时代中国特色社会主义的“四梁八柱”已经形成，国家不断进行各种改革完善，推进国家治理体系和治理能力现代化，中国已经走在了迈向中国特色社会主义现代化强国的新征程上。

文化自信是道路自信、理论自信和制度自信的内在要求和必然结果。道路自信、理论自信和制度自信都是偏外在的，而文化自信是倾向于内心和价值观。文化自信是其他三个自信的结果和目标，走这样的道路，有这样的理论，秉持这样的制度，那文化自信是必然产生的。文化自信是其他三个自信的深远目标，文化自信能使理论自信更有理性、道路自信更有行动、制度自信更有保障。同时，文化自信就是不忘历史、继往开来。要处理好继承和创新的关系，没有继承，就没有创新的基础；没有创新，就没有继承的前途，要在继承中创新，在创新中继承，只有这样，文化才能发展，文化才能做大、做强。

任务打卡

拓展阅读

➤课堂讨论：

结合自身情况，分析影响个人职业生涯的环境因素有哪些。

➤能力养成：

请运用 PEST 模型结合个人求职目标进行决策分析。

任务 2　制订个人能力提升计划

任务知识点

一、学习能力

学习能力主要指学习的方法与技巧。拥有一定的学习能力是大学生学好功课的必要条件，学习能力一般有两种提升途径：一是借鉴他人优秀的学习方式；二是在学习知识的过程中，通过不断反思和总结，找到一套对自己行之有效的学习方式，提升自身的学习能力。

1. 大学生学习能力不足的原因

(1)缺乏学习的主动性。

部分大学生已经习惯了中学时的教学模式，除了为了完成作业会在图书馆或网络中查找资料、浏览书籍外，很少会利用闲暇时间给自己“充电”，对于知识的吸收只是单纯地被动接受，对于“自身才是学习主体”这一点缺乏认识，没有养成自主学习、主动学习的习惯。

(2)缺乏自我监督和控制的手段。

大学生活丰富多彩，部分大学生缺乏自我控制能力，沉迷于诸如网络游戏等娱乐活动中,耽误学习。还有一些大学生,只有一个大概的学习目标,但是缺乏具体的学习计划、步骤来对比学习进程和检验学习效果。

(3)缺乏高目标的设置。

一些大学生仅仅将学习的目标定为通过考试,或完成学校的学业安排,没有进行深层次的自我总结和反思,在通过考试后就将知识“丢”在一边,没有做到“温故而知新”。

(4)缺乏对学习重要性的认识。

部分大学生觉得学习只是为了顺利毕业,以后工作靠的是文凭,和学习成绩没有太大的关系,所以在学习的过程中态度消极,导致学习效率低下,学习能力得不到提升。

2. 提升学习能力的方法

(1)改变学习态度,变被动学习为主动学习。

在以往的基础教育中,老师会详细地讲解每一个知识点,帮学生梳理知识结构和脉络。然而在大学阶段,由于课时有限、知识层面加深,老师不可能在课堂讲解时做到面面俱到,往往只能挑选重点来讲解。这就需要大学生有课前预习的好习惯,要把从前的被动学习变为主动求知和探索。

(2)在一定范围内,借鉴他人优秀的学习方法。

他人优秀的学习方法都具有一定的参考价值,可供学习、借鉴,但是不能将他人的学习方法生搬硬套地应用在自己身上。对他人有用的东西不一定对自己有同样的效能,所以,大学生应该在借鉴他人学习方法的基础上,结合自身因素进行改造,使之转化为自己的东西。

(3)加强自己的学习动机,坚定学习意志。

内因是事物变化发展的根据,因此要想提升自己的学习能力,关键在于个人。只有强化自己的学习动机,设置符合自身条件的目标,并坚定不移地朝之奋斗,学习能力才会在奋斗过程中一点一点地得到提升。

二、人际交往能力

人际交往能力是我们与他人交往,并建立和谐人际关系的能力。交往能力的高低将直接影响大学生的人际关系网络的建设和个人的全面发展。

1. 大学生人际交往困难的原因

根据调查结果显示,大学生最困扰的问题就是人际交往。下面将从两个方面来简析造成大学生人际交往困难的原因。

(1)自身因素。

由于当代大学生大多是独生子女,在家里集万千宠爱于一身,许多大学生以自我为中心,不懂得理解他人,不会站在他人的角度思考问题。大学生也都有自己鲜明的个性,在人际交往中,往往不知道如何恰当地表现自己,造成不同个性之间的冲突。加之每个人在成长过程中逐渐形成了自己的世界观、人生观、价值观,和他人观念的不同,如消费观念、是非判断的不同等,也可能导致交往的窘困。

(2)外部因素。

在基础教育阶段,受升学压力的影响,部分学校只重视学生文化知识的提高,忽视了学生人际交往能力的培养。到了大学阶段，由于缺乏约束力，很多大学生沉迷于网络。虽然在网络上也能结交朋友，但是虚拟的网络交往是不能替代人与人之间的现实交往的。很多大学生习惯在网络中发泄情绪、寻找精神寄托，忽视了现实生活，导致自身性格的封闭和人际交往能力的下降。

2. 提升大学生人际交往能力的方法

人际交往能力是一项很重要的能力，它在一定程度上能影响个人情绪的稳定、心理的变化，甚至是个人未来的发展走向。因此，大学生要重视自身人际交往能力的培养。以下是提升大学生人际交往能力的三种方法。

(1)正确认识自我，学会与他人相处。

要正确地分析自己的优缺点，不要一味地自以为是。在与他人交往的过程中，要多肯定他人的自我价值，在恰当的时机运用合适的表达方式对他人进行称赞，这能够促进和他人的良性交往。

(2)多参与校园活动，培养自己的交往能力。

大学里有种类众多的社团组织，大学生可以参加感兴趣的社团，结交有共同志向、爱好的朋友，这些共同点能促进友情的培养和延续。

(3)学习社会交往知识，必要时寻求辅导。

大学生可以通过阅读有关人际交往知识方面的书籍，学习如何与他人相处并了解需要注意的问题，反思自己与他人相处时的表现。大学一般都有心理咨询室，遇到实在解决不了的问题时，可以去寻求专业老师的帮助。

三、思维分析能力

思维分析是人的主观能动性，只有进行了思维分析，才能整理零碎的知识，并将整理好的系统知识转化为自身的能力。唐代韩愈曾经说过："行成于思，毁于随"，可见思维分析能力的重要性。尤其是对于大学生来说，社会竞争的加剧和知识的爆炸式增长，都需要大学生拥有良好的思维分析能力。

在国外，许多学校把思维课程放在了教学规划里，将学生的思维分析能力看作重要的技能。作为大学生，应该怎样提高自己的思维分析能力呢？下面介绍三种方法。

1. 加强对逻辑思维知识的学习

现在社会上十分看重个人的逻辑思维能力，许多考试都会有针对逻辑思维能力的考察，如研究生入学资格考试、公务员考试等。虽然很多学校和专业并没有开设与逻辑学相关的课程，但是市面上有很多与逻辑思维相关的书籍。大学生可以根据需要选择适合自己的书籍，加以自学，有条件的同学还可以参与针对逻辑思维开设的培训班。

2. 学会思考

"学而不思则罔，思而不学则殆"，在平时遇到问题的时候，不要着急去询问他人或翻阅教辅资料，要先自己动脑思考。如果实在思考不出来，在经过他人的帮助得出答案后，不要立刻把题目和答案扔在一边，而是应该思考他人的思路和解题过程，了解为什么要这么做，学习他人的思维分析过程。平时在思考过程中，多运用纵向思维，加深自己的思维深度，而不是仅仅停留在浅层的思考上。

3. 学会批判性思维

批判性思维就是在客观理性的基础上,能够思考和敢于质疑、敢于挑战。大学生在日常学习思考的过程中,要不断地尝试对问题运用"否定之否定"的规律,克服思考的片面性,以便更加全面、客观地解决问题。

四、工作能力

"读书是学习,使用也是学习,而且是更重要的学习。"这句话强调了实践与工作的重要性。随着每年毕业大学生人数逐年增多,企业挑选人才的要求越来越高,较高的工作能力成为选拔人才的标准之一。因此,较高的工作能力是每个大学生都需要具备的。

1. 大学生工作能力不强的表现

大学生工作能力不强的具体表现在以下几个方面。

(1)基础知识强,应用能力弱。大学生往往在走上工作岗位后才发现,在学校学到的知识,真正能运用到工作中的很少,很多专业技能还需要在工作中花大量时间掌握。

(2)接受能力强,决策能力弱。许多大学生有着较好的沟通能力,对工作任务内容或具体实施步骤理解得很快,但是一旦需要自己做决定,反而会举棋不定或轻率决定,缺乏自信和全面系统的思考规划。

(3)自我意识强,团队意识弱。一些大学生将与自我利益相关的东西看得很重,经常为了自己的私欲不顾大局,在团队工作中不能很好地和同事相处,不能尽快融入团体,甚至不把自己当作团队中的一员。

2. 大学生工作能力不强的原因与解决方法

下面将从三个方面对大学生工作能力不强的状况进行分析并给出相应的解决方法。

(1)缺乏对行业环境的了解。

原因:许多大学生虽然明确自己的职业定位,但是并不了解该职位具体要求的技能与能力,因此,在大学期间缺乏对这些技能与能力的针对性训练,导致步入职场后能力的匮乏。

解决方法:大学生在大学阶段就要做好符合自身因素的职业生涯规划,通过对社会环境与行业环境的分析,了解自己定位的职业目标的具体要求,再审查自身与要求之间的差距,及时采取措施学习知识、技能,弥补不足。

(2)在大学期间没有参与过实践或实习工作。

原因:实践或实习能对大学生从学生转变为职场人士起到很好的过渡作用,通过实践、实习,大学生可以增加工作能力,以便在就业后能很快地适应工作。然而,很多大学生却没有重视实践或实习工作,从而错失了锻炼自己的良好机会。

解决方法:大学生在校期间,要多关注与自己的职业生涯规划方向相关的企业发布的实习信息,争取每一个可以实习的机会来锻炼自己。

(3)缺乏团队精神与合作意识。

原因:许多大学生刚进入企业工作,急于证明自己或想要争取更多的利益,往往爱在团队里出风头,自我意识十分明显,而置团队利益于不顾。要知道,团队中的每个人都有各自的定位,只有大家将各自的能力发挥出来,才能达到"部分之和大于整体"的效果。缺乏团队精神也和大学生在学校期间的行为有关,比如,参加集体活动不积极、同学之间不能团结友爱等。

解决方法：在校期间，大学生要积极提升团队意识，自觉主动地参与到班集体的建设中，还可以通过参加丰富的社会实践活动来培养自己的团队精神。

五、组织协调能力

组织协调能力指的是根据工作要求，对资源进行合理配置，同时协调不同个体使它们相互融合，从而实现组织目标的能力。只有有较好的组织协调能力，大学生才能胜任以后的工作。大学阶段是大学生培养组织协调能力的最佳时间，因为只有在这个阶段，才有充足的时间参加各种活动，这对锻炼大学生的组织协调能力有很大的帮助。一般认为，大学生的组织协调能力可以通过以下两种方式来提升。

(1)成为班级干部。大学和以往的初高中不同，班级干部部分程度取代了老师，成为班级工作和活动的策划者、组织者。班级干部根据自身分工的不同，不仅要思考如何让班上的同学配合自己的工作，还要与其他班级干部、辅导员和学校相关部门进行及时的沟通，这极大地锻炼了大学生的组织协调能力。

(2)成为学生会成员。学生会是学生进行自我管理、教育和服务的团体组织，是连接学校和学生之间的桥梁。学生会在校团委等部门的带领下开展许多学生活动，如系列讲座、宿舍卫生评比、新生运动会和各类文娱活动。学生会成员在这些活动中自主解决出现的各类问题，自信心和能力都将得到提高。许多企业在招聘时，都喜欢录用曾在学生会工作过的优秀毕业生，因为这类毕业生有较强的组织协调能力和工作适应能力，具有普通大学生所没有的优势，能够更快、更好地融入工作环境，并且有着较高的工作效率。

职业课堂

职业教育的“四梁八柱”

教育部发布的《中国职业教育发展报告(2012—2022年)》在序言中简要地提出了职业教育的重要性，中国职业教育的发展历史以及突出贡献，特别是简述了中国特色现代职业教育的发展范式：

职业教育是国民教育体系和人力资源开发的重要组成部分。发展职业教育，已经成为世界各国应对经济、社会、人口、环境、就业等方面挑战，实现可持续发展的重要战略选择。

中国职业教育源远流长，师徒制教学有着悠久的历史，主要有父业子承、合同式学徒制、行业学徒制等形式。19世纪中叶，中国为了“自强”“求富”，一批有识之士创建了福建船政学堂等实业学校，标志着中国近代学校职业教育的正式诞生。职业教育始终与国家命运和家庭幸福紧密联系，承担着经世利民、求是致用的历史重任。

进入新时代，中国政府高度重视职业教育，把职业教育摆在经济社会发展和教育改革创新更加突出的位置。职业学校70%以上的学生来自农村，“职教一人，就业一人，脱贫一家”成为阻断贫困代际传递见效最快的方式，在中国开展脱贫攻坚、全面建成小康社会中发挥了重要作用。职业教育肩负着培养多样化人才、传承技术技能、促进就业

经过长期的实践探索，中国形成了独具特色的现代职业教育发展范式。实践表明，

创业的重任，为支撑国家产业结构转型升级、推进中国制造和服务的水平、保障民生等方面作出了突出贡献。紧跟经济社会发展需求，服务产业升级，推进产教融合、校企合作，是职业教育高质量发展的动力源；坚持扎根中国大地、立足中国国情，服务区域产业发展，是职业教育增强适应性的深厚土壤；落实立德树人根本任务，培养德技并修、手脑并用、终身发展的高素质技术技能人才，促进教育链、人才链与产业链、创新链有效衔接，促进就业创业，是提高社会贡献度和认可度的根本途径。①

《报告》在正文中，就中国职业教育改革的纪实和制度模式，记述了我国职业教育“四梁八柱”“职业教育类型定位，现代职业教育体系，职业教育内涵建设，多方协同的治理体系，职业教育的办学投入”的框架构建，以及“四梁八柱”“政府主导、多元办学，立德树人、德技并修，产教融合、校企合作，面向实践、强化能力，面向市场、促进就业，面向人人、因材施教”的制度模式。

面对国家的努力，社会层面的影响和家长、学生的认同仍需一个过程。

我国目前技术技能人才缺口巨大，虽然有些高工资的工种有很大的需求量，但现在的年轻人却不愿意选择。原因是觉得技工的工作不体面、没有前途，或有些工作的环境脏乱差，每天与油污汗臭为伍，最重要的还是得不到社会的认可。有些技术技能人才，每天用自己的汗水认真工作，但是却始终找不到社会存在感，这样长久下去，他们也不会选择让子女重走自己的老路。尤其是高级技工，技能不是一天两天就能达到的，他们需要多年的沉淀、打磨。对于一个优秀的高级技工来说，良好的心态、过硬的技术、沉稳的性格以及能在艰苦的环境中工作都是必备的能力。

要想摘掉社会上某些人的有色眼镜，尊重那些为了生活、为了国家而努力奋斗的人，就需要提高技术技能人才的社会地位。这不仅需要增加职业教育的社会影响力，也需要职业教育工作者的努力，以及技术技能学习者的勤奋。技术技能人才，特别是高级人才的光鲜是经过多年的沉淀、汗水的浇灌得来的，他们的努力理应得到社会的认可和人们的尊重与敬仰。应形成一个良好的社会氛围，让技术技能人才找到自身的价值所在，扭转偏见，唯有这样，我们才可以早日实现中华民族崛起的伟大事业。

任务打卡

➤课堂讨论：

除了本任务所讲的方法外，谈谈你对提升个人能力还有哪些较好的方法。你有何计划？

➤能力养成：

搜集提升综合素质能力的方法。结合自身情况，谈谈你身上有哪些需要提升的个人能力。

拓展阅读

---

①中华人民共和国教育部. 中国职业教育发展报告(2012—2022年)[J]. 职业技术教育，2022，43(24)：69-77.

任务3　建立个人职业顶端优势

任务知识点

一、认识职业能力

大学生在进行职业选择的时候会考虑自己的职业兴趣、职业性格、职业价值观，我们要对自己进行充分的认知及分析。除此之外，一个人的职业竞争力也是个人在进行职业选择、企业在进行人才选拔时的重要因素，它通常包括专业技术能力、实际操作能力、创新能力、团队协作能力和沟通能力。

(1)专业技术能力。不同于职业技术能力，专业技术能力是职业教育的基础，也是区别于一般高等教育的关键特征。专业技术能力包括专业理论知识、专业操作技能等。

(2)实际操作能力。实际操作能力主要体现在学生的实践技能和应用能力上。学生在校期间不仅要掌握相关的专业知识，更要能将这些知识应用于实践，解决实际问题。实际操作能力是学生将所学知识转化为生产力的核心。

(3)创新能力。创新是推动社会发展的重要动力。高职院校在培养学生专业技能的同时，还应该注重激发学生的创新思维，培养他们的创新能力。创新能力对学生未来的发展具有重要的推动作用。

(4)团队协作能力和沟通能力。在实际工作中，团队协作和有效沟通是非常重要的，这不仅关系到工作效率，也影响到工作质量。应通过团队项目、模拟实训等方式来全面认识职业能力，加强自身的团队协作和沟通能力的培养。

二、认识专业技能

专业技能是指求职者所具备的专业技术水平及能力，主要是指从事某一职业的专业能力。

专业技能是求职简历中非常重要的一部分，是企业非常关心也一定会去看的一部分。所以求职者一定要如实、详细地填写好职业技能方面的资料，将自身的综合能力展现给企业，让企业更加了解你的能力及职业素质，加大求职成功的机会。

1. 专业技能的填写

(1)擅长的。擅长是指在某方面有特长，对某些事务比较了解，做起来比较得心应手。一般是自己做过且有一定经验的事情。例如，你学的是计算机专业，擅长运用 python 编程，那么，你可以填写“擅长 python 编程”，如果用人单位有这方面的需要，便会通知你进行面试，由于是自己擅长的，一旦接受面试，被聘用的概率一般是非常高的。

(2)会做的。会做是指能做但是未达到精通的地步。例如,你希望从事 UI 设计的工作,精通 Ps,会一些简单的 JavaScript 交互程序。写出这些会做的工作,可以帮你加分。一个公司聘请员工,如果有两个水平相当的人应聘,在企业眼中,多一些技能就多一份价值,填写一些会做的辅助技能会为你赢得更多的面试和就业机会。

(3)国家职业资格证书。国家职业资格证书是在全国范围内通用的对劳动者的从业资格进行认定的国家证书。它是劳动者具有从事某一职业必须具备的学识和技能的证明,是对劳动者具有或达到某一职业要求的知识和技能的标准,是通过职业技能鉴定的凭证,是职业标准在社会劳动者身上的体现和定位。国家职业资格证书分为职业资格证书和职业技能等级证书两种。职业资格证书是进入某行业或者从事某项工作所必须具备的证书,例如,教师资格证书、护士执业证书。职业技能等级证书一般是具备某项技能的佐证材料,例如,茶艺师职业技能等级证书、母婴护理师职业技能等级证书、营养师职业技能等级证书等。职业技能等级证书一般是从事某项工作的人,随着工作年限的增加、技能的增强,通过考试被分别认证为初级、中级、高级等。现在很多企业注重资格证书,但是,填写证书的时候并不是多多益善,一般与应聘岗位相关的证书更有作用。

(4)项目经验。项目经验一般是指我们在学习、实践中参与过的实际项目,可能是我们独立完成的,也有可能是和团队一起完成的。以计算机专业为例子,你参与了多少个网站的开发,具体在这些项目中负责哪个环节,都要写清楚,是个人项目还是团队项目也需要进行阐述。对于大学生而言,如果在学校学习过程中做过项目,也可以在简历中进行描述,以此反映自己知识的掌握程度。对能通过项目经验反映个人能力的岗位,项目经验是企业在筛选简历时很看重的,所以一定要描述清楚。

2. 提升专业能力的途径与方法

(1)学好理论知识。

大学学习的理论知识更加多元,针对性和专业性也更强,对所学知识的检验方法也较为灵活且标准不唯一,这也致使大学生在理论学习中把握程度不一、对标性不强。那么,如何学好理论知识呢?在大学期间,一定要学好基础知识,比如,语文、数学、英语、计算机和互联网的使用。因为在科技发展日新月异的今天,应用领域里很多看似高深的技术在几年后可能会被新的技术或工具取代,掌握好基础知识受用终身。

(2)夯实专业知识。

专业知识是前人经年累月积累下来的系统化知识,是我们学习的宝库,它能够帮助我们更加准确和深刻地认识和解释该领域中的各种事物及其发展状态。专业知识引我们入门,也是今后我们着力发展的重要推进器。在大学的学习阶段,大学生应培养专业兴趣,积极努力学习,掌握本专业的知识,使自己能够做到融会贯通、举一反三。

(3)加强专业实践。

在理论学习的基础之上,除了要加强专业知识的掌握和深入程度外,还要提升专业知识的从业资格,即提升专业实践技能,这是专业能力的具体体现。专业实践技能是专业能力表现出的一系列外部行为。专业基础知识可以在课本中习得，但是专业技能就必须通过实际操作才能获得。实践是推动认识发展的动力，当理论知识无法回答和解决在实际操作中发现的问题时，就会激发人的学习动力。专业技能既是在“学”中“做”，也是在“做”中“学”，如此循环往复，专业技能在理论知识的基础上会随之进一步得到检验和提高。

如今，职业教育越来越重视教学成效，即学生对专业技能的掌握，这在一定程度上说明专业能力越来越重要。学校也会根据专业的不同为同学们制定更加符合当下发展的人才培养方案，来提高学生在校学习期间的专业能力。同时，增加学生专业认知的实训与实践活动，让学生能提前感知职场，来检验具备专业能力的具体情况。作为学生，只有将理论知识与实践有机结合，才能真正地成为一个专业知识过硬、专业技能合格的职场人。

职业课堂

育训结合

“育训结合”是职业教育这一类型教育的特征，是职业教育的基本培养模式，主要指既重视学历教育又重视职业能力培养，把德育融入课堂教学、技能培养、实习实训等环节，来提高育人的实效性，培养学生的劳模精神、劳动精神、工匠精神，引导学生刻苦学习、精进技艺、全面发展。在这方面，国家正在开展一体化设计职业教育培养体系，推动各层次职业教育专业设置、培养目标、课程体系、教学内容、考核方式等衔接贯通。探索“岗课赛证”相互融合，把住1+X证书制度质量关，引导职业学校充分利用行业龙头企业在专业人才培养和评价方面的成熟标准，结合自身实际，充实改造提升相应课程和专业。动态调整专业目录，通过差异化投入、政策项目引导等方式，鼓励学校开设更多紧缺的、含金量高的专业，帮助更多青年实现更高质量的就业。针对退役军人、下岗失业人员、农民工、高素质农民、在岗职工等不同生源分类施教、因材施教，满足不同学习需要。建好国家“学分银行”，推动各种学习成果之间的互认转换，为终身学习提供机会。

上海市教育科学研究员郭文富、马树超在2019年撰文指出：

高职教育发展的主要动力是经济产业对技术技能人才的需求。2012年开始并连续8年实施的院校、省区和国家高职教育质量年度报告公开发布制度，凸显了高职教育服务发展、促进就业的办学方向和技术技能人才培养的类型教育特征，引导院校深化产教融合、提高服务经济社会和促进学生就业发展的能力。

高职教育为地方经济转型、产业升级做出了重要贡献。高职院校坚持面向地方产业服务行业，注重对接区域发展和社会需求，共开设700余种专业、近4万个专业点，覆盖国民经济主要行业。形成了一批对接产业发展的优秀院校群体和专业集群，集聚了服务国家重大产业转型升级的巨大能量。

高职院校为我国稳定和扩大就业做出了重要贡献。改革开放40多年来高职毕业生总量超过5 000万人，广大毕业生来自基层、深入基层、扎根基层，下得去、留得住、用得上，为各行各业和实体经济发展提供了一线高素质技术技能人才支撑，成为国家经济建设的基础性力量。2012年以来，高职毕业生半年后就业率持续超过90%，对稳定和扩大就业的作用日益显现。毕业生到中小微企业等基层服务的人数占毕业生总数的比例保持在60%以上，每年有300所以上的院校这一比例超过80%，有效助解制约中小企业发展的人才和技术瓶颈。

中国特色的高职教育既是国民教育体系的重要组成部分，也是人力资源开发的重要平台；既能够让更多年轻人有机会进入高等学校，又能掌握就业技能，乐于就业。国家先后对高职院校实施三轮评价工作，推动了高职教育形成育训结合、德技兼修的培养模式，促进学生成人成才。

高职教育为我国教育生态平衡和教育结构优化做出重要贡献。其一是对职业教育体系结构优化的贡献。高职教育“大发展”产生拉动效应，为中职学生继续学习和发展提供了更多机会，推动中职教育由终结性模式走向可持续发展模式，形成层次、结构比较合理的职业教育体系。其二是对整个教育生态平衡的贡献。如果说培养拔尖创新人才是普通高等学校的责任担当，那么培养踏实肯干的一线劳动者则是职业教育的目标定位。有学者指出，“我国高等教育在不断地拔尖，基础教育却在不断地均衡”。我们认为，正是职业教育育训结合的培养模式，既重视学历教育又重视职业能力培养，在一定程度上弥补了这种断裂，平衡了基础教育均衡中的不均衡，填补了高等教育拔尖后的低谷，遏制了初中后、高中后不稳定因素的蔓延，一大批接受过中等和高等职业教育的青年走向国家发展需要的一线劳动岗位，他们在实现社会价值中体现了人生价值。其三是对教育生态稳定的贡献。职业教育在某种意义上是“兜底式”教育，因此意义重大。职业教育不稳则教育不稳，教育不稳则国家不稳。在社会认可度、资源占有度不具有优势的情况下，职业院校能够坚持小道理服从大道理，努力实现“大发展”、努力发挥自身价值，体现的是服务大局的意识和服务全局的贡献，放在整个教育结构来看，职业教育对其他教育起到显著的互补和支撑作用。尤其是在经济高速发展和社会转型相互叠加的背景下，推动职业教育发展，对缓解学生、老师、家长和社会对教育期待的焦虑具有重要意义。

高职教育为更多青年重塑发展自信并成就出彩人生做出重要贡献。生源是决定教学质量的关键性因素，按照现行高考制度与招录体系，高职院校面对的生源之痛可想而知，高职教育对学生行为习惯和学习能力培养具有重要意义。调查显示，高职教育在技能教育之外，对重塑学生自信心、上进心、自我约束力、学习能力、遇到问题能够解决和处理的能力等方面也有重要成效。“过去五年，在校期间高职学生的‘人生的乐观态度’‘积极努力、追求上进’‘乐于助人、参与公益’等素养提升比例连续增长”，高职学生展现出自信自强的良好品格。超过九成学生对未来职业生涯有清晰规划，学生在校期间的获得感显著增强。高职毕业生具有发展潜力，2009届学生毕业三年后月收入为4 160元，达到毕业半年后月收入的2.2倍，实现收入倍增；2015届学生毕业三年后月收入为6 005元，收入增幅亦达76.2%。超过六成的学生在毕业三年内有过职位晋升，越来越多的高职毕业生在职业发展中获得上升空间，更多青年凭借一技之长成就了出彩人生。

高职教育发展七十年，形成了中国特色高职教育的发展模式、办学模式和培养模式。

党的十九大提出要“建设知识型、技能型、创新型劳动者大军”，对高职教育育训结合、德技兼修培养模式提出更高期待。《中国教育现代化 2035》将职业教育服务能力显著提升作为职业教育现代化的重要目标，对高职教育坚持服务发展、促进就业办学方向提出更高要求。面对中国高等教育正在进入普及化的历史新阶段，高职教育将能够引领职业教育服务国家战略、融入区域发展、促进产业升级，在实现教育现代化和中华民族伟大复兴的征程中做出更大贡献。①

“育训结合”还有一层意义。高等职业院校还承担着服务区域社会的功能，即在做好高职在校生学历教育的前提下，应满足本地产业发展对高素质职业人才的需求，深化社会服务职能，面向社会、面向人人广泛开展技术技能提升培训、职业资格培训、创业培训、技术指导、贫困劳动力就业技能培训、社区教育及技能培训，以及终身教育等社会服务工作，为地方经济社会发展做贡献。

任务打卡

趣味测试

➢课堂讨论：

(1)你是否参与过产教融合项目实践？

(2)参加产教融合项目对高职学生的就业有什么帮助？

➢能力养成：

了解专业能力对个人职业发展的重要作用后，我们还需要知道，个人的专业能力是需要与我们的求职目标紧密结合的，这样能很好地帮助你了解自身目前掌握的专业能力与自己职业目标的匹配度情况，请结合你的职业目标分析你的专业技能，完善表 9-1。

表 9-1　专业技能分析

名称	内容
职业目标	
专业能力	
所具备的专业知识与专业技能	
会使用的软件	
已完成的项目	
已考取的职业资格(职业技能等级)证书	
以上专业能力与你职业目标的契合度评分(满分 100 分)：	
后期计划增加的技术能力/证书(注明目标及时间)：	

①郭文富，马树超. 扎根中国大地：新中国高职教育发展的经验与贡献[J]. 中国高等教育，2019.

项目总结

通过完成本项目的三个任务，我们深入了解了分析个人现状的概念和方法，学会了如何分析现状和目标之间的差距，制定出适合自己的职业规划，通过提高自身能力，建立个人的职业顶端优势。这些任务的实施，让我们能够制定出更加符合自身的职业规划，促进自身成长。

通过任务 1，我们学会了通过分析自身所处的内外部情况，分析个人现状与目标的差距，从而对目标进行修订，制定出更加适合自己的职业规划。

通过任务 2，我们掌握了提升个人能力的方法，学会了通过提高自己的学习能力、人际交往能力、思维分析能力、工作能力、组织协调能力，制订出提升个人能力的计划。

通过任务 3，我们知道了只有学好理论知识、夯实专业知识 、加强专业实践才能提升专业能力，从而打造个人职业顶端优势。

通过完成本项目，我们全面而深入地认识了自己所具有的能力，以及个人现状，通过了解、分析自己的能力，制定更加适合自己的职业规划，帮助自己更好地成长。

趣味测试

第四部分

积极向上提高心理素质

项目10　提升职业素养

项目指南

大学生提升职业素养有利于提高个人就业竞争力。本项目将通过介绍如何培养积极的心理素质、掌握抗压方法拥抱变化以及树立职业自信和乐观精神，帮助大学生明确自己的职业目标，形成健康的职业心态，增加对职业发展的自信和动力。

良好的职业自信和乐观精神不仅能够帮助大学生实现自我价值，还能在职业规划中帮助大学生相信自己的能力和潜力，坚信自己可以达到目标，不断提升自己，不断克服困难，实现自己的事业理想和抱负。

学习目标

1. 培养积极的心理素质，增强信心，提升工作效率，增强职场竞争力，形成良好的团队精神，从而实现职场目标。

2. 掌握抗压方法，找到自我，认识自我，了解自身优势和劣势，用优势经营自己，加强人际交往能力，平衡心态，调整自己的人生目标，学会扬长避短。

任务1　培养积极的心理素质

任务知识点

一、积极的心理素质对职业发展的影响

1. 自信与职业发展

拥有积极的心理素质的个体拥有自信心，相信自己有能力胜任工作。这种自信心使他们更愿意接受挑战和承担责任，追求更高的职业目标，并在职场中展现更好的自己。

2. 人际关系和团队合作

拥有积极的心理素质的个体能够更好地与他人建立良好的人际关系，并在团队合作中表现出积极的态度和行为。他们能够更好地与同事合作、沟通、协调，使团队更具凝聚力。

3. 压力管理与决策能力

拥有积极的心理素质的个体能够有效地调节工作压力，保持冷静和理智的思考，做出明智的决策。他们能够更好地应对工作中的挑战和困难，不会被压力打败，从而为职业发展创造更有利的条件。

二、提升心理素质以促进个人发展

1. 培养积极的心态

培养积极的心态和乐观、自信的态度，学会正确看待失败和挫折，从中吸取经验教训，继续前行。

2. 建立良好的生活习惯

建立规律的作息时间，保证充足的睡眠和合理的饮食，适当地锻炼身体，能够帮助身心得到充分的休息与调节。

3. 学会情绪管理

了解自己的情绪变化，学会有效地调节情绪。可以通过健身、冥想、阅读等方式来缓解压力和调节焦虑情绪。

4. 建立支持系统

与亲人、朋友建立良好的支持系统，分享内心的感受和困扰，获得他们的理解和支持，帮助自己更好地应对挑战和压力。

5. 寻求专业帮助

如果遇到严重的心理问题，应及时寻求专业的心理咨询和治疗，以便获得更专业的指导和支持。

心理健康对个人成长和职业发展有着深远的影响。一个拥有积极的心理素质的个体，更能够充分发挥自身潜能，应对各种挑战并在职业道路上取得成功。为了获得积极的心理素质，我们可以培养积极的心态、建立良好的生活习惯、学会情绪管理、建立支持系统，并在需要时寻求专业帮助。通过这些方式，我们能够更好地促进个人发展，实现自身的价值与目标。

三、建立个性化的心理调适方法

一个成熟的人能够掌握自己快乐的钥匙，他不必期待别人使他快乐，反而能将快乐与幸福带给别人。他情绪稳定，能为自己负责，和他在一起是一种享受，而不是压力。

当我们情绪低落时应该冷静下来，找到情绪低落的原因，反省一下我们是不是把快乐的钥匙交给了别人。如果答案是肯定的，就应该把它找回来。那么，应如何建立个性化的心理调适方法以找回自己的快乐钥匙呢？

1. 远离干扰源

这是调节负面情绪最简单也是最有效的方法，如果你对某一个人感到愤怒，只需要离开他，那么愤怒就会消失一大半，这其实就是大家常说的“冷静一下”。

2. 自我暗示

这是一种心理疗法。当有负面情绪的时候，可以先稳定情绪，然后改善心理状态，学会暗示自己：一切不好的事情都会过去。自我暗示之后心情会好很多，头脑也会冷静下来。

3. 强化情境性

因为每个人的生理状况和所处的情境是相互干扰的，所以改变情境可以调节负面情绪。通常情况下，轻快、明亮、柔软的视听刺激能够有效地调节身心，让情绪达到理想的状态。

4. 精神转移

当自己有负面情绪的时候，头脑会产生强烈的兴奋灶，这个时候建议大家做一些自己比较感兴趣的事情，比如，看电影、听音乐、玩游戏，或者打篮球，让这些有趣的事来打消原来的不良情绪。

5. 改变认知

引起负面情绪的事情是没有办法改变的，但是大家可以从调节自己的认知入手，改变对事情的看法。

想要调节负面情绪，可以尝试以上五种方法，慢慢地，你就会找到适合自己的心理调适方法，当出现负面情绪的时候，可以第一时间将它消化掉。在这里还需要提醒大家一点，长期的负面情绪会增加机体负荷，对身体和心理产生极大的伤害。

职业课堂

开拓创新的企业文化

企业文化到底是什么？企业文化，或称组织文化，是由其价值观、信念、仪式、符号、处事方式等组成的一个企业特有的文化形象，简单而言，就是企业在日常运行中表现出的倾向和推崇的做事方式、做事理念等。

企业文化是企业在一定的条件下，在生产经营和管理活动中创造的具有该企业特色的精神财富和物质形态。它包括企业愿景、文化观念、价值观念、企业精神、道德规范、行为准则、历史传统、企业制度、文化环境、企业产品等。其中，价值观念是企业文化的核心。企业文化是企业个性化的根本体现，它是企业生存、竞争和发展的灵魂。企业文化由以下三个层次构成：

(1)表面层的物质文化，即企业的“硬文化”，包括厂容、厂貌、机械设备，产品造型、外观、质量等。

(2)中间层的制度文化，包括领导体制、人际关系以及各项规章制度和纪律等。

(3)核心层的精神文化，即企业的“软文化”，包括各种行为规范、价值观念、企业的群体意识、职工素质和优良传统等，是企业文化的核心，也被称为企业精神。

很多人有一些错误的理解，以为企业文化就是搞“孝道文化”，或者团建去哪里玩。企业文化是企业的一种行为模式。它不是写在墙上、挂在嘴上就行的，而是在企业制度支撑下，通过一次又一次方向一致的决策、奖惩、宣导，最终深入人心的。它受管理者的风格影响很大。

社会学中有一个非常关键的数字，叫作“顿巴数”，是由英国人类学教授罗宾·顿巴发现的。它的含义是一个现代智人能够同时维持的稳定有效的社交联系人数。研究发现这个数字平均为150，它受限于人类大脑的结构。

当一家公司的规模超过150人之后，最高管理者的影响力就不可能直接遍及所有人了。这是因为他已经不能与企业中的所有人维持稳定有效的社交关系了。而企业的内部流程不可能规定所有事情的处理方式，就算规定了所有的事，也没有任何绩效体系能够使所有的规定都得到有效执行。所以，必然会有一些事情的决策，要依赖于企业文化。

一家大企业的文化，往往会受到其创始人的影响。创始人在企业从几个人到几万人的整个发展过程中一直管理着企业。就算他没有刻意贯彻某种文化，他的做事方式也会在某些方面深刻影响整个公司的文化走向。如果创始人没有刻意贯彻某种文化，或者在这方面失败了，那么等到企业规模超过1 500人的时候，这个企业就会在不同的部门形成不同的具体文化——尽管这些文化可能在某些方面带有共性。这是因为创始人此时已经不可能直接影响全部的部门经理了。不同部门的具体决策者必然会有其自身的做事风格，如果没有得到统一，就会自然而然地形成这个部门的特有文化。只有创始人从一开始就注重企业文化，并不断地通过规章制度、利益分配机制、重大决策、不断的宣讲来支持特定的、一致的企业文化，该家企业才可能存在一种统一的气质和行为方式。缺乏统一文化的企业，往往没有那些具备统一文化的企业战斗力强。这是因为企业内部混杂的各种文化会降低跨部门合作的效率。这就好像磁铁和普通的铁块，前者电子旋转方向一致，能够产生强大的磁场；而后者电子旋转方向各异，磁场彼此抵消。例如，一个部门的风格可能是个人业绩优先，于是，大家纷纷抢容易做出成绩的事情做，“硬骨头”没人啃。另一个部门的风格可能是以整体业务绩效为重，不看个人业绩，如果业务发展出现了难关，整个部门都全力“攻关”。当这两个部门要合作时，两个部门之间容易相互看不顺眼，彼此没有信任，相互配合和跨部门人员调动就很难开展。

创始人在极大程度上决定了企业有没有统一的文化，以及有什么样的文化。企业文化常常又决定企业战略。因此，大型企业的战略转型总是极度困难的事情。战略转型常常要求有配套的文化转型。战略转型跨度越大，配套的文化转型难度就越高。总而言之，企业文化是一个企业极为关键的因素。

开拓创新是企业文化中的一种精神。开拓创新精神是指积极进取、勇于创新的精神状态，要求敢于坚持原则，敢想、敢做、敢为，直陈己见，不怕得罪人，能够独立思考，尊重科学，尊重客观规律。一切从实际出发，一切从人民的利益出发，按事物的本来面目去认识和掌握事物发展的客观规律，在党的解放思想、实事求是的思想路线的指导下，积极变革、勇于开拓创新、讲求实效，已成为我国的时代潮流。

企业在创新初期、高速发展期和经营瓶颈期，特别需要开拓创新型人才。做开拓创新型人才，首先必须思想解放，勇于创新，对事业有强烈的进取心和献身精神，同时，也要具有开创新事业的基础知识和行动能力。

任务打卡

➢课堂活动：

生涯故事

快乐动物园

情绪有正面与负面之分。有些正面情绪，如兴奋、幽默可以激发人的创造力，而许多负面情绪，如痛苦、焦虑、恐惧则会阻碍人的创造力的发挥。我们每个人都可能因成功或失败而产生情绪波动。下面这个游戏不仅可以让你体验情绪在问题解决中的强大作用，还可以训练你的幽默和乐观的态度。

这个游戏要求同学们一起做，而且要求每位同学偏离自己一贯的社会行为。游戏的内容是让同学们学动物园里动物的叫声。

1. 活动方法

从表 10-1 中选择你要学的动物是什么。

表 10-1 选择对应的动物

姓氏汉语拼音的第一个字母	动物名称
A——F	狮子
G——L	海豹
M——R	猩猩
S——Z	热带鸟

2. 活动要求

选择一个伙伴（最好是挑选一位不太熟悉的同学作为伙伴）。彼此盯着看，目光不能转移，同时大声学自己要学的动物的叫声，至少学 10 秒钟。

➢能力养成：

记录一次遇到压力或者情绪问题时自己有效处理的经历。

任务2　掌握抗压方法拥抱变化

任务知识点

一、压力的来源及表现

心理压力是一种心理状态，心理压力是对压力事件的反应而形成的一种综合性心理状态，没有压力事件，个体心理压力无以形成。心理压力与压力事件密切联系，个体有心理压力则必有压力事件存在。人的心理产生的基本方式是反射，是个体对一定刺激的反应活动。

压力事件可分为外部压力和内部压力两大部分。外部压力主要包括生活中的重大变故和累积的烦心琐事。生活中的重大变故主要是指个人日常生活秩序发生了较重要的改变，诸如升学无望、就业无门、职称落聘、下岗待业、家人重病等。一般这些压力事件威胁性较大，且可能突然发生，使个体形成巨大的心理压力，若不及时妥善处理，容易使人患上心理或身体疾病。累积的烦心琐事主要是指日常生活中经常遇到且无从逃避、使人烦恼的一般事实。单件的烦心琐事难以造成心理压力，但日积月累到一定程度，便会对个体构成威胁，造成心理压力。根据调查研究，这些累积的烦心琐事大致可归纳为学习负荷过重、经济状况差、工作失意、人际关系失调、环境污染、时间分配失控等方面。

内部压力主要是指使主体认知困惑或难处理的内在刺激情境，一般发生在有动机冲突和受挫折时。动机冲突是指在复杂的意志行为中，多种动机之间发生的矛盾。若一时难以确定行为目标而形成了认知困惑，便会引发心理压力。挫折是指个体的意志行为受到无法克服的干扰或阻碍，预定目标不能实现时产生的一种紧张状态和情绪反映。总之，心理压力与压力事件紧密联系，应注意考虑心理压力主要是外部压力造成的还是内部压力造成的，以便采取有效措施，控制或消除压力源以减轻或消除心理压力。

学习及工作中常见的压力表现包括：

(1)疲劳和困倦。长时间的学习或工作、高强度的任务，都可能让人感到疲劳和困倦，出现睡眠质量差、嗜睡等问题。

(2)焦虑和紧张。学习或工作的压力可能会让人感到焦虑和紧张，出现心悸、胸闷、呼吸急促等症状。

(3)情绪波动。学习或工作的压力可能会让人产生情绪波动，如易怒、烦躁、不安等。

(4)注意力不集中。学习或工作压力大，可能会让人难以集中注意力，影响学习和工作的效率。

(5)缺乏动力和兴趣。学习或工作压力大，可能会让人感到缺乏动力和兴趣，对学习和工作失去热情。

(6)身体健康问题。长时间受学习或工作压力的影响,个体可能会出现一些身体健康问题,如头痛、胃痛、肌肉紧张等。

(7)拖延症。学习或工作的压力可能会让人产生拖延的行为,想要逃避任务或责任。

(8)思维僵化。长时间受学习或工作压力的影响,人的思维可能会变得僵化,难以灵活地思考问题。

(9)自我怀疑和否定。学习或工作压力大,可能会让人产生自我怀疑和否定的情绪,对自己的能力和价值产生质疑。

(10)记忆力下降。学习或工作压力大,可能会让人记忆力下降,难以记住重要的事情。

面对这些压力表现,我们应该学会调节自己的情绪和心态,通过适当的放松和调整来减轻压力。同时,也应该积极寻求帮助和支持,与他人分享自己的问题和困惑,以获得更多的建议和帮助。

二、常见的抗压技巧

压力是大学生常常面对的一种心理状态,它来自学习、生活、社交等多个方面。如果不有效应对,压力可能会对大学生的身心健康产生负面影响。因此,具有抗压能力是大学生必备的技能。

1. 建立良好的时间管理习惯

时间管理是减轻压力的重要手段之一。大学生通常面对紧张的学习任务和社交活动的压力,如果没有良好的时间管理习惯,很容易感到压力倍增。因此,制定一个合理的时间表,将时间分配给学习、娱乐和社交,有助于平衡各方面的需求以减轻压力。同时,学会拒绝他人的无关邀约,专注于自己的学习和个人发展,也是有效应对压力的重要策略。

2. 培养健康的生活方式

健康的生活方式对大学生应对压力至关重要。保持充足的睡眠、均衡的饮食和适量的运动,可以提高身体的抵抗力和应对压力的能力。此外,学会放松技巧也是非常重要的。例如,大学生可以通过听音乐、阅读书籍、做瑜伽等方式找到自己的心灵净土,缓解内心的压力和紧张情绪。

3. 寻求支持和帮助

面对巨大的压力时,学会与他人分享、寻求支持和帮助是非常必要的。大学生可以与朋友、家人或导师进行沟通,倾诉内心的困扰,获得情感上的安慰和支持。此外,大学生还可以寻求心理咨询师的帮助,他们具备专业的心理辅导技巧,能够帮助大学生理清思绪、应对压力。

4. 树立正确的认知和态度

树立正确的认知和态度,对大学生应对压力起着至关重要的作用。首先,大学生要明白压力是正常的生活状态,它是求知和成长的一部分,不必过分担心。其次,对于压力,可以尝试从积极的角度来看待。例如,将压力视为挑战和机会,激励自己超越困难。最后,要时刻保持乐观的心态,相信自己有能力克服困难和应对压力。

5. 寻找个人的兴趣爱好

寻找个人的兴趣爱好是缓解压力的有效途径之一。大学生应该主动探索自己的兴趣，找到自己乐于从事的事情，并将其作为一种调节压力的方式。例如，喜欢音乐的学生可以参加学校合唱团或者乐队，喜欢运动的学生可以加入校运动队或者参加社团运动活动。通过这些活动，大学生可以释放自己的压力，获得与他人共同成长和交流的机会。

6. 学会放松与调节压力

在面对压力时，学会放松自己、调节心理状态是非常重要的。大学生可以尝试一些放松和冥想的方法，如深呼吸、温水浴、按摩等，以缓解紧张和焦虑的情绪。此外，学会自我放松也是缓解压力的有效方法。在百忙之中，给自己留出一些时间，享受安静的时光，反思自己的成长和进步，增强内心的力量和耐心。

总之，大学生要面对各种压力，学会有效应对是至关重要的。通过建立良好的时间管理习惯、培养健康的生活方式、寻求支持和帮助、树立正确的认知和态度、寻找个人的兴趣爱好、学会放松与调节压力，大学生可以更好地应对压力，保持心理健康和积极的学习态度。只有积极应对压力，才能更好地完成大学生活的各种挑战。

职业课堂

多方协同治理体系

教育部《中国职业教育发展报告（2021—2022 年）》提出：

我国确立了“管办评分离”教育治理原则，厘清政府、学校和社会三者的权责关系，优化职业教育生态，建立系统完备、科学规范、运行有效的制度体系，形成了职能边界清晰、多元主体充分发挥作用的新局面。

——加强政府统筹管理作用。深化政府职能转变，教育“统管”转变为教育“督导”。2012 年，发布了《教育督导条例》，明确教育督导的职能定位。2016 年，发布《中等职业学校办学能力评估暂行办法》和《高等职业院校适应社会需求能力评估暂行办法》，并分别于 2016 年、2018 年、2020 年开展了三轮职业学校评估。2017 年，发布《对省级人民政府履行教育职责的评价办法》，将“加快发展现代职业教育”作为评估内容，并于 2018 年起，每年开展对省级人民政府教育职责评价工作。2020 年，发布《关于深化新时代教育督导体制机制改革的意见》，建立了教育督导部门统一归口管理、多方参与的教育评估监测机制。

——强化行业自律和主动参与。积极发挥行业指导和企业重要办学主体作用，推行产业规划和人才需求发布制度，引导学校紧贴市场和就业形势，动态调整专业目录。2010 年，启动全国行业职业教育教学指导委员会（以下简称行指委）建设，经过五次调整、换届，现设置 57 个行指委，各行指委共编发 60 个行业人才需求预测与专业设置指导报告，44 个行指委牵头制定了国家职业教育教学标准。近五年来，在行指委的指导下，校企合作开发课程 8 000 多门、编写教材 6 000 多本，行业企业提供实训设备设施总值超过 1 500 亿元、投入建设经费超过 60 亿元，8 万多名企业人员到职业学校兼职，23 万多名职业学校教师到企业实践。

——提升办学主体自治能力。持续扩大职业学校办学自主权，积极推进以章程为引领的现代学校制度建设，激发办学活力和自主性。2013 年，探索“知识 + 技能”考试招生制度，完善高考考试招生、单独考试招生、综合评价招生、技能考试招生、中高职贯通招生、免试招生等考试招生方式，逐步形成省级政府为主统筹管理、学生自主选择、学校多元录取、社会有效监督的中国特色高等职业教育考试招生制度。实行高职专业设置备案制，高职院校可自主设置指导性专业目录内所有专业。2015 年起，在职业学校开展教学诊断与改进工作，进一步完善职业教育内部质量保证制度体系和运行机制，强化落实职业学校的第一质量主体责任。

——构建社会监督体系。发挥利益相关方评价作用，引导职业教育良性发展。借助第三方评价，定期跟踪评价人才培养质量，发挥监测评价、预测预警功能，提升教育发展动态监测能力；鼓励各地充分依托大数据技术，探索构建区域教育综合评价体系，进一步做好教学质量监测，注重质量分析和结果反馈，全方位精准诊断职业学校办学中的优势与问题。2012 年起，每年发布高等职业教育质量年度报告；2016 年起，每年发布中等职业教育质量年度报告，报告内容体系逐年完善，职业学校质量意识显著提高。

2022 年实施的《中华人民共和国职业教育法》从法律层面对多方协同的职业教育治理体系进行了明确：职业教育实行政府统筹、分级管理、地方为主、行业指导、校企合作、社会参与。

在政府统筹层面：“国务院建立职业教育工作协调机制，统筹协调全国职业教育工作。”“各级人民政府应当将发展职业教育纳入国民经济和社会发展规划，与促进就业创业和推动发展方式转变、产业结构调整、技术优化升级等整体部署、统筹实施。”

在分级管理方面：“国务院教育行政部门负责职业教育工作的统筹规划、综合协调、宏观管理。国务院教育行政部门、人力资源社会保障行政部门和其他有关部门在国务院规定的职责范围内，分别负责有关的职业教育工作。”“省、自治区、直辖市人民政府应当加强对本行政区域内职业教育工作的领导，明确设区的市、县级人民政府职业教育具体工作职责，统筹协调职业教育发展，组织开展督导评估。”

在地方为主方面：“县级以上地方人民政府有关部门应当加强沟通配合，共同推进职业教育工作。”

在行业指导方面：“有关行业主管部门、工会和中华职业教育社等群团组织、行业组织、企业、事业单位等应当依法履行实施职业教育的义务，参与、支持或者开展职业教育。”

在校企合作方面：“国家发挥企业的重要办学主体作用，推动企业深度参与职业教育，鼓励企业举办高质量职业教育。”

在社会参与方面：“国家鼓励发展多种层次和形式的职业教育，推进多元办学，支持社会力量广泛、平等参与职业教育。”

《中华人民共和国职业教育法》还在职业教育协同治理体系的实施方面，明确了若干具体规定、保障措施和法律责任。

任务打卡

拓展阅读

➢课堂讨论：

作为大学生，说说你是如何面对各种压力的（学业压力、人际关系压力、未来就业压力等）。

➢能力养成：

扫一扫本项目最后的趣味测试二维码，完成认识自我的自信度测试。

任务3　树立职业自信和乐观精神

任务知识点

作为大学生，树立职业自信和乐观精神是非常重要的，这不仅有助于个人成长和发展，还能帮助个人更好地适应未来的工作和生活。

一、树立职业自信和乐观精神的必要性

1. 职业竞争压力日益增大

随着高校扩招和就业形势的日趋严峻，大学生面临的职业竞争压力越来越大。如果没有足够的职业自信和乐观精神，很容易在竞争中失去信心和机会。

2. 快速适应职场变化

职场变化快速，新业态、新行业、新技术层出不穷。大学生需要具备快速适应变化的能力，而树立职业自信和乐观精神是关键。

3. 个人职业发展的需要

职业自信和乐观精神有助于大学生在职场中不断扩展自己的能力和视野，促进个人职业发展。

二、树立职业自信和乐观精神的途径

1. 树立职业自信的途径

（1）培养职业精神。

①开设培养职业精神的讲座和课程。面对越来越大的就业压力，仅仅开设大学生就业指导课程已经不能满足社会对人才的要求。高校必须转变职业精神课程教育理念，针对不同年级的学生开设职业生涯规划、职业核心能力、职业素养等培养职业精神的讲座或

课程,使专业教育与职业精神教育相互渗透,使职业精神教育类型日益多样化。

②专业教育与职业精神教育相结合。高校专业课程应与职业精神教育相结合,专业课程设置应以社会需求为导向,在知识技能培养的基础上注重培养大学生的综合素质。在专业课学习期间,结合专业背景对大学生进行职业特点、职业要求、职业道德教育,进而达到培养大学生责任意识、良好工作态度的目的。

③在社会实践中培养学生的职业精神。社会实践重在体验,在与社会零距离接触中感受职业规范、职业要求、职业道德,职业精神会潜移默化地影响学生个人品质。社会实践活动能够全面培养学生的社会责任感、集体荣誉感、奉献精神和吃苦精神等优良品质,培养学生的动手能力、人际交往能力、团队合作能力、自我管理能力等优秀职业能力。

④在社团活动中培养学生的责任精神。在社团活动中,从社团的组织形式、规章制度,到社团机构的建立、活动内容和方式,都是由学生设计并组织实施完成的。大家分工合作,各负其责,既锻炼了能力,也培养了责任心。社团活动中的点点滴滴有助于学生培养自信心、展现自我价值,这些为学生责任意识的养成奠定了基础。

(2)提升自我修养。

①不断学习和提升。掌握新的知识和技能,使自己始终保有竞争力。无论是接受正规教育还是自学,持续的学习都是提升自信的重要途径。

②目标设定。给自己设定清晰的短期和长期的职业目标。目标要具体、可衡量,要符合 SMART 原则(具体、可衡量、可达成、相关性、时限性)。

③积极反馈。在完成任务或项目后,积极寻求他人的反馈。正面的反馈可以增强自信,负面的反馈可以作为改进的依据。

④经验积累。通过参与各项目和任务,积累实际工作经验。经验是提升自信的重要基石,每一次成功的经历都会增强你的自信心。

⑤正面思考。保持积极乐观的心态,在面对挑战和失败时,能够从中吸取教训,而不是自我否定。

⑥交流和沟通。学会有效地表达自己的想法和意见,良好的沟通技巧可以帮助你在工作中更加自信。

⑦身体语言。注意自己的身体语言,保持良好的姿态,这不仅能给他人留下好印象,还能增强自己的自信心。

⑧适当承认自己的不足。没有人是完美的,承认自己的不足并努力去改进,这是一种成熟和自信的表现。

⑨合理规划时间。合理安排工作和休息时间,避免过度劳累,保持良好的工作状态。

⑩建立人际网络。在工作中建立良好的人际关系,一个强大的支持网络可以给你带来更多的自信和安全感。

⑪正面应对失败。将失败视为学习和成长的机会,而不是衡量自我价值的唯一标准。

通过以上这些方法,你可以逐渐建立起自己的职业自信。记住,自信是可以培养的,不要急于求成,要给自己时间和空间去成长。

2. 培养乐观精神的途径

建立乐观精神是一个持续的过程,涉及心态的调整和行为的改变。以下是一些建议,帮助同学们培养乐观精神。

(1)积极的自我对话。注意自己的内心对话,避免自我贬低或过度批评自己。尝试将消极的自我对话转变为积极的自我肯定。

(2)感恩练习。每天花时间思考并记录下自己感激的事物。这可以帮助自己专注于生活中积极的一面,而不是消极的一面。

(3)面对挑战。当遇到困难和挑战时,试着从中寻找学习和成长的机会,而不是仅仅关注问题和障碍。

(4)建立目标。为自己设定可以实现的目标,并庆祝达成这些目标的每一步。

(5)积极的人际关系。与积极、乐观的人交往,避免与那些总是抱怨和传播消极情绪的人交往。

(6)身体健康。保持规律的锻炼、健康的饮食,以及充足的睡眠,这些都是建立积极心态的基础。

(7)学会放手。接受自己不能控制一切的现实,学会接受并适应生活中的不可预测性。

(8)寻求帮助。当感到悲观或沮丧时,不要害怕寻求家人、朋友或专业人士的帮助。

(9)持续学习和成长。通过阅读书籍、参加课程等方式,不断学习如何更好地应对生活,提高自己的能力和自信。

(10)贡献社会。通过参与志愿服务活动或帮助他人,提高自我价值感和社会归属感,从而增强乐观精神。

记住,乐观不是忽视问题,而是在面对问题时能够积极地寻找解决方案,并相信事情最终会向好的方向发展。

3. 培养责任感和敬业精神

在大学期间,要积极参加各种实践活动和社团组织,通过承担责任和完成任务来培养自己的责任感和敬业精神。认真负责地完成工作,积极主动地解决问题,逐渐树立起自己的职业精神。

4. 保持乐观心态

乐观的心态能够帮助大学生更好地面对挑战和困难。遇到挫折时,要学会积极应对,从中吸取教训并不断成长。同时,要学会调整自己的情绪和心态,保持积极向上的态度,不断追求进步和发展。

5. 建立人际关系

在大学期间,与同学、老师建立良好的人际关系是非常重要的。通过交流、合作和互助,可以获得更多的机会和资源,同时也能提升自己的人际交往能力。

6. 关注行业动态和发展趋势

了解自己所学专业的行业动态和发展趋势,关注新技术和新理念的应用和发展。通过了解市场和行业需求,可以更好地规划自己的职业发展,并有针对性地提升自己的职业能力和素质。

职业课堂

项目教学、情境教学、模块化教学

2021年全国职业教育大会后，中共中央办公厅、国务院办公厅印发《关于推动现代职业教育高质量发展的意见》，首次在国家层面明确："普遍开展项目教学、情境教学、模块化教学，推动现代信息技术与教育教学深度融合，提高课堂教学质量。"

项目学习(Project-based Learning)，简称PBL，是一种以学生为中心的教学方式。在项目式学习过程中，学生会积极地收集信息、获取知识、探讨方案，以此来解决具有现实意义的问题。2003年7月，德国联邦职教制定的以行动为导向的项目教学法具有的特点：把整个学习过程分解为一个个具体的工程或事件，设计出一个个项目教学方案，按行动回路设计教学思路，不仅传授学生理论知识和操作技能，更重要的是培养他们的职业能力，这里的能力已不仅仅是知识能力或者是专业能力，而是涵盖了如何解决问题的能力，即方法能力、接纳新知识的学习能力以及与人协作和进行项目动作(包括项目洽谈、报价、合同拟定、合同签署、生产组织、售后服务)的社会能力等几个方面。通过项目教学，不仅可以让学生留意观察自己所生活的环境，学会应用知识发现并解决实际问题，并且能有效提高他们沟通、合作和展示等综合素养，让他们成为终身学习者，这是项目教学的显著优势。职业教育是由实践情境构成的以过程逻辑而不是学科知识逻辑为中心的行动体系，是培养职业型人才的一条主要途径。

情境教学是指利用外界的环境，实现和学生心境共鸣的教学方法。这个环境可以是人为的，也可以是客观存在的。情景越形象，效果越显著。在职业教育的情境式教学中，教师根据职业岗位，创设、再现出情境表象，使学生仿佛置身其间、如临其境，师生在真实或仿真情景中开展教学活动。情境教学模式以案例或情境为载体引导学生进行自主探究性学习，以提高学生分析和解决实际问题的能力。采用"情境教学"，一般说来，可以通过"感知——理解——深化"三个教学阶段来进行。

在模块化教育模式中，"MES"和"CBE"两种流派比较具有代表性。MES(Modules of Employable Skills，模块式技能培训)，是20世纪70年代初由国际劳工组织研究开发出来的以现场教学为主、以技能培训为核心的一种教学模式。它以岗位任务为依据确定模块，以某种职业的实际岗位工作的完成程序为主线，因此，也被称为"任务模块"。CBE(Competency Based Education，能力本位教育)，以加拿大、美国等为代表。它以执行能力为依据确定模块，以从事某种职业应当具备的认知能力和活动能力为主线，因此，也被称为"能力模块"。两种流派的共性是都强调实用性和能力化，区别是CBE从职业普遍规律和需求出发，侧重于职业基础通用能力；MES从职业具体岗位工作规范出发，侧重于职业岗位工作能力。

职业教育培养的是技术技能人才，专业、教材、课程必须对接市场需求、与实践相结合，培养途径是产教融合、校企合作，教师为"双师型"，学生强化实习实训，教学采取项目、情境、模块化等方式，学校里老师教学生、企业中师傅带徒弟，这些都是有别于普通教育的显著特点。

任务打卡

拓展阅读

➤课堂讨论：

你认为身边最有自信的人是谁？你是否充满职业自信？

➤能力养成：

大学生应如何充分利用好时间？根据对未来职业的思考，制订一份行之有效的学业计划吧。

项目总结

通过完成本项目的三个任务，我们进一步了解了如何在职场中保持一个积极的心态，如何应对压力和变化，以及如何树立自己的职业自信和乐观精神。这些经验和技能将对我们未来的职业发展产生深远的影响。

任务1让我们意识到积极的心态在职场中的重要性。在面对工作中的困难和挑战时，一个积极的心态能够帮助我们更好地应对压力，寻找解决问题的方法。培养自己乐观、自信和坚忍不拔的精神，能够使我们更加从容地面对工作中的各种变数。

任务2教会了我们如何面对职场中的压力。压力是职场中不可避免的一部分，如何应对压力决定了我们能否在职场中立足。通过学习一些抗压技巧和方法，我们能学会如何调整自己的心态，更好地应对工作中的挑战。

任务3让我们明白职业自信和乐观精神对职业发展的重要性。一个自信的人往往能够在职场中更好地发挥自己的能力，而乐观精神能够帮助我们更好地面对工作中的挫折和困难。通过不断地自我肯定和鼓励，我们可以逐渐树立起自己的职业自信和乐观精神。

趣味测试

项目11 丰富行动内容

项目指南

古人云:“志不立,天下无可成之事。”没有目标,如同驶入大海的孤舟,四顾茫茫,不知该走向何方。本项目将通过制订合理的学习生活计划、增强社会责任感和实践能力以及培养个人职业综合胜任力,帮助大学生丰富自己的行动内容,设定符合自己的职业目标。

理想的实现需要我们努力学习,完成学识上的积累,为实现理想而奋斗。大学是开放式的学习,与中学的学习模式完全不同,如果我们能够通过自我约束,制订合理的学习生活计划,那我们的大学生活将会别有一番风景。

学习目标

1. 学会如何制订合理的学习生活计划,设定符合自己的职业目标。
2. 增强自己的社会责任感和实践能力,培养个人职业综合胜任力,以便能够以高标准的职业素养融入今后的社会生活。同时,在此过程中不断成长和进步,更好地应对将来职业生涯中的各种挫折,做更好的自己。

任务1 制订合理的学习生活计划

任务知识点

一、做好大学生活计划(以专科为例)

大学是一个人一生的重要转折点,是把“学习”和“进入社会”这两个阶段衔接起来的重要纽带。在当今这个人才竞争激烈的时代,良好的职业生涯规划成为大学生竞争的利器。作为当代大学生，若是毫无准备地踏入社会，怎能满足社会的需要，让自己占有一席之地？生命是有限的，如果不进行有效的规划，势必会造成生命和时间的浪费，因此，进入大学，好的学习生活计划是很有必要的。

1. 大一期间

在大一期间，同学们应充分利用校园环境及条件优势，认真学好专业知识，培养学习、工作、生活能力，全面提高个人综合素质，为就业做准备。同时，注重保持身体的健康，培养良好的生活习惯与兴趣爱好，尽量形成良好的个人习惯，并参加健身运动，如散步、打篮球、打羽毛球等。因为，身体是革命的本钱。

2. 大二、大三期间

同学们可以利用大二至大三这两年的时间，不断努力，初步找到合适自身发展的行业及岗位，并考取相关的资格证书。同时，优化知识结构，不断学习，使自己能够熟练掌握专业技能，并在此期间考取英语四级与计算机二级证书。在这一时期，同学们要做好职业生涯的基础工作，开始接触社会、熟悉工作环境，努力寻求个人发展并拓宽人际关系网络。加强沟通、虚心求教是关键。

二、如何制订合理的学习生活计划

当我们从紧张的高中生活一跃进入相对宽松的大学生活时，有些人可能会因为迷茫而失去方向，变得不知所措。这个时候我们要明白行动力和行动，哪个是完成一件事情首先要拥有的，大部分人认为是先拥有行动力，其实恰恰相反，应该先拥有行动。

行动——行动力——更多行动，然后进入良性循环，所以，当我们必须完成一件事情的时候，要先行动起来，然后获得行动力。如果你下定决心去学习，那你必须先“埋下头”，不管学习进度多慢，都不要放弃。

1. 有明确的目标

无论是学习还是生活，比如，拿奖学金，或者竞选学生会干部，都可以是你的目标，在大一开始时，你就要制定好目标，你比别人早一步做好计划，就比别人多一分胜算。

2. 充分利用课余时间自学

当我们上完专业课时，我们还会有许多时间，这些时间也非常重要，我们可以利用好这些时间来培养自己的一些爱好，也可以用这些时间来丰富我们的技能（如学习办公软件、Photoshop、编程），这些技能对我们以后的工作会有非常大的帮助。

3. 行动与执行

当明确好目标后，就可以开始行动了。图书馆是安心学习的好地方，养成去图书馆学习的好习惯，对大学的学习十分有益。

4. 培养兴趣

兴趣是指人认识某种事物或从事某种活动的心理倾向。职业兴趣是兴趣在职业方面的表现,即人对某种职业活动具有的比较稳定而持久的心理倾向。

兴趣是最好的老师,也是做好一件事最大、最健康的动力。如果可以从事自己感兴趣的职业,人们就能够全身心地投入工作、探索工作以谋求自我发展,在自己的工作岗位上实现最大的自我价值。

5. 抓住机遇

抓住机遇,需要我们做好以下三个方面的准备:

(1)学会识机,善于择机。现代社会信息千变万化、纷繁复杂、包罗万千,要学会辨识,善于捕捉,要辨识哪些信息可以为我所用,哪些可以促进自身职业生涯的发展。想要抓住机遇,让自己的发展更上一层楼,平时就要养成关注时事的习惯,随时掌握市场信息和客观形势,利用自己的聪明才智,及时抓住对自己有利的大好时机。

发现机遇须占天时。占天时就是掌握党的方针政策和形势,知道事物的发展趋势和政策的导向与倾斜方向,知道什么是政策鼓励的、什么是政策限制的、什么是政策禁止的,以此去寻找机遇。

(2)遇到机遇,见机而动。很多人在机会来临时,犹豫不决,患得患失,往往就会错过机会。机遇是有时间成本的,稍不留意,它就会从我们指尖溜走。我们要有敢闯敢干的决心、敢于挑战的勇气和胆识,遇机而行、见机而动,培养自己处事果断的习惯,改掉犹豫不决的毛病。

行动果决需要决策,任何决策都有风险。同学们要了解和判断职场趋势的变化,以“变”应变。机遇是自己抓住的,不是别人给的。遇到机会要大胆尝试,不给人生留下遗憾。

(3)夯实基础,完善自我。“机遇只给予有准备的人”,如果我们自己不具备机遇平台给予的能力,先不说我们能不能承担起相应的岗位机遇,可能就连这种机遇我们都无法发现。我们需要锻炼自身的科学的预见性、丰富的想象力、敏锐的洞察力、准确的判断力。不管是知识、能力,还是品德、个人修养等,都要从各方面不断充实和完善自己。

待自身的综合能力素质得到全面提高后,你会发现机遇遍地都是,即使中途有挫折,也能从逆境中奋起,再创辉煌。实力是基础,成功是目的,机遇是关键。

职业课堂

课程思政

培养什么人?怎样培养人?为谁培养人?这是习近平向教育工作者发出的时代之问。在 2016 年全国高校思想政治工作会议上,习近平指出:各门课程都要守好一段渠、种好责任田,使各类课程与思政课同向同行、形成协同效应。他在 2018 年全国教育大会上进一步指出:要把立德树人融入思想道德教育、文化知识教育、社会实践教育各环节,贯穿基础教育、职业教育、高等教育各领域。他在 2019 年学校思想政治理论课教师座谈会上指出：要坚持显性教育和隐性教育相统一，挖掘其他课程和教学方式中蕴含的思想政治教育资源，实现全员全程全方位育人。2021 年，在清华大学考察时，习近平强调：教师要成为大先生，做学生为学、为事、为人的示范，促进学生成长为全面发展的人。

2019 年，中共中央办公厅、国务院办公厅印发《关于深化新时代学校思想政治理论课改革创新的若干意见》，明确提出要全面推进高校课程思政建设。2020 年教育部印发《高等学校课程思政建设指导纲要》。随后，各地各校纷纷出台实施方案，召开工作会议部署课程思政建设。

正如时任教育部高教司司长分析的那样：大约 80％以上的高校教师是专业教师，80％以上的课程是专业课程，学生 80％以上的学习时间学的是专业学习，80％的大学生认为，对自己成长影响最深的是专业课和专业课教师。因此，专业课教师是课程思政的“主力军”，专业课教学是课程思政的“主战场”，专业课课堂是课程思政的“主渠道”。课程思政影响着甚至决定着接班人的问题，是国家长治久安和民族复兴、国家崛起的保障。

课程思政具备立足课程的育人价值，是教育活动的重要载体，其本质是在传递知识的同时帮助学生树立正确的观念，也就是观念塑造，这是一个教育成熟国家的标志。观念决定人们怎么使用知识，比如，学法律的人如果不学职业伦理和职业道德，他可能就会利用法律做出有损于别人的事情。学生学习课程的终极目的不是学会课程知识，即停留于把握学科的概念与原理，提升认知水平，而是在学习知识的过程中，通过对思维的训练，形成自己的独立判断，练就较强的思维能力，在反思的基础上形成内心的信念，明确生活目标和人生方向。《高等学校课程思政建设指导纲要》希望我们能从学科本身出发挖掘思政元素，具体学科如理工，主要培养学生的科学精神、科学方法和科学伦理；法学培养学生德法兼备；经济学培养学生经世济民等。课程思政不仅要包括政治认同、家国情怀、宪法法治意识，还要包括文化素养、道德修养、心理健康、职业伦理和职业道德等多方面内容。专业课教师可以从自己所熟悉的、所教授学科的职业范畴、行业规范、伦理道德入手；也可以从诚实守信、踏实奉献、爱岗敬业、遵纪守法等行为习惯入手；还可以从仁爱、正义、和谐、勤劳等优秀的传统文化入手，从而将其与自己所教授的专业知识紧密结合，达到“教书育人”的教学效果，这也是课程思政的重要组成内容。

2021 年 12 月 7 日，教育部召开新闻发布会，介绍贯彻落实全国高校思政会精神工作进展成。教育部高等教育司发布《高等学校课程思政建设全面推进》，文件中指出：把课程思政建设成效纳入“双一流”建设评价、本科教学评估、学科评估、专业认证、“双高计划”评价、教学成果奖评审等，构建多维度的课程思政评价体系。开展“课程思政示范课程”“课程思政教学名师和团队”“课程思政教学研究示范中心”等的建设，以示范培育示范，以示范带动全局，健全国家、省级、校级三级示范体系。同时指出，要尊重教育教学规律，按照教育科学的规律进行建设。坚持“坚定学生理想信念，爱党、爱国、爱社会主义、爱人民、爱集体”这条主线，围绕“习近平新时代中国特色社会主义思想、社会主义核心价值观、中华优秀传统文化、宪法法治、职业理想和职业道德”五大重点，建立一套“符合专业育人特点、符合认知科学要求、使教师理念认同和能力胜任、使学生真正入耳入脑入心、使思政工作落地见效”的教育教学体系。他希望教师们热爱自己的事业、自己的岗位、自己的学生，用心、用情、用爱去教书育人。把课程思政当作一门学问、一种价值、一种信仰，刻苦钻研。

所以说，课程思政的体系化建构要以更广阔的视野审视课程学习的过程及其背后的育人使命。单凭知识和逻辑，人们不可能很好地处理自己与周围的复杂世界的关系。因此，各类课程的设置要着眼于培养人的眼界、能力、态度、价值观。任何一门课程的学习，都存在着知识、能力、价值观相互之间形成、转换、提升的过程。在此过程中，课程知识发挥了独特的育人功能，所以，专业教师在知识传授和能力培养中，应注重学生价值观的塑造。这里包括思想品德涵养、社会价值认同、精神境界追求等不同维度。同时，要把握好各类课程育人的有机联系，尊重各类课程的价值逻辑、提升课程体系的育人合力、推进思政课的内涵式发展、善用专业课程体系的文明禀赋、展现社会科学课程体系的人文情怀与社会关怀、彰显理工农医类课程体系内蕴的科学思维，帮助学生形成对价值的感受、认同、验证、升华、信仰，铸就理想信念、扎实学识、高尚品格，从而形成时代新人所具有的自我革新、自我升华、自我超越的新时代特质，真正落实高校立德树人的根本任务。

资料来源：高国希，构建课程思政体系的教育哲学审视.

任务打卡

➤课堂讨论：

你小时候有确定过自己的职业目标吗？与现在的目标是否发生变化？是什么因素引起了这种变化呢？

➤能力养成：

制订合理的学习生活计划。

拓展阅读

任务 2　增强社会责任感和实践能力

任务知识点

一、增加大学生的社会责任感

大学是青年学生世界观、人生观、价值观形成并固化的重要时期，因此，大学教育不仅要引导学生学好专业知识，培养学生服务社会的能力，更要注重学生的人格培养。责任意识不仅是大学生成人成才的重要标志，也是促进大学生积极学习的重要动力，还是大学生毕业之后能够为大众服务、为社会做贡献的重要保证。

当前，有些大学生存在着令人非常担忧的责任感淡化甚至缺失的情况，还有些大学生对自己在社会中所处的不同角色责任模糊，或者明白自己的责任所在但是缺少担当精神。

1. 大学生社会责任意识缺乏的现状

现阶段，少数学生缺乏社会责任感，强调个人价值和个人利益。在就业时，有些大学生仅考虑个人发展，忽略社会责任，缺少在日常工作中为国家、为社会承担责任的意识；少数学生家庭责任意识不强，家庭责任观念淡薄，只愿享受家庭的爱与照顾，不愿承担家庭的责任，只愿过养尊处优的生活，不愿为家庭付出；少数学生自我责任意识淡漠、心理脆弱，对家长、对老师的依赖性强，没有明确的奋斗目标；有些学生因迷恋网络，更缺少要为自己的行为承担责任的意识；少数学生公德观念淡薄，感恩意识不强。大学生正处于心理发展的关键时期，自主性、自信心、责任意识逐渐增强，他们追求个性独立、渴望展示自我，但忽视他人的感受，漠视群体生活应遵循的规则和应履行的义务，对集体和他人缺乏主动付出的意识，对他人和集体的帮助缺乏回馈的感恩之心。

2. 造成大学生社会责任意识缺乏的原因

(1)不良社会风气的影响。社会上的一些消极现象与人们价值观念的多元化导致有些大学生的责任意识严重缺乏。市场经济所追求的利益最大化使得一些人的思想行为具有十分强烈的功利性，个人拥有的金钱和物质成了他们评价个人价值的唯一标准。受此观念影响，有些大学生为了个人的利益和个人价值的实现，忽视了集体和国家的利益，放弃了自己应该承担的社会责任。

(2)家庭教育的偏差。家庭是第一所学校，父母是第一任教师。很多家长在陪伴孩子成长的过程中，没有把培养责任心作为成长的一个基本条件，更没有把人格健全作为基本目标，而是一味地包容、溺爱，他们把本该孩子承担的责任揽到自己身上，让孩子习惯了接受，却不懂得付出。逐渐地，孩子便权利意识强而义务感和责任感淡薄。

(3)学校的德育教育不足。在国内应试教育的引导下，中小学教育主要以灌输知识为主，升学率依然是人们衡量学校教育水平的标准，学习成绩也自然而然地成为学校衡量学生好坏的主要标准。有些学校注重文化课学习，缺少对学生的品行教育，学生把全部精力置于文化课的学习上，很少考虑自身对社会、对他人、对家庭的责任，这就在一定程度上造成了学生的人格缺陷，导致了一些大学生责任意识的淡化。

3. 增强大学生责任感的举措

(1)明确当代大学生应该担当的责任。根据大学生的不同社会角色明确他们要承担的相应的社会责任。在社会中是公民、在学校里是学生、在家庭中是子女，不同的角色赋予他们不同的权利和义务，也赋予了他们不同的责任。要让学生明确他们作为公民 、学生、子女应尽到的责任。

(2)强调权利与义务的对等关系。作为社会的一分子，每个人既享有一定的权利，又必须承担一定的责任和义务，既从社会中获取，又为社会奉献。权利、责任和义务是统一的。没有无权利的义务，也没有无义务的权利。社会中的人，各种需求都要从社会中得到满足，社会是人的社会，人们只有不断地为社会创造财富、做出贡献，社会才能满足人的需求。所以，我们在享受权利的时候也要尽到义务，尽到自己该尽到的责任。比如，作为公民，在享受法律保护的同时要遵守法律，在享受公共设施带来方便的同时也有义务爱护公共设施，在享受大自然给我们带来的阳光和空气的同时也要保护环境，在享受交通带来的便利的同时也要遵守交通规则，等等。作为子女，父母把我们养育成人，我们在享受了父母的关爱与教育的同时，也有义务要孝敬、赡养父母。作为学生，在享受学校教育的同时，也要遵守校纪校规，尊师好学，认真做好教室、宿舍卫生，按时缴纳费用等，这些都是作为一名学生应尽的义务。

(3)开展感恩教育。感恩是一种生活态度，是一种品德，一个善良的人应该有颗感恩之心，人与人之间如果缺少感恩之心，必将造成人际关系冷淡。一部分学生之所以缺乏责任感，就是因为缺少感恩教育，感恩教育有助于大学生明确父母对他们无私的关爱以及国家与社会对他们的眷顾，能帮助他们更好地审视自己、认识自己，了解作为一名大学生肩负的责任和义务，激励他们奋发图强，用自己的实际行动来回报父母，回馈社会、报效祖国。

可以通过观看有关感恩的影视作品，开展主题班会、演讲比赛等活动进行感恩教育。也可以通过学生奖学金、助学金的发放，引导学生感恩学校、感恩社会、感恩国家。

(4)通过游戏活动增强学生的集体责任意识。学校可以开展一些增强责任心的游戏活动，让学生在游戏中体验责任的重要、体会集体成员间相互合作的重要。按照游戏规则，出错后要承担责任，接受惩罚，让同学们学会承担、敢于承担责任，从游戏中学会发扬团队精神，培养集体观念及集体责任意识。这样寓教于乐，避免了单纯的说教，学生更容易接受。

(5)在班级活动中为学生学习承担责任提供更多的机会和途径。一些学生不敢承担责任，其原因是缺乏肩负重任的能力和勇气。要积极引导学生参与各种各样的需要承担责任的活动，让他们在活动中学会负责、学会履行自己的职责，逐步培养他们的勇气和承担责任能力。让学生在学习、生活中履行责任，通过规范管理，形成奖惩分明的激励机制，强化学生的责任意识。可从平时的班级活动中培养他们的责任心，引导学生从小事做起、从点滴做起。

(6)社会实践锻炼。社会实践是培养当代大学生社会责任感的最好课堂。大学生的社会实践主要有校园社团活动、假期社会实践、义务献血、义务劳动、家务劳动、智力扶贫与青年志愿者活动等。这些活动符合大学生的心理需要，能最大限度地调动大学生的激情、青春朝气与活力，是培养大学生责任感的根本路径。这些实践活动不仅使大学生认识了国情，加深了对祖国和人民的热爱之情，锻炼了意志品质，而且使他们认识到劳动的伟大以及科学技术的重要，促使大学生更好地为国家尽忠、为家庭尽孝、为他人尽爱、为社会尽责。

责任教育是一个从认知到行动的过程，是一项系统工程。需要社会、学校、家庭和个人的四维互动。培养学生的责任意识，进而内化为学生的习惯仍然任重而道远，需要我们不断努力。

二、提高大学生的实践能力

大学生提高个人实践能力，不仅有助于提升自身综合素质，为未来的职业发展打下坚实基础，还能更好地适应社会需求，为社会的发展做贡献。通过实践，大学生能够更好地理解理论知识，增强解决实际问题的能力，培养创新思维和团队协作精神。同时，实践能力也是企业招聘时非常看重的一项能力，提高实践能力有助于大学生在求职过程中脱颖而出。因此，大学生应该重视对实践能力的培养，通过多种方式提高自己的实践能力，为未来做好准备。

1. 参与社会实践

寻找与自己专业或与兴趣相关的实习机会。通过实习，大学生可以接触到实际的工作环境，了解行业运作，从而更好地将理论知识应用于实践中。可参加社区服务、公益活动等。这些活动可以培养大学生的社会责任感和团队协作能力，同时也能提升他们的组织协调能力。

通过参与社会实践，大学生可以更深入地了解社会的运作机制，增强自己的社会适应能力。参与社会实践需要大学生与不同的人进行交流和合作，从而提升他们的组织协调、沟通交流等能力。

2. 参加学术竞赛

(1)创新思维和团队协作能力。学术竞赛往往需要创新的思维方式和良好的团队协作能力，参与竞赛可以帮助大学生锻炼这些能力。

(2)发现自己的不足。通过与他人的竞争，大学生可以更清楚地看到自己的不足，从而有针对性地提升自己的实践能力。

(3)增强竞争意识。学术竞赛是锻炼竞争意识的好机会，它有助于大学生在未来职场上更好地应对挑战。

3. 学习实用技能

实用技能，如编程、设计、语言等，这些技能在未来的工作中具有很高的应用价值。掌握这些技能可以为大学生的职业发展提供更多机会，让大学生在求职过程中更具竞争力，帮助大学生提升自己的自我价值感。

4. 参加社团活动

参加社团活动可以结交志同道合的朋友，扩大人脉圈。人脉关系对于未来的职业发展有着重要的作用。通过参加社团活动，大学生可以找到自己的兴趣所在，从而更有针对性地提升自己的实践能力。

5. 参与志愿服务

参与志愿服务可以培养大学生的社会责任感和奉献精神，使他们更加关注社会的需求并发现问题。在志愿服务中，大学生需要与不同的人进行交流和合作，这有助于提升他们的社交能力和组织能力。志愿服务可以为大学生提供丰富的实践经验，帮助他们更好地适应社会和工作。

6. 参加创业比赛

参加创业比赛可以帮助大学生培养创新思维和团队协作能力。通过参加创业比赛，大学生可以将自己的创业想法付诸实践，从而更好地了解创业的全过程。

7. 参加学术研究

参加学术研究可以帮助大学生深入了解自己感兴趣的领域，为未来的职业发展打下坚实的基础。参加学术研究还可以帮助大学生培养独立思考和解决问题的能力。

8. 自我反思与总结

通过反思与总结，大学生可以找出自己的不足之处，制订相应的改进计划。反思与总结有助于大学生更好地认识自己，明确自己的发展方向和目标。

9. 寻求导师或专业人士的指导

有经验的导师或专业人士可以给予大学生宝贵的实践技巧指导，帮助大学生更快地掌握实践技能。与导师或专业人士建立联系可以为大学生提供更多的人脉资源，为未来的职业发展提供帮助。

职业课堂

从农村走出的数控领军人

陈行行，男，1989年生，汉族，群众，中国工程物理研究院机械制造工艺研究所加工中心特聘高级技师，先后获得全国五一劳动奖章、全国技术能手、四川工匠、2018年“大国工匠年度人物”等荣誉及称号，在第六届全国数控技能大赛中，获加工中心（四轴）职工组第一名。

陈行行，一个从微山湖畔小乡村走出来的农家孩子。2006年至2011年，陈行行先后在山东技师学院机械工程系学习，在某食品设备有限公司从事机加工艺与数控程序编制、调试及新产品开发等工作。在这期间，他凭着刻苦钻研、踏实勤奋的劲头，取得了相当不错的成绩。在第四届全国数控技能大赛加工中心（四轴）职工组获第四名，获山东省富民兴鲁劳动奖章、山东省技术能手等荣誉及称号。

2011年，陈行行无意中与中国工程物理研究院结缘，这是中国唯一的核武器研究生产基地，他决心在一个新的更大的平台上为实现强国梦、强军梦而努力，最终他选择了投身国防事业。研究院为陈行行提供了良好的工作条件。他操作的设备是国内一流的高精尖数控设备，研究的是高精尖的国防尖端产品。对他而言，责任更大、要求更高。面对压力，他更有着一股子不认输、不服软的冲劲儿。

陈行行先后取得了加工中心高级技师、数控车工技师、高级制图员等8项职业资格，掌握了多种铣削加工参数化编程方法、精密零件铣削及尺寸控制方法和成型刀具的手工刃磨方法。他先后撰写了《动叶轮高速铣削技术》等论文及技术革新合理化建议10余篇，取得了“多工位柔性快换夹具的应用”“弱刚性零件的加工变形控制技术”和“全参数化编程方法的应用"等多项成果。他参与编写的《数控铣工/加工中心操作工(高级)》和《数控铣床操作与编程》成为职业院校教材。

2012年以来,陈行行多次参加四川省和国家级技能比赛,凭借良好的心理素质、精湛的技能技术、全面的综合能力,获得第六届全国数控技能大赛加工中心(四轴)职工组第一名,并曾两次获得全国数控技能大赛四川省选拔赛加工中心(四轴)职工组第一名。

奋斗,已经融入陈行行的血液里。作为研究所唯一的特聘技师,陈行行具体管理着三个高技能人才工作站,兼任了某壳体高效加工和加工中心两个高技能人才工作站的领办人。作为高技能人才工作站的领办人,陈行行和他的团队有信心把工作站建设成数控加工创新成果的孵化器。

任务打卡

拓展阅读

➤课堂讨论:

在什么样的情况下,你会选择换工作?(列出三条最无法接受的原因)。你认为换工作的优势和劣势分别有哪些?

➤能力养成:

制订增强社会责任感和实践能力计划。

任务3　培养个人职业综合胜任力

任务知识点

一、企业选拔人才的标准

企业选拔人才的标准会因企业而异,但有一些常见的统一标准和原则。以下是一些企业选拔人才时可能会考虑的因素。

(1)学历和经验。一些企业会要求候选人具备特定的学历和(或)工作经验,以便他们能够胜任该职位。

(2)技能和能力。企业需要候选人具备适当的技能和能力,以完成该职位的工作任务,包括技术技能、沟通能力、领导能力、解决问题的能力等。

(3)品格和道德。企业希望候选人有高度的品格和道德标准,以确保他们有诚信、具有责任心和职业操守。

(4)团队协作能力。企业希望候选人能够与团队成员合作,共同实现团队目标。

(5)学习能力。企业希望候选人能够快速学习新知识和技能,以适应不断变化的工作环境。

(6)创新思维。企业希望候选人能够提出新的想法和解决方案,以帮助企业创新和发展。

(7)沟通能力。企业希望候选人能够清晰地表达自己的想法和意见,并与同事和客户进行有效沟通。

(8)适应性。企业希望候选人能够适应不同的工作环境和压力。

(9)领导力。企业希望候选人能够具备领导能力和管理技能,以帮助企业发展壮大。

(10)绩效和目标导向。企业希望候选人对目标有明确的认识,能够为实现目标而努力工作。

总之,企业选拔人才的标准是多元化的,涵盖了多个方面,如学历、技能、品格、团队协作能力、学习能力、创新思维等,不同的职位有不同的标准,但总体来说,企业都希望找到最合适的人才,以实现企业的目标和愿景。

二、培养个人职业综合胜任力

个人职业综合胜任力是指一个人在特定职业领域中所应具备的能够成功完成相关工作的技能、知识和能力。它包括以下四个方面:

(1)专业技能。这是从事某个职业所需的技能,如编程、设计、市场营销等。

(2)通用能力。如沟通、协调、分析、判断等能力,这些能力在职场中都非常重要。

(3)职业素养。如职业道德、职业态度、职业精神等,这些也是个人职业综合胜任力的重要组成部分。

(4)人岗匹配。即个人的性格、兴趣、价值观等与工作岗位的要求相匹配。

大学生可以通过以下十种方式来培养个人职业综合胜任力。

(1)明确职业目标。首先,大学生需要明确自己的职业目标,了解自己想要从事职业所需的能力和技能。这样可以更有针对性地进行学习和实践。

(2)学习专业知识。大学生应该认真学习专业知识,掌握扎实的学科基础。同时,他们还需要关注行业动态,了解专业领域的发展趋势。

(3)参与实践活动。大学生可以通过参与实践活动来锻炼自己的实际操作能力。例如,参加社团、实习、志愿服务等活动,可以提升沟通协调、团队合作等能力。

(4)积累经验。大学生可以通过实际工作、参与项目等来积累丰富的经验,了解实际工作中所需要的能力和技能。

(5)寻求反馈。大学生应该积极寻求反馈,了解自己的不足之处,从而有针对性地进行改进。大学生可以通过导师、同事、朋友的评价和建议来不断地完善自己。

(6)培养通用能力。除了专业知识外,大学生还需要培养一些通用能力,如沟通、协调、分析、判断等能力。

(7)提升自我认知。大学生需要深入了解自己的性格、兴趣、价值观等,以便更好地与工作岗位匹配。大学生可以通过自我反思和职业测评等方式,来更好地认识自己。

(8)持续学习。培养个人职业综合胜任力是一个持续的过程。大学生应该保持学习的热情,不断学习新知识、新技能,以适应不断变化的工作环境。

(9)建立人脉。大学生可以通过与同学、导师、行业人士等的交流和合作,建立广泛的人脉关系。建立人脉不仅有助于大学生了解行业动态,还可以为未来的职业发展寻求机会。

(10)关注行业动态。了解行业的最新动态和发展趋势,不仅可以帮助大学生更好地规划自己的职业发展,同时也可以为他们提供更多的就业机会。

职业课堂

职业教育跟着产业走出去

在教育部发布的《中国职业教育发展报告(2012—2022年)》中,"现代化进程中的中国职业教育"中写道:中国职业教育面向世界、融通中西,在"引进来""走出去"中不断实现"再提升",推动构建开放型经济体系,成为国际经济、技术和文化交流合作的重要载体。

助力国际产能合作。职业教育伴随中国企业和产品"走出去"、服务共建"一带一路",与70多个国家和国际组织建立了稳定联系,与19个国家和地区合作建成20家"鲁班工坊",在40多个国家和地区合作开设"中文+职业教育"特色项目,培养了大批懂中文、熟悉中华优秀传统文化、当地中资企业急需的本土技术技能人才;一大批中国职业学校教师涉重洋,手把手将职业技能和经验传授给当地青年,帮助"一带一路"沿线国家培养技术技能人才,助力合作国家工业化进程。

推动技术文化交流。中国积极参与世界技能大赛,以赛会友、以赛促技。自2010年正式加入世界技能组织,近五届世界技能大赛累计获得36枚金牌、29枚银牌、20枚铜牌,参赛项目和参赛规模不断扩大。面向欧洲地区,打造中欧"双元制"产教融合平台,加强与德国、法国、瑞士等欧洲国家相关行业领域优质企业职教合作,推动成立"中国—中东欧国家职业院校产教联盟",搭建与中东欧国家校企合作平台;面向非洲地区,启动"未来非洲—中非职业教育合作计划",合作成立"中非职教合作联合会",进一步加强与非洲国家职业学校的联系与交流;面向东南亚地区,实施"中国—东盟双百职校强强合作旗舰计划",在中国和东盟国家职业学校中已遴选80对特色合作项目。2022年,主办金砖国家职业教育联盟大会,成立金砖国家职业教育联盟,举办金砖国家职业技能大赛,积极推动金砖国家加强职业教育领域交流对话。

《中国职业教育发展报告(2012—2022年)》在"面向世界的合作与展望"中写道:

搭建合作交流平台,与世界共享中国职业教育改革成果是我们的美好愿景。中国将一以贯之地坚持对外开放,以国际视野兼容并蓄,以国际胸怀开放合作,深度融入世界职业教育改革发展潮流,积极构建国际化交流平台,致力消除贫困、增加就业、改善民生,在力所能及的范围内承担更多责任义务,为全球教育治理贡献中国方案,为推动构建人类命运共同体贡献教育力量。

1. 增进职业教育未来发展新共识。坚持开放合作、互利共赢,创新共享开放理念,加快职业教育数字化转型、绿色人才培养和技能供给,不断增强职业教育适应性。

——凝聚数字职教共识,践行数字职教理念,加快数字化转型。将数字化视为本国促进社会公平、就业公正的优先战略领域，加大优质数字技能开发应用，助力落后地区和弱势群体的数字化能力建设。合作推动“一带一路”沿线国家和地区数字化技术应用和普及，加大数字技能供给，将数字素养纳入职业教育核心能力加以培养。顺应数字化时代的发展需要，探索数字产业人才培养新模式。

——响应绿色经济发展需要，扩大绿色技能人才供给。将职业教育绿色转型发展视为优先事项。把职业教育绿色发展列入国家规划、地方政府政策和职业教育机构业务范围，谋划职业教育绿色发展实施路径，并将其纳入课程、教材、教学、考核、评价的各个环节。

——面向人人，服务人人，提高职业教育开放共享水平。及时响应全体社会成员参与社会劳动、融入社会生活的个性化和多元化的需求，加大对女性人员、失业人员、青年未就业人员、残疾人员等弱势群体改善生活处境的支持，增进社会公正和社会团结，增强社会发展韧性。

2. 扩大职业教育国际合作朋友圈。鹿鸣得食而相呼，伐木同声而求友。中国将搭建更多合作平台，开辟更多合作渠道，开展多方务实交流对话，促进各国职业教育繁荣发展。

——建立互学互鉴、共商共享合作机制。牵头举办世界职业技术教育发展大会，逐步将大会打造成职业教育领域具有重要国际影响力的机制性会议。同期办好世界职业院校技能大赛、世界职业教育产教融合博览会，发起成立世界职业技术教育发展联盟，建立职业教育国际合作激励机制，促进职业教育改革新成果更广泛地惠及人类发展。积极参与中非合作论坛、中国—东盟（10＋1）、金砖国家等合作机制，扩大合作交流范围，增进理解、分享经验、促进发展。

——实施职业教育服务国际产能合作行动。不断加大与“一带一路”沿线国家、东盟成员国、澜湄流域、非洲国家的合作，聚焦高铁、通信、智能制造、航空航海、农业技术等领域，构建职业教育服务国际产能合作框架，实施职业教育服务国际产能合作行动，有序优化职业教育资源投放精准性，积极探索中国企业与职业学校合作开展海外办学，推动职业教育与中国企业一道“走出去”。

——促进国际组织间的职业教育多边对话。积极响应和参与国际劳工组织、联合国教科文组织、世界银行及 OECD 等国际组织关于职业教育的倡议和活动，帮助有需要的国家提高职业教育水平。

3. 合作共铸人类技能开发大体系。新一轮技术革命对人们的素质结构、能力结构提出全新要求和挑战，中国愿与世界各国共参共商，合作构建人类技能开发体系。

——打造“一带一路”职业教育合作升级版。中国将秉承《推进共建“一带一路”教育行动》精神，不断拓宽与“一带一路”沿线国家和地区的国际合作渠道，搭建国际化发展和交流的广阔平台。

——推进“中文 ＋ 职业技能”国际化发展。充分尊重不同国家发展需求，推动国际中文教育与职业教育“走出去”融合发展。根据技能类别、适用人群、地域特点等因素，配合对外经贸交流和产能合作，开设形式多样、内容丰富的“中文 ＋ 职业技能”特色课程,服务中国境外经贸合作区企业。

——擦亮"鲁班工坊"中国名片。中国将坚持平等合作、优质优先、强能重技、产教融合、因地制宜的原则,坚持"鲁班工坊"品牌核心要义,坚持共研、共建、共享、共用、共赢,不断优化和完善"鲁班工坊"全球布局。

《中国职业教育发展报告(2012—2022年)》最后写道:

孤举者难起,众行者易趋。人类是休戚与共的命运共同体,坚持共建共享、合作共赢是破解世界各国发展困局的"对症良药"。中国愿意同世界各国一道,开诚布公、互通有无,把职业教育作为传播技能、传播文明、传播友谊的桥梁纽带,与世界各国齐心勠力、同向同行,携手开创人类美好未来。

资料来源:《中国职业教育发展报告(2012—2022年)》

任务打卡

➤课堂讨论:

你通过参与哪些活动提升了自己的个人职业综合胜任能力?具体是哪些方面的能力?

➤能力养成:

在校期间,如何更快更好地提高个人素质?制订你的计划和方案。

项目总结

在本项目中,通过完成三个任务,努力提高自己的学习生活水平、社会责任感和实践能力,并培养个人职业综合胜任力。

任务1让我们意识到合理的学习生活计划对提升学习效果和自我管理能力至关重要。我们会根据自己的实际情况,制订一份详细的学习生活计划,包括每天的学习任务、休息时间和娱乐活动等。我们通过执行这份计划,能提高自己的学习效率,养成良好的时间管理习惯。

任务2帮助我们增强社会责任感和实践能力,通过学习与实践增强社会责任认识。此外,我们还了解到,可以通过参加各种活动来提升自己的实践能力。这些经历能够帮助我们更加明确自己的职业方向和社会价值。

任务3强调要培养个人职业综合胜任力,我们要注重提升自己的专业技能和通用能力。我们应不断更新自己的专业知识,提升技能水平。同时,还要注重培养自己的沟通、协调和团队合作能力,通过参加社团、实习、志愿服务等活动,提升自己的通用能力。

通过完成本项目的三个任务，不仅能提升自己的学习能力、社会责任感和实践能力，还能培养个人职业综合胜任力。这些经历让我们更加明确自己的职业方向和发展目标，为未来的职业生涯奠定坚实的基础，帮助我们在今后的学习和工作中，继续努力提升自己的能力和素质，不断追求卓越。

趣味测试

项目12 进行自我评估

项目指南

自我评估是学习工作过程中的一个重要环节，是评估方式中的一种。自我评估能帮助我们分析问题、适应需求。本项目将通过介绍如何评估提升计划的进展情况、优化行动计划和发展方向以及合理选择B方案，帮助大家应对职业生涯发展过程中的变化，更好地规划发展道路。

正确的自我评估不仅能够帮助大学生清晰地认识自我，还能帮助大学生更好地掌握自己职业发展的方向，洞悉职业发展的外在变化，在变化中不断调整自己的状态，取得事半功倍的效果。

学习目标

1. 以问题为导向，重点解决影响职业生涯发展的不利因素，以点触面提出整改路径。通过分析，洞悉和掌握职业发展过程中的变化，更好地规划发展道路。

2. 选定B方案，适应发展需求。通过在计划实施过程中不断优化，达到预期目标，以更积极的心态去面对挑战。

任务1 评估提升计划的进展情况

任务知识点

一、职业生涯规划"五道坎"

职场人都要经历一个新人期到老人期的过程，对于职场人来说，清楚工作中的五道坎对适应职场是非常重要的。

1. 第一道坎:“青黄不接”阶段

工作后的 1～3 年是职业生涯最“青黄不接”的阶段,你既不像毕业生那么“单纯”,又不像有资历的同事那样能“独当一面”,这一阶段正处于“一瓶不满,半瓶晃荡”的状态,如果你此时换工作,其难度可想而知。

这个阶段的主要疑问是:“我是谁?”“我能做什么?”迷茫的主要原因是缺乏自信和社会经验。如果在这段时间你能够静下心来,那么你往往能够积累到宝贵的工作技能和“从学习迈向工作”的坦然的就业心态。许多人“爱跳槽”的毛病往往都是在这个阶段“稳不住窝”养成的。

2. 第二道坎:“职业塑造”阶段

工作后的 3～5 年,你会逐渐步进入“职业塑造”阶段。在你逐渐熟悉了企业文化,了解了企业内情,初步建立了人际关系网之后,你的“职业性格特点”就会暴露出来:哪些是你擅长的,哪些是你不足的。你开始进入“职业塑造”阶段,对职业方向进行合理调整和矫正。

那么,怎样对职业方向进行合理的调整与矫正呢?不妨在你工作的相关领域先适当地调整一下工作方式,比如,在同一个公司的不同部门适当地进行换岗,这样不仅能开阔视野,增添新鲜感,还能检测出你究竟适合什么工种。如果发现你的性格和特长与现阶段工作偏差较大,那么一定要当机立断,马上改行,千万不要贪恋现有工作的薪水或环境。

3. 第三道坎:“职业锁定”阶段

工作后的 5～10 年,随着对自身优劣势及性格特点的日渐了解和不断的实践,你渐渐由职业塑造阶段走向了职业锁定阶段,开始确定自己能够从事的职业。

在这个阶段,有的人积累了比较丰富的经验,承担起工作的重任,并不断提高自己的能力,为提升或进入其他职业领域打基础;有的人会产生新的疑问:“为什么这么多年来我一事无成?”“理想和现实不相符,我是不是需要重新选择?”迷茫的主要原因是个人的发展目标与组织提供的机会和职业通路不一致。

这时候又该怎么办呢?你如果依然愿意尝试这份工作,就不应该愤世嫉俗、怨天尤人,而应该端正态度、投入工作,在工作中快速磨炼并积极探索,不断修正下一步的工作计划和发展方向。即便已经暂时锁定了你的职业种类,也千万不要每天得过且过地混日子。相反,要更加勤奋,不断寻求自我突破,帮助自己不断跨越新的高度。

4. 第四道坎:“事业开拓”阶段

工作后的 10～15 年,你的职业将成为你的终身事业,这意味着你开始从前期职业阶段向人生事业阶段迈进。可能你在这个阶段仍然保持着原来的职业状态,仍然在为“老板的事业”奔波,但年龄和阅历已经将你推向了事业发展的起跑线。这时,你的家庭开始逼迫你为他们着想,你的事业心和成就感都推动着你要开始考虑“自己的事业”了。

这个阶段你的主要疑问是:“接下去的岁月,应该做些什么?”很多步入中年的人在机会面前不敢贸然做决定,因为他们从心理上理解了人生的有限,自己也开始重新衡量事业和家庭生活的价值。因此,在此阶段可能会发生职业生涯危机。

5. 第五道坎:“事业平稳”阶段

工作 15 年以后,你在职业锁定阶段和事业开拓阶段已经积累了丰富的经验,因此在这个阶段,你要做的是如何使自己的事业能够平稳的持续上升。在这期间,你还要不断地去观察市场、了解市场,不能有丝毫的松懈,所以你可能会很累、很辛苦,不过你见得多了,承受压力的能力也会随之增长,渐渐地你就能游刃有余了。

二、评估提升计划的步骤

在实施提升计划的过程中,为确保计划的可行性和有效性,需要对计划的各个方面进行评估。以下将从目标明确性、计划可行性、实施进度、效果显著性、可持续性等几个步骤进行详细阐述。

1. 目标明确性

评估提升计划的目标是否明确、具体、可衡量,是评估改进计划的基础。目标明确性评估包括以下两个方面:

(1)目标是否清晰明确,易于理解;

(2)目标是否可衡量,是否可以通过一定的指标或数据进行评估。

2. 计划可行性

评估提升计划的可行性是确保计划顺利实施的关键。计划可行性评估包括以下三个方面:

(1)计划是否合理,是否符合实际情况,是否具有可操作性;

(2)计划是否考虑到各种风险因素,是否制定了相应的应对措施;

(3)计划是否具备可实现性,是否考虑到时间等方面的限制。

3. 实施进度

制订提升计划的实施进度表是确保计划顺利实施的重要环节。实施进度评估包括以下三个方面:

(1)任务节点是否合理,每个阶段的任务和完成标准是否明确;

(2)时间节点和完成期限是否合理,是否考虑到各种因素对进度的影响;

(3)是否建立了进度监控机制,该机制是否能确保及时发现和解决问题。

4. 效果显著性

评估提升计划的效果是判断计划是否成功的关键。效果显著性评估包括以下两个方面:

(1)计划是否达到预期目标,是否实现了预期的效果;

(2)计划实施前后是否有明显的差异或改善,效果是否显著。

5. 可持续性

评估提升计划的可持续性是确保计划长期发挥作用的关键。可持续性评估包括以下两个方面:

(1)计划是否能保持已有的进度发展,是否具备可持续的潜力;

(2)计划实施过程中是否遵循了 SMART 原则,减少不利因素的影响。

三、职业生涯的调整

1. 职业生涯调整的原因

职业的确定不是一成不变的，职业生涯调整是一个持续的过程，需要根据自身情况和外部环境的变化及时进行。通过调整职业生涯规划，可以更好地实现个人目标，提高职业竞争力和生活质量。这主要基于以下几个原因：

(1)适应行业变化。随着时代的发展和科技的进步，各行各业都在不断变化，新业态、新模式、新职业不断涌现。为了适应这种变化，职业生涯规划需要根据行业发展趋势及时调整，以保持竞争力。

(2)实现个人发展目标。每个人都有自己的职业生涯目标和规划。有时候，个人目标会随着时间、自身条件和外部环境的变化而变化，此时就需要调整原有的规划。因此，定期进行职业生涯调整，可以确保个人发展目标得以实现。

(3)解决职业瓶颈。在职业生涯中，可能会遇到各种瓶颈，例如晋升受阻、工作缺乏挑战、工作压力过大等。通过职业生涯调整，可以找到解决这些问题的办法，提高职业满足感和幸福感。

(4)保证工作与生活的平衡。在追求事业发展的同时，也需要关注自己的生活质量。通过职业生涯调整，找到工作与生活的平衡点，提高生活品质和工作效率。

(5)应对突发事件。在职业生涯中，可能会遇到一些突发事件，例如，失业、疾病、家庭变故等。在这种情况下，职业生涯调整能够帮助你快速地重新定位自己，找到新的职业方向。

(6)增强个人竞争力。随着竞争的加剧，为了保持竞争优势，必须不断学习和提高自己的技能。通过职业生涯调整，可以找到更适合自己的发展方向，增强个人竞争力。

(7)促进职业稳定。适当的职业生涯调整可以帮助你更好地适应企业战略和团队文化，增强职业稳定性。

2. 全面了解自己

在职业生涯调整的过程中，除充分利用自己的优势外，还要积极改进和弥补自己的劣势，以提升职业竞争力。你可以通过以下方法更全面地了解自己的优势与劣势。

(1)自我反思。通过自我反思，回顾自己的职业经历和学习过程，思考自己在哪些方面表现出色，哪些方面存在不足。你可以记录下自己的优点和缺点，以便更好地了解自己的优势与劣势。

(2)寻求反馈。与同事、领导、导师等人交流，了解他们对你工作的评价和建议。他们可能会指出你未曾注意到的优点和缺点，帮助你更全面地认识自己的优势与劣势。

(3)技能评估。列出你具备的所有技能，包括专业技能、通用技能和自我管理技能等。分析哪些技能是你的强项，哪些技能需要进一步提升。

(4)成就回顾。回顾你的职业生涯，列出你在工作中取得的主要成就。分析这些成就背后所体现的优点和特质，这些都是你的优势。

(5)心理测评。通过心理测评工具，如性格测试、职业倾向测试等，了解自己的性格特点、价值观和职业倾向。这些信息可以帮助你发现自己的优势与劣势。

(6)比较分析。与同行业或同职位的其他人进行比较，分析自己在哪些方面具有优势，哪些方面处于劣势。这样可以更好地了解自己在行业中的竞争力。

(7)倾听他人意见。向他人寻求对自己职业发展的意见和建议。

(8)关注发展目标。将你的发展目标与你的优势和劣势结合起来看，找出你在实现目标过程中的优势和需要改进的方面。

职业课堂

"中文＋职业技能"教育国际化发展模式

2021年，中共中央、国务院在印发的《关于推动现代职业教育高质量发展的意见》第十九条"推动职业教育走出去"中，提出了探索"中文＋职业技能"的国际化发展模式。

在海外实施"中文＋职业技能"教育，推动国际中文教育与职业教育"走出去"融合发展，实施"中文＋职业技能"教育，对提升国际中文教育和中国职业教育全球适应性，增强中国教育品牌整体国际影响力，助力各国经济社会发展，促进中外民心相通具有十分重要的意义。

实施"中文＋职业技能"教育是我国教育对外开放理念的重要实践。2020年6月，教育部等八个部门印发的《关于加快和扩大新时代教育对外开放的意见》指出，教育对外开放是教育现代化的鲜明特征和重要推动力，要坚持教育对外开放不动摇，主动加强同世界各国的互鉴、互容、互通，形成更全方位、更宽领域、更多层次、更加主动的教育对外开放局面。国际中文教育和职业教育是我国教育领域对外开放的重要内容。一方面，经过多年发展，国际中文教育在全球已具备坚实的发展基础，目前全球已有70多个国家将中文纳入国民教育体系，4 000多所国外大学开设了中文课程，中国以外正在学习中文的人数约2 500万，累计学习和使用中文的人数近2亿。另一方面，我国职业教育"走出去"方面成效显著，据统计，"十三五"期间，共有400余所高职院校与国外办学机构开展合作办学，全日制来华留学生规模达1.7万人。因此，加快推进国际中文教育和职业教育"走出去"融合发展，实施"中文＋职业技能"教育，是我国教育对外开放的应有之义，也是提升我国教育国际影响力、打造教育国际品牌的重要实践。

实施"中文＋职业技能"教育是提升我国职业教育全球适应性的客观需要。我国职业教育在"走出去"的过程中，需要充分考虑东道国的经济社会发展状况、语言文化习俗、法律法规以及与中国产能合作、中资企业落地等情况，使国际中文教育与职业教育发展定位更有针对性和有效性，以便最大限度获得当地政府的支持和认可，确保在合法合规的环境下所有教育项目的可持续发展。

实施“中文＋职业技能”教育是推动国际中文教育和职业教育融合发展的重要举措。语言交流是新形势下有效开展国际合作不可或缺的重要基础和载体。在我国企业加快“走出去”的过程中，由于缺少语言支持，海外市场面临懂中文的复合型技能人才和管理人才缺乏的窘境。中华全国工商业联合会关于《2019年“一带一路”沿线中国民营企业现状调查》报告显示，“一带一路”沿线中资企业普遍面临人才“瓶颈”、当地雇员中文能力有限、跨文化沟通障碍等难题。这种供需“剪刀差”亟须中文教育和职业教育配套“走出去”，实现海外本土化一线人才培养和企业需求的精准对接。

实施“中文＋职业技能”教育是促进中外民心相通的重要推动力。在我国“一带一路”建设和教育对外开放不断深化的时代背景下，大力实施“中文＋职业技能”教育，充分发挥中文沟通载体功能，推动我国职业教育高质量“走出去”，不仅能够为当地经济社会发展提供服务，促进产业技能人才培养，提升就业水平，推动中外经济互利共赢，还能够增进中外双方在政府、企业、院校等领域的相互理解，助力国家间人文交流和民心相通。

党的十九届五中全会明确提出，要加快构建以国内大循环为主体、国内国际双循环相互促进的新发展格局。“十四五”规划明确提出“建设中文传播平台，构建中国语言文化全球传播体系和国际中文教育标准体系”。教育部中外语言交流合作中心正在贯彻落实全国职业教育大会精神，立足国际中文教育和职业教育基本属性，坚持以中文教学为基础、以职业教育为特色、以提高质量为核心、以产教融合为途径、以试点项目为引领，不断完善体制机制，加强专业标准建设，加大师资培养力度，大力开发教学资源，多措并举推动“中文＋职业技能”教育高质量创新发展，切实增强全球适应性。

随着我国进入新发展阶段，大力推进国际中文教育和职业教育“走出去”融合发展迎来新的历史机遇。推动构建“中文＋职业技能”教育高质量新体系是国际中文教育和职业教育与时代同行，与国际接轨过程中开展的一项积极探索和实践，有助于提升我国教育对外开放水平，对进一步推动“一带一路”建设落到实处，加快构建人类命运共同体具有重要现实意义。

资料来源：构建“中文＋职业技能”教育高质量发展新体系[J]，教育项目研究组，中国职业技术教育，2021-04-21

任务打卡

➢课堂讨论：

你所学的专业对应的行业或职业领域应用的新技术有哪些？

➤能力养成：

在进行职业生涯规划时，对与所学专业相关的产业、行业、企业进行调研。

任务2　优化行动计划和发展方向

任务知识点

一、优化个人行动计划的方法

通过以下方法，你可以优化个人职业规划行动计划，更好地实现自己的职业目标和发展规划。记住，职业生涯规划是一个持续的过程，需要不断地评估和调整自己的计划，以适应不断变化的环境和条件。

1. 明确目标

首先，要再次明确自己的职业目标，知道自己想要什么，以及实现一些目标所需的资源和条件。

2. SWOT 分析

进行 SWOT 分析可以帮助你了解自己的优势、劣势、机会和威胁，从而制订出更加切实可行的计划。

3. 制订具体计划

在明确目标并进行 SWOT 分析之后，需要制订新的行动计划，包括具体的步骤、时间表等。

4. 持续改进

计划不是一成不变的，需要不断对其进行评估和改进。在执行计划的过程中，需要不断收集反馈，了解计划的执行情况，并及时进行调整。

5. 提升能力

在执行计划的过程中，需要不断提升自己的能力，包括专业技能、通用技能和自我管理技能等。通过不断学习和实践，可以提高自己的竞争力。

6. 保持积极心态

在职业生涯规划过程中，会遇到各种困难和挑战。保持积极的心态，相信自己能够克服困难，是至关重要的。

7. 寻求导师或职业顾问的建议

有经验的导师或职业顾问可以提供宝贵的建议和指导，帮助你更好地制订和执行个人职业生涯规划行动计划。

8. 建立支持网络

与同事、朋友和家人建立支持网络，分享经验和资源，可以互相鼓励和支持，共同实现职业目标。

9. 勇于尝试和创新

在职业生涯规划过程中，勇于尝试新的领域和挑战自己，敢于创新和突破，可以发现更多的机会和发展空间。

10. 定期回顾和总结

要定期回顾和总结自己的职业生涯规划行动计划。总结经验和教训，找出成功的因素和需要改进的地方，可以更好地优化个人职业生涯规划行动计划。

二、建立个性化的心理调适方法

1. 识别不合理信念

当出现灾难化的想法，例如，"我一无是处""我的人生完了""没人爱我"时，问一下自己，这种想法是真的吗？这样你就有可能发现这只是"想法"，并非事实，应及时停止自暴自弃。

2. 积极进行自我对话

把自己当成小孩或者好朋友来温柔地对待。成功时赞美自己，失败时鼓励而非责备自己。建立稳定的自我价值感。

3. 正念冥想

观察思绪，认识自己。选择盘腿坐或正坐，或者任何一种你觉得舒适的姿势。如实、极其细微地关注和感受身体和身体周围的一切，对任何感知都保持好奇心并全部接受，不加评判，并形成畅通无阻的知觉流。可以微微张开或者闭上眼睛，感知当下。看到什么，听到什么，想到什么，碰到什么，闻到什么，不论喜欢与否，不评论，不停留，知觉随着时空变化而变化。

4. 书写情绪

把自己的感受记录下来，对情绪进行"命名"。试着将感觉描述得具体一些，比如"他拒绝我的时候我感觉很失望、很委屈，我以为他会愿意帮我，而不只是写下"好痛苦""好难受""烦死了"这样笼统的描述。书写可以帮助我们认识自己的情绪，当我们知道了自己痛苦的源头，痛苦的程度就减轻了。

5. 离开压力情境

如果你所在的环境让你喘不过气来，不妨暂时离开。与其陷入与他人或自己的纠缠，不如换一个环境冷静一下。

6. 运动

运动能影响 DA 能系统信号传递，增加多巴胺的释放并提高多巴胺受体结合率。运动是自然的奖励。

职业课堂

全球职业胜任能力

2017 年 12 月 12 日，经济合作与发展组织（OECD）发布 PISA2018“全球胜任力”（Global Competence）评估框架，对全球胜任力给出官方定义：全球胜任力是指对地区、全球和跨文化议题的分析能力；对他人的看法和世界观的理解和欣赏能力；与不同文化背景的人进行开放、得体和有效的互动的能力；以及为集体福祉和可持续发展采取行动的能力。

在“一带一路”倡议下，我国越来越多的职业院校正在积极开展国际职业教育合作。在“全球胜任力”的基础上，适应职业教育，“全球职业胜任力”的理念应运而生。“全球职业胜任力”主要是指在“知识、技能、态度、价值观”四个维度下，对跨区域文化下不同职业的认知、分析能力；对其他区域不同岗位职业素养的理解和适应能力；与不同文化背景的职业人进行开放、互动与有效合作的能力；为团体利益和可持续发展采取行动的技术技能与创造能力。

全球职业胜任力是职业人才参与全球竞争与合作的核心能力。作为职业人才参与全球竞争与合作，至少应该包括四个方面的教育：一是“尊重与沟通”。让学生了解不同文化规范、语言风格和民间风俗，面对跨文化职业人，能够尊重他人、关注弱势、开放互动。二是“发展与合作”。让学生运用所学，学会观察、提出问题、分析论点、解释现象，尝试在职业领域内跨文化团队合作，使其产生关注和参与其熟悉环境以外职业发展的意愿。三是“技术与文化”。让学生能够多视角思考全球问题，了解新技术、新工艺发展，学习技术技能，强化对他人的观点和世界观的理解和借鉴能力。四是“创新与创业”，深入新经济、新业态，关注不同区域发展，融入当地文化，建立创业团队，让自身优势得以发挥，创造能力得以展现。

在国际教育交流与合作中，要真正相互结合，实现跨文化、跨地域发展，培养适应全球复合型人才，国内的职业教育应该是双向的。以“尊重与沟通、发展与合作、技术与文化、创新与创业”为内涵培养青年全球职业胜任力，旨在强调适应不同文化环境背景多元发展的要求，切实提升学生职业发展的可持续性。学校应把与国际学生的交流活动作为学生在校学习活动的一部分，并在课程改革中体现“学生中心、产出导向、持续改进”的思想，把“全球职业胜任力”融入人才培养方案。两国学生始于尊重，持续交流，兼容差异文化，了解各自的需求和能够接受的方式；取得信任，持续深入，两国学生同堂学习，有利于青年跨文化背景下对全球科技发展与文化的认识与理解。在此基础上，两国学生共同创业，优势互补，未来发展可期。

全球职业胜任力是职业院校增强学生职业适应性的重要途径。应该由两国地方政府引领，签署职业教育合作协议，搭建合作平台，由职业院校对接，企业与多所高校共同实施，突破国际职业教育教学合作的机制瓶颈，形成“政府搭台、民间支持、多方协同、教育唱戏”的协同培养长效合作机制。通过“专题交流”培养学生跨文化“尊重与沟通”的能力，通过“实习实训”激发学生跨地域“发展与合作”的意愿，通过“课程学习”掌握全球“科技与文化”新技术，通过“创新创业”实现学生非熟悉环境下“创新与创业”的发展。

两国教育交流合作应建立稳定平台和有效机制，改变两国教育合作单向进行和无法持续的状况。促进两国职业教育资源共享、优势互补、互惠互利。共同推进职业教育国际化，增进青年学子之间的了解和友谊，培养具有国际视野的技术技能人才，服务国家和四川教育“走出去”战略的实现。组建两国地方间职业教育集团、职教联盟、职业教育教学研究机构、交流基地等政府部门支持，两地职业院校和两地社会组织、行业企业等广泛参与的互动交流平台。建立两地院校间联系与沟通的机构，向两地相关机构申请用于两地学生交流的经费支持，形成“政府搭台、民间支持、多方协同、教育唱戏”的“政企校多方协同”机制。创新载体。组织开展“找同异 寻机会 求发展”等专题交流和实习实训、课程学习、创新创业等两地教育交流与合作。并在两地设立用于支持两国学生双向交流活动的实体。

全球职业胜任力人才培养需要整合国内外教育资源共同努力。四川与香港职业类院校经过多年实践，共同构建的“专题交流、实习实训、课程学习、创新创业”协同培养的“全球职业胜任力”运行模式，是值得借鉴的。

(1)专题交流。川港两地学生互访交流。设计了科技、文化体验、公益、环保、专业课程、创新、实习 7 个活动类型和《大学生香港行社会实践活动实施手册》《香港青年学生美丽四川出行手册》等活动指南，坚持活动形式双向互访、一一结对和交流主题的深度。形成增进两地民心相通的初阶模式。

(2)实习实训。请香港学生来川实习。通过 8 个川港协同育人中心的企业资源，组织两地学生开展职业技能培训、职业技能竞赛、适应环境帮扶，助力香港学生在川实习。形成感受四川经济发展活力和人文风采的进阶模式。

(3)课程学习。川港两地学生同堂上课。通过“建课程、动结构、造空间、创环境”，两地教师合作开发、共同执教，两地学生分别在川港修读学分课程。通过互相学习，共同受益，实现课程价值的提升。以课程为载体，形成两地学生互修学分的提质模式。

(4)创新创业。让两地学生携手创业。通过“双创服务、中心帮扶、创汇孵化、配套驿站”“四位一体”的川港青年创新创业社区，助力两地学生合作孵化创新项目和创办企业，将人才与资源结合，培训与项目对接。通过实践，培养学生跨地域、跨文化的职业胜任力。形成融入国际化发展带来的巨大机遇和挑战的发展模式。

通过多年的有效运行，川港合作不断深入，形式不断增多、内涵逐步深化、规模稳妥扩大，培养效果未来可期。两地职业院校学生全球职业胜任力的培养模式是可以长期持续并复制的，对国家开展对外教育教学合作具有重要引领效应和借鉴意义。

在当前复杂多变的国际背景下，如何做好国内和国际的双循环是时代赋予我们的重要任务。我们应加强问题意识和解决问题的意识，积极利用好人类命运共同体、“一带一路”平台等重要的发展战略机遇，加强我国全球治理能力、促进国际和洲际人民之间的交流互鉴。对于整个社会而言,基本的全球胜任力是有效和成功地实施宏大目标的操作能力。尤其是对于国家经济发展而言,从职业教育角度,全球职业胜任力有助于打通国内外的双循环,促进中国的进步和发展,同时也会让世界各国加强多领域的互联互通。

任务打卡

➤课堂活动:

头脑风暴

1. 活动时间:

10 分钟。

2. 材料准备:

回形针,可移动的桌椅。

3. 活动目的:

帮助学生培养创造性解决问题的能力。

4. 活动过程:

调查研究表明,创造性可以通过简单实际的练习培养出来。然而,大多时候,革新想法往往被一些诸如"这个我们去年就已经试过了"或"我们一直就是这么做的"的话所扼杀。为了给参与者发挥先天的创造性大开绿灯,我们可以进行头脑风暴的演练。

头脑风暴的基本准则应当是:

(1)不允许有任何批评意见;

(2)欢迎异想天开(想法越离奇越好);

(3)我们所要求的是数量而不是质量;

(4)我们寻求各种想法的组合和改进,有了这些基本概念后,将学生分成 4~6 人的若干小组。

我们的任务是在 60 秒内尽可能多地想出回形针的用途(也可以采用其他任何物品或题目)。每组指定一人负责记录想法的数量,而不是想法本身。在一分钟之后,请各组汇报他们所想到的用途的数量,然后举出其中"疯狂的"或"激进的"想法。有时,一些"傻"念头往往会被证实是很有意义的。

5. 讨论:

(1)当你在进行头脑风暴时还存在一些什么样的顾虑?

(2)你认为头脑风暴最适合解决哪些问题?

(3)你现在能想到的在学习生活中可以利用头脑风暴的地方有哪些?

➤能力养成:

对个人求职目标进行决策分析。

任务 3 选定 B 方案适应发展需求

任务知识点

一、提出 B 方案的方法

你可以提出多种 B 方案，为职业生涯调整提供更多的选择和可能性。在提出 B 方案时，要注重方案的可行性和实用性，同时也要考虑个人兴趣和能力等因素，常用方法有头脑风暴、逆向思考、借鉴经验、分解问题、咨询专家或顾问、实验和试错、利用创新工具、综合考虑、反思和调整、开放心态等。

(1)头脑风暴。列出与当前问题或目标相关的所有可能的方案，不要对方案进行任何评价或筛选，尽可能多地提出想法。然后再对这些方案进行评估和筛选，找出具有可行性和潜力的 B 方案。

(2)逆向思考。从问题的反面或对立面进行思考，寻找不同的解决方案。这种方法可以帮助你发现一些新的、与众不同的 B 方案。

(3)借鉴经验。回顾过去的类似案例或借鉴他人的经验，从中获取启示和灵感，提出新的 B 方案。

(4)分解问题。将复杂的问题分解为更小、更具体的子问题，针对每个子问题提出相应的解决方案，然后将这些方案综合起来形成 B 方案。

(5)咨询专家或顾问。寻求行业专家或职业顾问的意见和建议，他们可能会提供一些你没有考虑过的 B 方案。

(6)实验和试错。对于一些不确定的 B 方案，可以通过实验或试错的方式进行验证。通过实践来检验方案的可行性和效果，并根据反馈进行调整和完善。

(7)利用创新工具。利用一些创新工具，如设计思维、敏捷开发等，来提出和测试 B 方案。这些工具可以帮助你从用户角度出发，创造出更符合实际需求的解决方案。

(8)综合考虑。在提出 B 方案时，要综合考虑各种因素，如可行性、成本、风险、收益等。通过权衡利弊，选择最合适的方案。

(9)反思和调整。在提出 B 方案后，要对自己的思维过程进行反思和调整。考虑是否有遗漏或错误的假设，是否可以进一步优化和改进方案。

(10)开放心态。保持开放的心态，接受新的想法和创意。不要过于坚持某个特定的方案，而应保持灵活性和开放性，以便随时调整和改进 B 方案。

当你想到可能的解决方案时，列出来，无论它们是显而易见的、不切实际的还是牵强的，我们的目标是数量，不是质量。避免美化和批评的倾向。头脑风暴后，运用思维导图来优化、合并和编辑 B 方案。

二、选择最佳方案的方法

根据一定的标准和分配的权重，对每个B方案进行排名，最终确定最佳B方案（参见表12-1）。

表12-1　　B方案评估表

方案权重=n%	标准1		标准2		标准3		标准4		总分
	量级	得分	量级	得分	量级	得分	量级	得分	
方案1									
方案2									
方案3									
方案4									

注：量级为1～5五级；得分=量级*权重；总分最高者为最佳方案

三、制订实施计划

选择最佳方案，以确定问题的最终解决方式。如果选择的替代方案不完美，请不要担心，复杂的问题很少有理想的解决方案。你应该对自己的选择有信心。制订实施计划时，可根据时间轴，确定阶段性目标（表12-2）。

表12-2　　实施方案执行表

阶段性目标	完成期限
第一阶段	
第二阶段	
第三阶段	
……	

职业课堂

教育链、人才链与产业链、创新链有效衔接

2019年10月，国家发展改革委、教育部等6个部门印发的《国家产教融合建设试点实施方案》指出，深化产教融合，促进教育链、人才链与产业链、创新链有机衔接，是推动教育优先发展、人才引领发展、产业创新发展、经济高质量发展相互贯通、相互协同、相互促进的战略性举措。

《实施方案》明确，国家产教融合建设试点坚持统筹部署、协调推进，优化布局、区域协作，问题导向、改革先行，有序推进、力求实效，在试点城市及其所在省域内打造一批区域特色鲜明的产教融合型行业，建立产教融合型企业制度和组合式激励政策体系。《实施方案》提出，要充分发挥城市承载、行业聚合、企业主体作用，重点在完善发展规划

和资源布局、推进人才培养改革、降低制度性交易成本、创新重大平台载体建设、探索发展体制机制创新等方面先行先试。《实施方案》明确,要落实组合投融资和财政等政策激励。中央预算内投资支持试点城市自主规划建设产教融合实训基地,优先布局建设产教融合创新平台。强化产业和教育政策牵引,允许符合条件的试点企业在岗职工以工学交替等方式接受高等职业教育,支持有条件的企业校企共招、联合培养专业学位研究生。《实施方案》要求,国家相关部委等负责国家产教融合建设试点的政策统筹、协调推进。省级政府及相关部门做好区域内建设试点的组织实施工作。要求试点城市落实主体责任,编制改革问题清单、政策清单,将试点任务分解到位、落实到事、责任到人。

促进人才链与创新链、产业链有机衔接,是破解科研与经济“两张皮”难题、加快科技成果转移转化的有效途径。促进人才链与创新链、产业链有机衔接,需要在更好发挥原始创新人才、技术转移人才、技术转化人才作用上下功夫。

人才链与创新链、产业链有机衔接,是促进科技成果转移转化的有效路径。

实践表明,科技成果的高转移转化率是一些发达国家位于世界科技、经济竞争力前列的关键所在,而支撑这一关键的秘诀是创新链与产业链之间人才链的塑造,通过人才链促进创新链与产业链有机衔接,提升技术转移转化的成功率。科技成果转移转化不是从 A 到 B 的平移过程,而是“理论突破—核心技术—样品—产品—商品”的复杂过程,在不同的阶段需要不同的要素投入与资源整合,需要一大批具有创新精神的科学家、企业家、工程师等,形成一个完整的人才链来确保技术成果从创新链向产业链的平滑转移与成功转化。所谓人才链,实质上是多节点人才的集合体,由原始创新人才、技术转移人才、技术转化人才三个关键节点人才统领,在与创新链、产业链的有机衔接过程中共同发挥作用。

促进人才链与创新链、产业链有机衔接,需要更好发挥原始创新人才的作用。

原始创新人才是人才链顶端的关键节点人才,主要指从事原始创新的科学家和创新团队,是原创性科技成果的生产源头,是创新链和人才链的第一个衔接点。习近平强调:“硬实力、软实力,归根到底要靠人才实力。全部科技史都证明,谁拥有了一流创新人才、拥有了一流科学家,谁就能在科技创新中占据优势。”原始创新要依靠一流人才。从实际看,我国原始创新人才不足,特别是科技领军人才匮乏。同时,“重研发、轻转化”的科技评价导向令原始创新人才的专利转化内驱力不足,导致创新链源头技术供给存在高位化、与实际需求脱节等问题。因此,一方面要重视加强培育和引进一流的原始创新人才,另一方面要通过成果评价机制改革倒逼科研院所明确自身战略定位,坚持基础研究和应用研究“双轮驱动、齐头并进”,引导我国原创人才树立面向世界科技前沿、面向国民经济主战场、面向国家重大战略需求的正确科研导向,确保创新链源头技术产出的靶向性和适用性。

促进人才链与创新链、产业链有机衔接,需要更好发挥技术转移人才的作用。

技术转移人才是人才链中端的关键节点人才,主要指既具有科研背景又了解市场需求的技术经纪人,他们是人才链与创新链、产业链双向衔接的纽带式人才,是决定科技成果能否顺利转移的关键要素。从我国实际看，多数高校和科研院所不重视技术转移人才培养，致使技术转移转化的实际成效差强人意。改变这种状况，要重点抓好国内技术转移高端复合型人才队伍建设，在高校和科研机构中有针对性地培养既有深厚专业背景，又懂法律、懂市场运营的复合型高端人才。创新技术转移人才评价激励机制，将成果转化业绩贡献作为重要指标纳入现行技术转移人才评价体系。同时，积极探索在国家科技进步奖中增设技术转移类奖项、将技术转移人才纳入国家职称和职业资格序列等有效举措，提升技术转移人才的社会认可度。

促进人才链与创新链、产业链有机衔接，需要更好发挥技术转化人才的作用。

技术转化人才是人才链末端的关键节点人才，主要指那些技艺高超且具有工匠精神的技师和工程师，他们是确保技术在企业真正“落地”，推进技术工程化、产业化的根本力量。重视技术转化人才，是“中国制造”向“中国创造”转变的现实需要。没有大国工匠，难有大国重器。党的十九大报告强调，要“建设知识型、技能型、创新型劳动者大军，弘扬劳模精神和工匠精神，营造劳动光荣的社会风尚和精益求精的敬业风气”，体现了我国对培育工匠人才的重视。从我国实际看，很多领域基础技术工种、高水平技能人员短缺，而且技术人才的源头性供给不足、质量不高。改变这一状况，需构建高起点、多模式的技术转化人才培育提升机制，通过多元共育共训提升技能人才素质水平，通过国内国际重大赛事“选将”“练兵”。切实提升技能人才地位，从源头上培养科学精神、工匠精神，通过给予专家待遇、实施重奖激励、进行重点宣传等方式，营造有利于技能人才成长的良好环境，培养造就更多大国工匠，为科技成果转化提供有力支撑。

资料来源：周爱军. 促进人才链与创新链产业链有机衔接[N]. 河北日报，2019-06-19

任务打卡

➤课堂讨论：

你对自己所学专业对应的职业技能及岗位需求了解多少？

➤能力养成：

针对自己所学专业，在校期间，可以从哪些方面不断提升自身的职业道德和职业技能水平？

项目总结

通过完成本项目的三个任务，我们深入了解了自我评估的意义、掌握了如何进行自我评估，学会了如何分析职业发展环境，建立职业发展B方案。这些任务让我们对职业发展有了更全面、更深入的认识，为我们的职业生涯规划提供了有力保障，确保了职业规划的实施。

通过任务1，我们学会了如何评估计划的进展情况，学会了如何分析未来职业发展变化和影响因素，为职业规划提供了现实依据。

通过任务2，我们学会了如何优化行动计划和发展方向，分析职业规划步骤内容和建立职业信心等方式，使我们更好地剖析弱点，强化优势。

通过任务3，我们学会了如何制定B方案，通过分析社会大环境及发展趋势，尽可能多地提出B方案，通过选择最优方案，更好地应对职业发展的不确定性。

总之，通过完成本项目，我们全面而深入地剖析自己，认识到职业发展的复杂性，为快速地适应职业发展趋势，提供了有力的指导。同时，我们还提高了自信心和适应度，能够更好地应对社会大环境中的变化发展。

趣味测试

第五部分

承担责任增强社会意识

项目13 总结行动成果

项目指南

总结行动成果是我们在选择和发展职业生涯中自我管理能力的一项重要内容。本项目将介绍总结阶段性成就与收获、制定下一步职业生涯策略、了解查缺补漏的含义、掌握查缺补漏的方法以及制订下一步训练计划和目标等任务,帮助学生将新认识及时转化为行动,培养各项职业素养及能力。

通过任务的实施与完成,学生可以全面而深入地认识自己所选职业应承担的意识与社会责任,从而为制定职业规划和求职策略提供有力的支撑和指导。同时,我们要实现自己的职业生涯目标,就必须将下一步计划转化成实际的行动,坚持不懈地为实现自己的生涯目标而努力。

学习目标

1. 搜集相关案例和数据,了解职业生涯的阶段性成就与收获的特征。
2. 搜集职业生涯理论中常见的自我评估分析方法,了解自我职业生涯查缺补漏的重要性。
3. 搜集和分析相关案例,了解提出个人职业生涯改进方案的方法——PDCA循环法。
4. 搜集制定下一步训练目标和计划的要求、步骤与内容等关键信息。

任务1 总结阶段性成就与收获

任务知识点

在确定了职业生涯目标和选择职业路线后,要实现职业生涯目标,行动便成了关键的环节。没有行动就不能达成目标，也谈不上事业的成功。这里的行动是指落实目标的具体措施，主要包括工作、训练、教育、轮岗等方面的措施。这就是我们所讲的，要实现职业生涯目标还必须有相应的职业生涯策略做保证。

职业生涯策略是指个人为争取职业生涯目标的实现，对自己的生涯活动进行安排与调控所采取的各种行动和个人资源配置措施。制定职业生涯策略既要决定“应该做什么和怎么做”，也要决定“不能做什么”。具体地说，职业生涯策略包括：

1. 工作策略

工作策略，即为达到工作目标，计划采取哪些措施提高工作效率；通过哪些努力实现个人在工作中的良好表现与业绩。

2. 学习与培训策略

学习与培训策略，即在业务素质方面，计划采取哪些措施提高业务能力；在潜能开发方面，计划采取哪些措施开发潜能等。学习与培训策略还包括超出现实学习或工作外的一些前瞻性准备，如参加业余时间的课程学习或有针对性的教育与培训，掌握一些额外的技能与专业知识（如进修第二外语，参加职业资格证书考试等）。

3. 人际关系策略

人际关系策略，即如何在职业领域构建人际关系网络，为未来的发展寻找更广泛的支持与合作空间。

4. 工作家庭平衡策略

工作家庭平衡策略，即为平衡职业目标与生活目标、家庭目标等做出的种种努力与安排。这些策略共同形成职业生涯策略体系，综合影响个人的职业生涯发展与目标实现状况。

职业生涯策略是职业生涯目标实现的保证。在职业生涯中，制定切实可行的职业生涯策略有助于个人高效率地掌握知识、培养技能，使职业生涯过程成为一个积极、主动、高效的求索和建构的过程；制定合理的职业生涯策略有利于促进个人的可持续、全面发展；良好的职业生涯策略可以减少个人在职业行动中的盲目性和不确定性，帮助个人理性认识和解决职业发展中遇到的问题。

有效的职业生涯设计还要不断地反省，不断地总结。职业生涯规划的反馈与总结过程是个体对自己不断认识的过程，也是对社会不断认识的过程，是使职业生涯规划更加完善的手段。所以职业生涯规划的反馈与总结是在实现职业生涯目标的过程中，根据实际情况自觉地总结阶段性成就与收获，与此同时，总结对自我的认知和定位，弄清自己喜爱并适合从事什么职业，使职业生涯规划、目标更加适应职场的要求，更加适应环境的变化，为下一轮生涯规划做参考。

大学生在职业生涯规划过程中，无论是社会、组织环境，还是自己，都会经常发生这样、那样的变化，其中很多变化是事先难以预测的。这些不确定因素的存在可能会使实际结果偏离原来的行动目标，这就要求我们应时时注意内外环境的变化，不断地审视自我，不断地调整自我，不断地总结行动成果并总结策略和目标，这个过程就是大学生职业生涯规划的反馈与总结的过程。

大学生进行职业生涯反馈与总结的根本目的就是让自己时刻保持最佳状态，在通向最终目标的生涯道路上跨越障碍，走得直，走得快，走得稳，谋求可持续的发展。

职业课堂

技能型社会

2021 年 4 月，全国职业教育大会创造性提出了建设技能型社会的理念和战略技能型的社会，其核心内涵是，国家重视技能、社会崇尚技能、人人学习技能、人人拥有技能的社会。

《关于推动现代职业教育高质量发展的意见》对此项工作进行规划：到 2025 年，技能型社会建设全面推进。到 2035 年，技能型社会基本建成。

在学历型社会根深蒂固的形势下，中办国办联合发文，明确提出建设技能型社会的两个阶段性目标，毫无疑问，是体现党和国家意志的大事件。

技能型社会内涵是什么？如何构建技能型社会？

1. 技能形成制度集合覆盖全体劳动力

技能型社会要促进全体劳动力的技能知识积累和技能习得，这里的全体劳动力是一个集合概念，同时也是一个分层的概念。从集合概念看，技能型社会中人人机会均等，每个劳动力都可通过技能形成制度习得所需的技能，技能型社会通过人人拥有技能实现社会公平。从劳动力分层看，技能型社会的制度安排既要着力解决劳动力市场中存量劳动力的技能更新与深化，从应对失业的民生视角促进劳动力技能形成；同时要关注增量劳动力和潜在劳动力的技能形成，在专业知识、职业知识、技能知识和技能习得等学习成果中达成平衡，缩短进入职业的周期。技能型社会在分层理念下既要关注常规劳动力的技能形成，通过技能水平提升匹配技术进步下的产业发展需求以获得发展的效率，同时要拉动弱势群体走进未来技能以实现发展中的社会公平，基于包容性发展的理念为弱势群体赋能。

2. 技能形成制度集合贯穿劳动力全生命周期

技能型社会的技能形成制度集合能够覆盖劳动力全生命周期的技能形成需求，这里的全生命周期主要指劳动力的经济生命周期，也可以拓展至即将进入劳动力市场的在校生和毕业生阶段。技能形成制度集合的教育和培训项目设置贯穿劳动力全生命周期不是指针对某个劳动力个体设置具体项目，而是指任何劳动力在上述任何一种或多种技能需求前提下，都能链接到匹配的教育和培训项目以满足技能开发需求。

3. 技能形成制度集合囊括全产业链需求

技能型社会的技能形成制度集合能够满足全社会全产业链的劳动力技能开发需求，主要包括，高新技术产业的劳动力技能深化与升级，国家基础产业领域的劳动力技能更新，传统产业领域、弱势中小企业的生产力提升引发的劳动力技能开发需求等，旨在推动所有产业、所有企业走进未来技能。

张学英、张东认为，技能型社会的功能一是建设技能型社会可以促进经济体实现从低技能均衡向高技能均衡转变。二是形成贫困治理的自动稳定器，通过改善其技能知识储备和提升其技能水平，实现稳定就业以建构可持续生计，走出绝对贫困并消除相对贫困的风险。

在构建技能型社会上，他们提出：学历框架与资历框架的接续与对话是建构技能型社会的制度集合的落脚点，教育制度、职业技能认证制度、财政制度、就业制度等一系列的制度安排，都是围绕这个核心制定的。学历框架与资历框架并行有自身的优点，各自培养的人才类型更为专业化，但也有很大的缺点，比如，学历框架下培养的人才缺乏与岗位需求匹配的实践技能，资历框架下培训的人才实践技能丰富但专业知识、技能知识积累不足，阻碍了基于工作岗位的创新，也不利于技术进步下的技能深化。

因此，技能型社会要打破学历框架与资历框架中间的隔离带，将全生命周期的技能形成理念从学校学历教育结束以后再接续学校后的资历认证，修正为学校学历教育与资历认证的多点接续，即实施“两历对话”，旨在促进学历框架下培养的学术型精英人才向应用型人才转变，促进技能型人才专业知识、技能知识的积累，通过二者的互相补充与完善，培养学术与应用融合型的高技能人才。

黄景容“技能型社会如何建设”一文提出：建设技能型社会必然遭受学历型社会主张者、维护者、习惯者、受益者明里暗里的“阻挠”。技能型社会建设过程中，除应高度重视制度设计和执行效度之外，学历歧视和学历垄断“两座大山”需要拆除。他提出技能型社会建设的基本路径。

1. 明确建设的主体

技能型社会建设的主体主要有政府、行业、企业、学校、社会组织、家庭、劳动者等，其中，政府、企业、学校、劳动者是核心主体。

2. 明确建设的载体

要做到“人人学习技能、人人拥有技能”，学校的功能决定其必成关键载体。但技能型社会建设的学校应该是以技能为特色，以就业为导向，开展技能教育，培养技能人才并具有对应学历的学校，而不是以学历为特色，以升学为导向，开展学历教育，培养学历人才的学校。

3. 破除鄙视技能的顽识

当今社会，看不起技能是一种常态。这种常态在教育系统是一种习惯。职业院校也是如此。他们不理睬这样一个简单的道理：技能，就是技术能力的简称，技术是技能的外化。硬把技能和技术机械地分开，按社会地位、社会身份划分二者的档次。

4. 明确技能型社会的标准

判断技能型社会是否建成，主要指标是：人人学习技能、人人拥有技能。这些技能不能是证书型技能，只能是适用型技能。

5. 抓好培养、评价、使用、激励四个环节

“人人学习技能”，必须解决“培养培训”问题、积极性鼓励激励问题；“人人拥有技

能”，必须解决评价认定问题、使用取酬问题。归纳之，技能型社会的建设必须通过培养、评价、使用、激励四个环节才能完成。

资料来源：张学英，张东.《职教论坛》，2022-01-20《技能型社会的内涵、功能与核心制度》

任务打卡

➢课堂讨论：

职业生涯策略和行动目标有什么区别？

➢能力养成：

总结自己本学期的成就与收获。

拓展阅读

任务2 查缺补漏提出改进方案

任务知识点

一、查缺补漏的含义

查漏补缺是个人职业生涯规划的转折点，也是能否获得可行的生涯规划方案的前提。一个人只有通过查漏补缺，正确深刻地认识和了解自己，才能对未来的职业生涯做出最佳抉择。如果忽略了查漏补缺，所做的职业生涯规划很容易中途夭折。

查漏补缺又称自我剖析、自我认知、自我审视，是个体全面、深入、客观地分析、认识和了解自己的过程。查漏补缺主要是分析个人的个性倾向、个性心理特征与职业的吻合性。查漏补缺的内容包括对自己的需求、动机、兴趣、理想、信念、价值观、能力、气质、性格、学识、技能、智商、情商以及潜能等影响职业发展的因素进行分析、判断和评价。查漏补缺就是要达到清楚地认识到自己的优势与特长、劣势与不足。简言之，要弄清楚我是谁，我想做什么，我能做什么。当然，一个人对自己的认识往往是片面的，所以在查漏补缺中还应善于听取他人的意见。

查漏补缺是一种比较高级的认知能力，它是一个无限的过程，它跟随着个人经历、个性倾向及个性特征不断发展，是一种不断总结和重新调整的动态过程。

二、查缺补漏的方法

1. 橱窗分析法

橱窗分析法是查漏补缺的一种常用的重要方法，它是一种借助直角坐标不同象限来表示人的不同部分的分析方法，它以别人知道或不知道的为横坐标，以自己知道或不知道的为纵坐标，如图 13-1 所示。

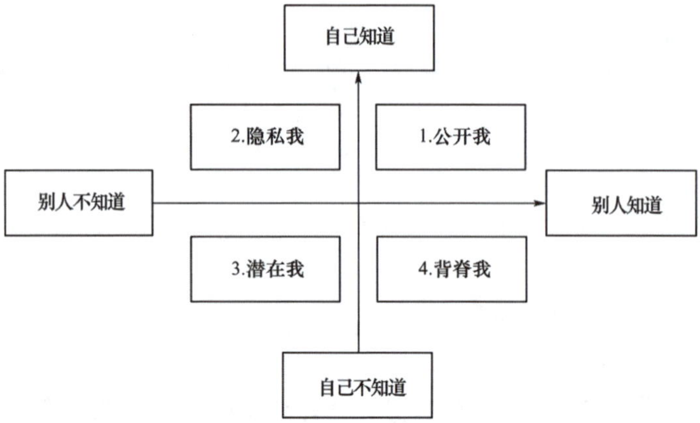

图 13-1　橱窗分析法

2. 自我测试法

自我测试法是通过回答有关问题来认识自己、了解自己，这是一种比较简洁的查漏补缺方法。测试的题目是由心理学家们经过精心研究设定的，测试者只要如实回答，就可以了解自己的有关情况。测试者不应该寻找标准答案，而应该怎么想就怎么回答，这样测试结果才有意义、才真实，否则将会误导测试者的人生，影响测试者事业的发展。

目前，这类测试很多，如人格测试、智力测试、能力测验、职业倾向测验、观察力测试、创造力测试、人际关系测试、管理能力测试等，我们都可以在相应的心理学、管理学书籍上找到。

（1）人格测试是个人带有一定倾向性、比较稳定、本质的心理特征的组合，包括气质、能力、性格、兴趣等。目前，常用的人格测试方法有明尼苏达多项人格测验（MMPI）、卡特尔 16 种人格因素测验、艾森克人格问卷测试以及瑟斯顿量表等。

（2）智力测试具有抽象性与隐蔽性的特点，难以把握。有必要了解一些智力测试的方法，以便开发与选择合适的智力测验工具，提高自我剖析的水平。常用的智力测试有斯坦福—比纳智力量表、韦克斯勒智力量表和瑞文标准推理测验，以及韦斯曼人员分类测验（WPCT）、基本成就测验（FAS）、原型人格测试（APT）等。

（3）能力测验内容较多，有文职人员能力与机械能力两种测验。文职人员是指工作地点在办公室，从事创造力要求较低的脑力劳动者，例如，会计员、簿记员、出纳员、秘书、干事等。其测验方法有以下几种：明尼苏达办事员能力测验、一般办事员测验、简短雇用测验（SET）等。机械能力测验包括感觉和动作能力、空间关系的知觉、学习机械事物的能力以及理解机械关系的能力等。测验方法有：明尼苏达拼板测验、贝内特机械理解测验等。

(4)职业倾向测验与任职者对职业的倾向与兴趣有很大关系。职业倾向的测验目前有以下几种,爱丁堡职业倾向问卷、男性职业兴趣问卷表、库德职业偏好记录表、明尼苏达职业兴趣问卷表等。

三、改进方法——PDCA 循环法

通过学习,我们知道查缺补漏的目的是纠正最终目标与阶段职业目标的偏差,保证职业生涯规划的有效性,使通向最终目标的职业生涯道路一路畅通,更快更好地实现自己的人生目标。一方面,可以自觉地总结经验和教训,评估职业生涯规划,修正对自我的认知;另一方面,可以纠正最终职业目标与分阶段职业目标的偏差,保证职业生涯规划的行之有效,促进生涯目标的实现。

PDCA 是计划(Plan)、执行(Do)、检查(Check)、行动(Action)的首字母组合。PDCA 原本是美国管理学家戴明提出来的质量管理理论,PDCA 管理理论不仅仅可以用在质量管理体系中,宏观地看,其实它更是一个很好的方法论,可以运用到职业生涯管理活动中,职业生涯规划的整个过程也可以分为计划、执行、检查与行动四个步骤。不同的步骤间紧密相连,形成封闭的循环链条。当一个 PDCA 循环完成时,下一个 PDCA 循环又会开始,从而为职业生涯管理提供一个长期、持续的支持与反馈活动。

1. 计划(Plan)

一个职业生涯成功的人,在其每个职业阶段中都应该有明确的目标,一步一个脚印,从低阶职位迈向高阶职位。刚毕业的大学生对其第一份工作肯定有他的憧憬,但是造化常常弄人,一个看似好的计划其结果却并不一定成功。计划的制订必须符合实际情况,不能太高也不能太低,太高了打击士气,太低了起不了激励作用,不利于自己进一步成长。如何才能制订一个好的计划呢?首先要对自己有一个全面正确的认识,即所谓的知己知彼百战不殆。我们仍然可以用 SWOT 方法来分析。

我们在做职业规划的时候可以用 SWOT 分析检查自己的技能、能力、职业、喜好和职业机会。如果对自己做过细致的 SWOT 分析,那么,就会很明确地知道自己的优点和弱点在哪里,并且会仔细地评估自己所感兴趣的不同职业道路的机会和威胁所在,在此基础上制订的计划就一定能够做到有的放矢。

2. 执行(Do)

好的计划归根到底在于执行,对于“行”,从古至今有很多的说法,言行一致、讷于言而敏于行,说的就是“行”的重要。行动贵在坚持,这其实是非常困难的一件事,也就是常言讲的“说着容易,做着难”,许多人都懂得这一点,但能持之以恒坚持下来的人很少。对于这个我们认为,执行不能坚持,很大的原因在于当初制订的计划不切实际,比如,自己本身的长处在销售,但偏偏希望在技术方面有所发展,这会让自己非常痛苦,在追求技术的道路上也不能走得更远;再比如,一个程序员职业生涯的头两年要求自己熟练掌握 Delphi、C#、Java,这本身执行起来就有困难。因此,对职业生涯的某一阶段,我们所制定达成目标的行动必须是让我们感觉到快乐的,有兴趣的,同时也是比较合理的过程,只有这样我们才能坚持到底。

另外,执行这一步对于刚刚就业的社会新人来说不是问题,但却是处于事业、职业徘徊期的人最难迈出的一步。有无数人每天会产生无数的想法要改变自己的生活状态，羡慕别人的成功，又不停地对自己说，要是我在他那个位置上也会怎样怎样。需要指出的是，只有规划，没有行动是永远达不到彼岸的。不惧风险、排除风险、立即行动才能使你拥有理想中的工作和生活。

3. 检验（Check）

检查计划实施的结果与目标是否一致。对于检查，需要确定时间点和标准两个因数。通常某阶段生涯规划的大目标下可能分好几个子阶段，其每一个子阶段都可以作为一个检查点。检查的标准以当初设定的计划为标的，如果完成了计划，那么执行是成功的，相反就不成功。

4. 行动（Action）

这一步骤是在对以往行动的结果进行检验的基础上，纠正错误，调整方向。对于检查不成功的目标进行判断，是计划有问题还是执行有问题，如果是计划有问题，就应当调整计划进入一个新的 PDCA 循环，如果是执行有问题，应该分析自己在时间、精力、金钱上的投入是否不足，方法上有没有问题。比如，子计划中的学习计划没有成功，就得分析花在学习上的时间是否足够、参加专业的培训是否必要、资料是否充足、学习方法是否合理等。

深入挖掘导致执行不成功的因素，找到原因后针对问题点加以改进，进入下一个 PDCA 循环。周而复始直到职业生涯有一个更好的发展。

在职业生涯规划体系中，PDCA 循环是一个动态的循环。它可以在职业生涯规划体系的每一个过程中展开，也可以在整个过程的系统中展开。

职业课堂

国家资历架构与学分银行

国家资历框架和职业教育国家学分银行是我国的两项重大教育工程。从 2019 年《中国教育现代化 2035》提出建立国家资历框架与建立健全国家学分银行制度和学习成果认证制度。到 2021 年，新职教法第十七条指出：国家建立健全各级各类学校教育与职业培训学分、资历以及其他学习成果的认证、积累和转换机制，推进职业教育国家学分银行建设，促进职业教育与普通教育的学习成果融通、互认。

2021 年，蔡吸礼在《职业技术教育》撰文提出：

国家资历框架建设虽进展缓慢，但是在某些方面还是形成了一些基础的。如在政策层面，《国家中长期教育改革和发展规划纲要（2010—2020 年）》《关于开展国家教育体制改革试点的通知》两个文件对学前教育、义务教育、素质教育、职业教育、高等教育、民办教育等几种教育类型进行了规范，明确了发展任务，并提出要促进各级各类教育纵向衔接、横向沟通，这就为国家资历框架建设形成了良好的教育资源基础。在实践层面，教育部开展的 1＋X 证书制度试点工作，已经对学历证书和职业技能等级证书所体现的学习成果进行了积累和管理，并得到有效的存储和转换，这为国家资历框架在职业教育领域的应用奠定了基础。

职业教育国家学分银行是伴随着 1+X 证书制度开发建设的，由国家开放大学设计，并在 2020 年 1 月投入试运行。在学分银行信息平台上查询，已经实现了四类业务的处理，包括个人业务、机构业务、专家业务以及综合业务管理。个人业务主要包括成果登记、成果认定、成果转换、成果查询、学习路径指导等；机构业务主要包括成果登记、设置转换规则、受理转换申请、管理成果数据、业务统计分析等；专家业务主要包括完成学习成果认定工作；综合业务管理主要是在上述三类业务的基础上，对学分银行所有业务进行统一管理。目前，在职业教育国家学分银行已经存储了 2 693 个转换规则，352 个学习成果转换办法，272 条职业技能等级证书信息，92 条职业技能等级标准，300 家培训评价组织以及 4 196 所试点院校信息，相关工作通过职业教育国家学分银行平台得以成功开展。但是由于学习成果过于单一，与真正意义上的学分银行还有相当的差距。

蔡吸礼对两项工程的关联性进行了分析：两项工程同为国家标准，两项工程的关联因素是学习成果，学分银行是学习成果的管理制度，资历框架是学习成果的价值体现，学分银行与资历框架之间互为支撑。他在文中介绍了两项工程的协同发展研究的情况：

(一)开发基于资历框架的学分制度模式

2012 年以来，教育部委托国家开放大学立项开展学分银行制度研究，在对 15 个国家和地区进行比较后，提出学分银行制度宜采用以学习成果框架为引领的制度模式和“框架+标准”的技术路径。框架包括成果以及成果描述，标准包括学分标准、单元标准、业务规范、业务流程等。该学习成果框架设置了两个参照系，学习成果框架作为各种学习成果进行等级划分的共同参照，认证单元作为各级各类学习成果之间转换与衔接的共同参照。

学习成果框架共分 10 个等级，覆盖学历教育、非学历教育、无定形教育等多个领域。每个等级的成效特性，由一套学习成果等级指标从知识、技能和能力三个维度加以描述。学习成果框架中，知识被描述为具有事实性、技术性和理论性，技能被描述为认知技能、技术技能、沟通和表达技能，能力主要描述知识、技能应用的自主性、判断力和责任感。

为了支撑学习成果框架，配备了学分银行制度架构，分为三部分：由运行组织、运行平台、运行机制组成的运行规则；由学习成果框架与标准体系组成的度量规则；由政策法规、质量监控、项目经费组成的支撑规则。在三个规则共同运作下，完成学习成果的认证、积累与转换。

(二)构建共同的认证平台

为了完善基于资历框架的学分制度模式，必须构建资历框架与学分银行两者共同的认证平台。目前国内还没有建设完成这样的平台，主要原因就是需处理的数据关系过于复杂，但是在人工智能技术支持下，完成这样的平台还是可能的。认证平台的设计可以采用自上而下的格局设计，即采用分层的形式，由上而下依次为应用层、逻辑层、数据层。

（三）完善支持两项工程的法律条例

新职教法中提到，国家建立健全各级各类学校教育与职业培训学分、资历以及其他学习成果的认证、积累和转换机制，推进职业教育国家学分银行建设，促进职业教育与普通教育的学习成果融通、互认。资历框架是完善终身教育体制，打造学习型社会的重要保证，学分银行是资历框架建设的基础与核心内容，因此国家如果出台《终身教育法》，应对这两项工程进行全面的阐释，包括建设方向、建设内容、指导方案、资金保障、监督机制、领导体制和运行机制等，这些内容目前在国内所有的法律中都还处于空白状态。

（四）组建两项工程的管理机构

资历框架和学分银行自身都是一个庞大的体系，建设过程不可能一蹴而就，需要很多部门共同参与。我国在建设资历框架与学分银行时，需要建立相关管理机构。资历框架管理机构需要拥有绝对的地位，不受任何利益方的干扰，有独立行使工作的权利，这就需要在国家的统筹下，由教育部牵头，其他如人力资源和社会保障部、财政部、发改委等重要部门协同，共同成立管理机构。资历框架建设与学分银行建设相关的利益各方都受该机构的管理与约束，这样才能做到令行禁止、贯通上下的良好工作局面。

（五）完善财政投入与支持

目前，对资历框架的财政支持主要还是在课题经费支持层面，对学分银行的财政支持主要体现在国家开放大学开发学分银行信息平台以及职业技能等级证书管理服务平台。相比较而言，对1+X证书制度的支持可以体现在对职业院校以及教育培训评价组织的支持等各个层面。建议加大财政投入，研究出台相关政策，通过资本注入、财政贴息、减税降费等方式，激励职业院校、企业、行业参与两大工程建设工作的积极性。

资料来源：蔡吸礼，资历框架与学分银行的关联及协同发展研究 ，《职业技术教育》，2021-04-10

任务打卡

➢课堂活动：

分小组写出你现阶段的优势与劣势。

➢能力养成：

制定你的PDCA计划方案。

拓展阅读

任务 3　制定下一步训练目标和计划

任务知识点

一、核心意识指引

为保证工作的顺利进行和职业生涯目标的实现，职业工作者还必须具备明确的目的意识、问题意识及改善意识，这也是评判其工作方法是否有效的重要标准。

1. 目的意识

目的意识就是行为主体对行动目的的认知。我们经常会看到某些人所做的很多事情与最终目标没有多大关系。这样的人工作可能很卖力，但是在衡量一个雇员的工作业绩时，要看其目标的实现程度与其投入成本的比较，而不是只看他的工作量。

2. 问题意识

问题意识是指个体在认识活动中会经常遇到一些疑难的问题，并由此产生怀疑、困惑、探索、焦虑的心理，这种心理又促使个体积极地提出问题、解决问题。也就是说，要不断地反思自己在工作当中的问题，哪些做法有欠缺、有不足。必须具备问题意识是基于两个方面原因：

(1)你收集的资料不可能完全准确、齐全、客观。此外，判断本身就是一个主观行为，有可能存在偏差。

(2)事物总是在发展变化之中，有些突发因素不是出现在你制订计划之前，而是出现在你实施计划时，影响目标的实现。

3. 改善意识

找问题相对比较容易，但问题找到后，一定要去改善。特别强调一点的是，持续改善的能力。以下五种方法，可以帮助你不断改善你手头的工作。

(1)简单化。用更简单、更省力的方法进行。

(2)替代化。能否用机器或别的途径进行代替。

(3)整合化。将两项工作合并处理。

(4)分散化。分开做，使之更有效率。

(5)废止化。这项工作是否真的有必要？可不可以不做啦？

二、训练目标和计划内容

制定下一步训练目标和计划内容包括 5 个方面。

1. 自我条件重新评估

即在实践的基础上，重新认识、分析自我，找到自己的不足和优势，进一步对物质自我、社会自我、心理自我进行比较、分析。

2. 生涯机会重新评估

即结合现实的社会、经济、行业及组织环境来分析自己未来的发展空间及可能性。

3. 职业生涯目标重新修正

即根据上面两项的重新评估结果，以及现有的情况，重新考虑职业生涯目标是否与自己的人生目标相一致，是否更符合现在的自己，是否更符合社会的现有需求和发展。

4. 职业生涯路线重新调整

根据调整后的职业生涯目标，重新选择职业生涯的路线，即从什么方向实现自己的职业目标。

5. 生涯实施策略重新变更

重新调整、变更生涯实施策略，进一步发掘自己的优点和特长，弥补自身的不足。

制定下一步训练目标和计划内容不仅是职业生涯规划的最后环节，更是确立新一轮的目标，开始下一个职业生涯规划的循环。

职业课堂

"强基计划"：拔尖创新人才培养新路径

教育部印发的《关于在部分高校开展基础学科招生改革试点工作的意见》指出："强基计划"主要选拔培养有志于服务国家重大战略需求且综合素质优秀或基础学科拔尖的学生，聚焦高端芯片与软件、智能科技、新材料、先进和国家安全等关键领域以及国家人才紧缺的人文社会科学领域。

国家教育咨询委员会委员、国家教育考试指导委员会委员钟秉林指出，"强基计划"以国家重大战略需求为导向确定招生的学科专业，突出基础学科的支撑引领作用，重点在数学、物理、化学、生物及历史、哲学、古文字学等相关专业招生，致力于为国家经济社会发展培养紧缺的高层次人才。

"基础学科人才的强弱对关键技术的突破有着决定性作用，正如任正非先生曾多次谈到，华为公司能在5G等关键通信技术上取得突破，靠的是华为700多位数学家、800多位物理学家和120多位化学家。"国家教育考试指导委员会专家组成员陈志文认为，"强基计划"将招生范围限定于基础学科专业，更着眼于国家对战略人才的需要，瞄准攻克"卡脖子"的关键核心技术，打通了国家急需基础学科拔尖创新人才的选拔与培养两个阶段。

"强基计划"在保证公平公正的前提下，探索建立多维度考核评价考生的招生模式。其招生对象一般分为两类，一是综合素质优秀的学生，二是基础学科拔尖的学生。

前者主要依据考生的高考成绩，试点高校按在各省"强基计划"招生名额的一定倍数确定入围高校考核的考生名单。考生参加统一高考和高校考核后，高校将考生高考成绩、高校综合考核结果及综合素质评价情况等按比例合成考生综合成绩，其中高考成绩所占比例不得低于85%。最后根据考生填报志愿，按综合成绩由高到低顺序进行录取。

后者仅面向极少数在相关学科领域具有突出才能和表现的考生，主要指在高中阶段全国中学生数学、物理、化学、生物学、信息学等 5 项学科奥林匹克竞赛中任一科目获得全国决赛二等奖及以上奖项的考生。其参加统一高考后，由高校组织相关学科领域专家对考生进行严格考核，达到录取标准的，经高校招生工作领导小组审定，报生源所在地省级高校招生委员会核准后予以破格录取。

长期以来，一些考生在填报高考志愿时，存在着追求“热门”和“钱景”的功利导向，“择志”色彩鲜明的“强基计划”对于这种导向而言是一种扭转，但扭转并不会一蹴而就。因此，要“强基计划”实施过程中一定要坚持“宁缺毋滥”的原则和决心，选拔真正有志向、有兴趣、有天赋从事基础学科研究的学生。

此外，多所试点高校还不约而同地选择了阶段性考核与动态进出机制。以中国人民大学为例，考核小组将依据学业成绩、课外研学情况、综合素养、学术导师意见等综合考核，达不到考核标准的学生应退出“强基计划”，转入该专业或相近专业对应的普通班级继续培养；同时新生入校第一学年后，也会在普通班学生中选拔适量优秀者进入“强基计划”。

资料来源：“强基计划”：拔尖创新人才培养新路径-中华人民共和国教育部政府门户网站（moe. gov. cn）

任务打卡

➤课堂讨论：

面对“前途”和“钱途”，你认为哪个更重要？你们小组又会做出什么样的选择呢？

➤能力养成：

请分析“选错了职业怎么办”。

生涯故事

项目总结

通过完成本项目的四个任务，我们深入了解了总结生涯规划阶段性成就与收获的重要性、掌握了查漏补缺分析方法，以及如何改进生涯方案，掌握了制订下一步训练目标的计划。这些任务让我们对职业价值观有了更全面、更深入的认识，为我们的职业行动和目标提供了有力的支撑和指导。

任务 1 让我们了解了要实现职业生涯目标，行动便成了关键的环节。没有行动就不能达成目标，也谈不上事业的成功。把握总结阶段性成就的方法，不仅要及时面对、分析所遇问题，更应快速果断地拿出应对方案，对所发生的事情，能挽救的尽量挽救，不能挽救的积极采取措施,争取做出最好的补救。

任务2让我们掌握了生涯查缺补漏的方法,计划(Plan)、执行(Do)、检查(Check)、行动(Action)等方法,能够帮助我们深入挖掘导致执行不成功的因素,在找到原因后针对问题点加以改进,周而复始直到职业生涯有一个更好的发展。

任务3,制定下一步训练目标与计划是职业生涯目标实现的保证。本任务让我们更好地了解到在职业生涯中,制定切实可行的训练目标与计划有助于个人高效率地掌握知识、培养技能,使职业生涯过程成为一个积极、主动、高效的求索和建构的过程。

趣味测试

总之,通过完成本项目,我们全面而深入地认识了自己所选职业应承担的社会责任与意识,为制定职业规划和求职策略提供有力的支撑和指导。同时,我们要实现自己的职业生涯目标,就必须将策略和具体的计划转化成实际的行动。在生涯策略的具体实施中,一定要排除一切干扰目标实现的因素,坚持不懈地为实现自己的生涯目标而努力。

项目14 调整成长计划

项目指南

职业生涯规划的目的在于帮助个人和企业实现各自的目标和愿景。它是一个持续的过程，包括自我认知、目标设定、计划执行和反馈评估等多个环节。通过职业生涯规划，个人可以找到适合自己的职业方向和发展路径，提升职业竞争力并实现自我价值；同时，企业可以更好地了解员工需求，促进员工的职业成长与发展，增强企业凝聚力和竞争力，从而实现企业目标与员工个人目标的结合，推动企业和社会的可持续发展。

在我们的职业生涯中，有时候我们不得不做出一些调整以应对市场变化、个人目标转变或是生活状态的变动。因此，我们可以通过定期回顾成长计划，评估学习成果，了解自己在知识、技能和态度等方面的进步，以便制订出更加科学、合理和有效的职业计划，帮助自己更好地规划职业发展路径。

学习目标

1. 通过提升个人能力，做好个人成长计划回顾。
2. 通过系统地学习，真正了解自己，设计出符合自己特点的合理而又可行的生涯计划。
3. 学会评估个人的通用技能，判断计划是否具有可行性。

任务1 个人成长计划“回头看”

任务知识点

一、提升个人能力

1.学习能力

提高学习能力的本质是学会思考，学习一般分为两种类型，一种是以知识为中心，一种是以能力为中心。以知识为中心的学习通常强调知识的理解、记忆、归纳、解题。以能力为中心的学习以解决问题和提升技术能力为目的，强调理解、运用、反思和优化 。

2.时间管理能力

鲁迅曾说过：“时间，每天得到的都是二十四小时，可是一天的时间给勤勉的人带来智慧和力量，给懒散的人只留下一片悔恨。”所以，时间管理是自我管理中的一项重要能力。

时间管理是一种需要不断培养和实践的技能。通过时间管理，我们可以逐渐提升自己的时间管理能力，提高效率，更好地管理自己。时间是有限的资源，我们每个人都应该珍惜时间，合理利用时间，让时间成为我们的朋友。只有合理管理时间，我们才能更好地实现个人的目标，提升自己的职业素养。以下是几种常见的持续提高时间管理能力的方法。

(1)番茄时间管理法。在一天开始时，列出当天要完成的任务，并将其分解为多个25分钟的“番茄时间”，每个任务完成后休息5分钟。完成四个任务后，休息更长的时间(如30分钟)。这种方法可以帮助你集中精力并保持高效。

(2)四象限法则。四象限法则通过任务的紧急和重要程度来帮助你合理安排时间。例如，重要且紧急的任务应该优先处理；不重要但紧急的任务可以委托他人或推迟处理；重要但不紧急的任务可以计划在未来的时间处理等。

(3)时间日志。记录自己每天的时间使用情况，包括学习的时间、休息的时间、浪费的时间和受干扰的时间。这可以帮助你识别并改善自己的时间管理能力。

(4)任务清单。创建每天或每周的任务清单，列出要完成的任务和优先级排序。这可以帮助你组织思维并确保重要任务能够及时完成。

(5)持续改进和总结。持续改进和总结也是时间管理的关键。通过定期回顾自己的时间管理做法和习惯，可以发现问题并找到解决方案。

以下是一些关于如何应对常见的时间浪费和受干扰问题的建议。

(1)避免过度使用社交媒体软件和电子邮件。可设置固定的时间段来查看电子邮件和社交媒体软件，避免频繁受到干扰。

（2）避免多任务处理。专注于一项任务，避免同时处理多个任务。研究表明，同时处理多个任务会降低效率。

（3）学会说不。学会拒绝那些与设定目标无关的请求，避免承受过多的压力和分散过多的时间。

总结起来，良好的时间管理是提高我们职业素养和学习与工作效率的重要手段。通过对时间管理能力的培养，我们可以合理地安排时间、提高效率。同时，我们需要通过反思不断地提升自己的时间管理能力，使时间成为自己的朋友，实现个人的成长目标。

3. 专注度

在职业素养的培养过程中，专注度是一项至关重要的能力。无论是在学校学习，还是在职场实践，都需要我们保持专注度，以提高学习效率和工作质量。那么，如何在职业素养培养中提升专注度呢？本部分将从明确目标、优化环境、合理安排时间和自我激励四个方面展开论述。

（1）明确目标，激发动力。要想提升专注度，首先需要设定明确的目标。这些目标应该是具体、可衡量的，以便帮助你清晰地了解自己的进度和成果。例如，你可以设定一个每天阅读一小时的目标，或者一个每周完成一项专业技能学习的目标，这些目标将为你提供明确的方向，激发你的动力，使你在完成的过程中更加专注。

（2）优化环境，减少干扰因素。良好的环境对提升专注度也很重要。一个安静、整洁、舒适的环境能够帮助你更好地集中精力。因此，你可以尝试调整自己的空间，移除可能分散注意力的干扰因素，如手机、电视等。此外，你还可以尝试使番茄时间管理法等，将较长的时间划分为若干个短的时间段，在每个时间段内只专注于一项任务，以提高效率。

（3）合理安排时间，提升时间管理能力。时间管理能力是提升专注度的关键。你可以通过制订计划、设定时间限制、遵循时间管理原则等方法，提高自己的时间管理能力。这样，你就能够更好地安排自己的时间，提高效率。

（4）自我激励，保持热情。自我激励是提升专注度的重要手段。可以使用设定奖励机制、寻找伙伴、参加社群等方式，激励自己保持热情。例如，你可以为自己制订一个奖励计划，每完成一项学习任务，就给自己一个小奖励，以激发自己的动力。同时，你还可以加入社群，与其他人交流分享，互相鼓励，共同提高专注度。

综上所述，提升专注度需要我们从多方面入手，通过不断地实践和调整，逐渐提高自己的专注度，进而提升职业素养。

二、常用的网站

为了帮助大家提升自己的专业知识和通用技能，下面给大家介绍一些常用的网站。

1. 综合类

（1）B 站。

B 站是指 bilibili，它是一个中国“年轻世代”高度聚集的文化社区和视频平台，拥有动画、番剧、国创、音乐、舞蹈、游戏、科技、生活、娱乐、时尚等分区，并开设直播、游戏中心等板块。

弹幕、社区、视频内容新颖，很有特色，弹幕能丰富视频内容，社区资源丰富多彩，你感兴趣的视频基本都有。

网址：https://www.bilibili.com/

(2)知乎。

知乎是问答社区和创作者聚集的原创内容平台，它可以帮助你了解不同的知识。

在知乎里，你可以找到大多数疑问的答案，每个人都可以在论坛里发表自己的观点。如果想寻求答案和解决之道，知乎是个不错的平台。

网址：https://www.zhihu.com/

2. 课程类

(1)中国大学 MOOC。

中国大学 MOOC(慕课)是国内优质的中文 MOOC 学习平台，涵盖各个专业，各名校的精品课程都可以免费学习。

不管你是考证、考研，还是想了解其他领域的知识，提升自己的能力，中国大学 MOOC 都是不错的学习平台。

网址：https://www.icourse163.org/

(2)网易公开课。

网易公开课汇集清华、北大、哈佛、耶鲁等世界名校的上千门课程，覆盖科学、经济、人文、哲学等 22 个领域，其中部分课程配有中文字幕，用户可以免费观看。

除了一些专业课外，该平台还提供了经典通识课程、个人能力提升课程、英语课程、著名演讲等。大家可以在闲暇时候进行学习。

网址：https://open.163.com/

3. 文献类

(1)中国知网(CNKI)。

中国知网(CNKI)是一个学术平台，CNKI 工程是以实现全社会知识资源传播共享与增值利用为目的的信息化建设项目。对于科研工作者或学术研究者来说，知网是一个可以检索和下载学术文献的网站。

网址：https://www.cnki.net/

(2)万方数据库。

万方数据库是国内收集论文比较全的数据库网站，涵盖了工、农、商、医学、哲学等专业的文献。

若学校有购入万方数据库，通过学校 IP 登录可以免费查阅并下载文献，但若学校没有购买万方数据库，则需要付费下载。

网址：https://www.wanfangdata.com.cn/

4. 语言类

(1)沪江英语。

沪江英语是国内最早的英语学习网站之一,该网站提供了国内领先的外语互联网门户媒体、B2C 电子商务、网络 SNS 学习社区、外语互联网学习工具等全套外语数字教育网络服务。

网址:https://www.hjenglish.com/

(2)TED 演讲。

TED 演讲是练习英语口语和听力的最佳工具之一。如果你想提升口语和听力,不妨多看看 TED 演讲。通过观看 TED 演讲,你不仅能学习英语,还可以学到其他方面的知识。

网址:https://www.ted.com/

5. 应聘求职类

(1)猎聘网。

猎聘是专业高效的招聘求职平台,该平台能够根据求职者提供的要求精准推荐合适的职位,同时招聘者与求职者可在线沟通,快速反馈。毕业生或者想实习的同学可以在该平台投递简历寻找工作。

网址:https://www.liepin.com/

(2)BOSS 直聘。

BOSS 直聘将在线聊天功能引入招聘场景,让求职者和招聘者可以直接沟通,跳过传统冗长的应聘环节,提升了沟通效率。

同时,BOSS 直聘应用人工智能、大数据等前沿技术,提高了招聘者与求职者的匹配精准度,缩短了求职招聘时间,提升了求职招聘效率。

网址:https://www.zhipin.com/

6. 软件类

(1)巧匠课堂。

巧匠课堂是一款在线设计学习平台,里面有很多免费的学习课程。

有志在假期成为 PS、AI、3DMAX 小能手的同学,可以多多在该平台学习。

网址:https://www.2qj.com/

(2)虎课网

虎课网拥有海量设计、绘画、摄影、办公软件、职业技能等的优质高清教学视频,大家可以根据兴趣爱好,自主选择学习内容,随时随地随心学。

网址:https://huke88.com

职业课堂

选拔与评价制度的改革

社会分工决定职业分类,职业分类影响人才类型。就社会所需人才类型来看,职业教育培养的技术技能型人才具有独立性和不可替代性，然而，以往社会主流观念中并没有将技术技能型人才纳入独立的人才范畴，没有认识到技术技能型人才的特殊性，对职业教育的评价多参照普通教育评价制度，在评价过程中存在比较严重的“标准化”“一刀切”问题，导致职业教育评价与普通教育评价存在同质化或趋同化，同时也导致技术技能型人才在评价中长期处于弱势地位。

基于此，职业教育评价改革的逻辑起点应是“确立科学的人才观”，真正认识到“高级技工、技师也是人才”，认可技术技能型人才的价值，并在教育评价和社会评价中用制度形式予以保障，以科学的职业教育评价推动职业教育发展、职业人才成长、企业选人用人，同时在全社会树立“技术技能型人才也是人才”的观念，助力技能型社会建设。

《教育发展研究》2022 年 Z1 期刊文提出：

一、职业教育评价应破学历至上，立能力本位

一直以来，不少地方施行的人才标准是将学历列为划分人才的关键指标，倘若学历不够，能力再强也无济于事，这在一定程度上体现出社会在人才评价和选择中陷入了“只认文凭，不认个体在某一岗位资质”的极端，学历成了找工作的敲门砖、成了报考公务员的必然要求、成了个人职业晋升的重要条件。在长期以学历为导向的社会中，普遍存在职业教育低人一等的观念，职业教育很难吸引适龄学生。一项调查显示，30.2%的家长不愿意让自己的孩子上职业学校。确实，文凭在一定程度上可以证明个体的受教育程度，但是，个体的文凭与其学识、能力之间不能简单地画等号，尤其是在当前实施制造强国战略的背景下，我国社会发展不仅仅需要公务员和科研型人才，更需要大量的高素质技术技能型人才。因此，应逐步扭转严重偏移的人才观念，破除“学历至上”的错误认识和价值导向，确立“能力本位”的人才评价标准，树立“全社会三百六十行、行行出状元”的人才观，营造“不唯学历凭能力”的社会氛围，提高技术技能型人才的社会认可度和美誉度。

二、职业教育评价应破知识导向，立技能导向

受传统文化的深层影响，我国社会大众的普遍观念是“重知识、轻技能”，强调“劳心者治人，劳力者治于人”，因此，接受职业教育一直被认为是低人一等的事情，技术技能型人才也一直处于社会的底层。如今，社会观念已发生巨大转变，“抱着‘天之骄子’的光环，不如拥有一技之长”，用人单位更在乎应聘者的“就业能力”，即在实际操作中的具体表现，由此也促使学校在培养人才时更注重对学生职业技能的培养，以避免培养出来的学生无法适应社会。更何况，就社会人才结构体系来看，实用型人才始终占绝大部分，而研究型人才的占比相对较小。因此，为扭转“重知识、轻技能”的局面，应破除单一的知识导向评价，建立健全技能导向评价，使技能导向评价成为技术技能型人才工作的重要组成部分，充分指导技术技能型人才开发工作，以优化人力资源配置管理，提升技能人力资本质量。

三、职业教育评价应以绩效评分和价值贡献为基本评价取向

传统的教育评价，往往采用择优排序、等级鉴定的终结性方式，以结果为导向，注重静态“结果”，这在一定程度上容易造成教育评价的片面化。为避免此种片面化倾向，教育评价应转向注重“效果”的过程性评价方式，即将“经验获得”和“绩效产出”作为评价教育质量的重要指标，关注教育过程中的“增量情况”和“价值贡献”。对标到职业教育中，相较于普通教育，职业教育更应注重“成果的产出”。基于此，在进行职业教育相关评价时，一是要注重对职业教育资源的评价，包括对职业教育软、硬件设施的资源评价、对职业教育相关利益者的资源评价以及对职业教育信息的资源评价，同时注重对从目标设定、资源使用、过程安排到效果显示的职业教育活动全过程的动态评价；二是要注重以职业教育教学的绩效和结果、对社会的贡献度为重要衡量指标，注重对职业教育全过程的考察，尽可能获取过程资料，将过程性评价与结果性评价相结合。

任务打卡

➢课堂讨论：

你的成长计划实施得怎么样了？是否发生了变化？是什么因素引起了这种变化呢？

➢能力养成：

调整你的成长计划。

任务 2　调整生涯计划和职涯计划

任务知识点

一、生涯计划与职涯计划

生涯规划和职涯规划在多个方面不仅存在显著的区别，同时也存在一定的联系。

1. 区别

（1）概念与范围。生涯计划是一个更为广泛的概念，它涉及人一生的整体发展，包括学业、职业、事业、家庭、休闲等多个方面。而职涯计划主要聚焦于个人在职场中的发展，关注如何在职场中取得成功，实现职业目标。

（2）角色与视角。制订生涯计划时，考虑的是一个人一生中的多种角色，如学生、工作者、家庭成员等，是从一个人一生的长度来规划的，涵盖个人在不同阶段的成长和发展。而制订职涯计划时，主要关注个人在职场中的身份和角色，侧重于职业能力的提升和职场

环境的适应。

(3)方法与重点。生涯计划是一个长期、系统的规划,它要求个人不断了解自己不同时期的兴趣、能力和价值观,并据此制定长期的发展目标。而职涯计划更注重短期的职业发展目标,如职位晋升、技能提升等,以及如何通过不断学习和实践来实现这些目标。

2. 联系

生涯计划和职涯计划在个人发展中也是相互关联、相互促进的。职涯计划是生涯计划的重要组成部分,它通过影响个人在职场中的表现和发展,进而影响整个生涯的走向。一个合理的职涯计划有助于个人实现生涯计划中的职业目标,提升整体的生涯满意度。同时,生涯计划也为职涯计划提供了更广阔的视野,使个人在追求职业成功的同时,也能关注到其他方面的成长和发展。

综上所述,生涯计划和职涯计划在个人发展中各有侧重,但又紧密相连。在实际操作中,我们可以根据个人的需求和目标,制定合理的规划,实现个人生涯的全面、协调发展。

二、生涯探索

大学生在职业素养培训中做好个人生涯探索可以更好地了解自己的职业兴趣和能力水平,找到适合自己的职业方向并不断提升自己的职业素养。可以通过自我评估、职业研究、设定职业目标、制订行动计划、实践和反思以及持续学习和调整,做好个人生涯探索。

1. 自我评估

首先,大学生需要深入了解自己的性格、兴趣、价值观、技能和能力。可以通过进行自我评估、参与职业倾向测试、反思过去的经历等方式实现。通过自我评估,大学生可以明确自己的优势和劣势,以及适合自己的职业领域。

2. 职业研究

在了解自己的基础上,大学生需要研究不同的职业和行业。这包括了解职业的要求、职业的发展趋势、工作环境、薪资水平等。通过职业研究,可以找到自己感兴趣且适合自己的职业方向。

3. 设定职业目标

在自我评估和职业研究的基础上,大学生需要设定明确的职业目标。这些目标应该具有可行性和挑战性,能够引导自己在未来的学习和实践中不断进步。

4. 制订行动计划

设定了职业目标之后,大学生需要制订具体的行动计划。这包括如何提升自己的技能和能力、如何获取更多的职业经验、如何建立人脉关系等。通过制订行动计划,可以将职业目标转化为具体的行动步骤。

5. 实践和反思

在行动计划执行的过程中,大学生需要不断实践和反思。实践是检验真理的唯一标准,通过实践可以了解自己的职业适应性和能力水平。反思则是为了更好地总结经验教训,不断调整和优化自己的职业规划和行动计划。

6. 持续学习和调整

职业素养培训是一个持续的过程，大学生需要保持学习和调整的态度。随着时间的推移和经验的积累，大学生可能会发现自己的职业兴趣和目标发生了变化。因此，需要保持开放和灵活的心态，不断调整自己的职业规划和行动计划。

三、职涯计划调整

所谓调整，即重新调配、安排，以适应新的情况和要求。职业生涯的调整包括职业的重新选择、职业生涯路线的选择、极端目标的修正、实施措施与行动计划的变更等。一个好的职业生涯规划需要具备必要性和可操作性，进行必要的具体措施办法和时间进程；也要有一定的弹性，在实践中定时、定期地检验目标的完成情况，评估环境及自我的变化，并根据评估的结果进行目标和策略的调整与修正。

1. 职业方向的调整

职业方向在三种情况下需要再次调整：一是原有的兴趣爱好发生了变化；二是对内外环境的分析存在失误，客观性不足；三是缺乏对工作的真实体验导致职业方向出现偏误。

2. 策略和措施的调整

为达到职业目标，可以根据自己与职业目标之间的差距制定一定的策略和措施，如参加培训、加强实践锻炼等。当职业发展不顺利时，如果不是职业方向出了问题，就要考虑是不是策略和措施制定得不好，如果有问题要及时地进行修改，以免影响以后的发展进程。

3. 心理状态的调整

职业发展的不顺很可能是由自己的不良心理状态导致的。首先，要有自信，既不要妄自菲薄，也不能夜郎自大；其次，要坚定目标走下去，不可半途而废，除非职业目标出现问题；再次，保持积极、乐观的心态，维持心理韧性。

4. 职涯计划调整的原则

职涯计划调整是大学毕业生为实现个人理想，重新选择自己的人生道路而进行职业转换的过程。职涯计划调整如果科学合理，将会事半功倍、事业成功，否则就会多走弯路，影响事业的发展和人生目标的实现。因此，职涯计划调整要遵循下面几项原则。

(1)学以致用原则。大学生是国家培养的高层次专门人才，在高等教育尚未达到大众化的情况下，学以致用是大学生职涯计划调整需要把握的一个首要原则。之所以强调学以致用，是因为以下两方面。一是国家对大学毕业生资源合理配置的需要。为充分发挥大学生的专长，避免人才浪费，从国家利益的大局方面考虑，要求大学生尽可能做到学以致用。只有这样才能使有限的人才资源得到合理配置，在新的工作环境中，最大限度地发挥大学生作为高层次专门人才的作用。二是学生本人事业发展的需要。高校毕业生专业素养高，独立工作能力强，只有充分发挥自己的专业特长，才能在工作中充分展示自己的才华，取得事业上的成功。

(2)扬长避短原则。大学生在职涯计划调整过程中，能够结合自己的实际，切实做到扬长避短，也是十分重要的。首先，毕业生应结合个人的专业特长、性格特征和兴趣爱好选择适合自己转换的单位。其次，毕业生在自荐和应聘过程中，不必过于自谦或自揭短处，可以向招聘人员充分介绍或展示自己的长处，比如学习成绩、获奖情况、社会工作能力、现有的工作成绩和其他工作经历等。

(3)事业发展优先原则。大学生的职涯计划调整，其实是在重新选择自己的人生道路或重新选择自己毕业后所追求的事业。而事业上的成败，通常是一个人能否有所作为及其对社会贡献大小的标志。所以，在职涯计划调整过程中，事业发展优先也是职涯计划调整过程中坚持的一个十分重要的原则。大学生作为高层次专门人才，理应在事业上有较高的追求。在选择转换单位时，除了要坚持学以致用、扬长避短外，还应优先权衡对事业发展的利弊，选择既能为社会做出最大贡献并符合自己的人生理想，又能实现自己人生目标的单位。

(4)重新就业成功原则。职涯计划调整不是第一次就业，而是对就业岗位的再选择，如出于种种原因对现状的不满，渴望转换到能发挥自己才能的岗位上去。既然是再次选择，就不要急于求成，草草决定。应充分考虑确立较高的目标，更重要的是要成功地落实到一个既能使高层次专门人才有用武之地、又能体现大学生自身价值的工作单位。如果做好的职涯计划调整不能最大限度地利用好高层次专门人才的价值，那么即使其他方面的条件再好，也不能说是十分成功的职涯计划调整。要确保职涯计划调整成功，就一定要把握时机，寻找符合自身条件和适合事业发展的单位并置于优先考虑的范围。

职业课堂

生涯规划“五道坎”

生涯规划中的“五道坎”通常指的是在人生不同阶段所面临的重要挑战和转折点。这些“坎”标志着个人在成长和发展过程中需要面对和克服的困难，同时也是实现个人目标和梦想的关键步骤。以下是对这“五道坎”的详细解释。

1.“学业之坎”。这是生涯规划的第一道坎，通常出现在青少年时期。在这个阶段，个人需要接受正规的教育和培训，掌握基本的知识和技能，为未来的职业生涯打下基础。这个阶段成功的关键在于个人的学习态度、方法和成绩，这些都会影响未来的职业选择和机会。

2.“职业之坎”。这是生涯规划的第二道坎，通常出现在从学校到社会的过渡阶段。在这个阶段，个人需要选择适合自己的职业，并通过不断的学习和实践来提升自己的职业能力。这个阶段成功的关键在于个人的兴趣、能力和职业目标是否匹配，以及是否能够找到适合自己的职业机会和发展空间。

3.“家庭之坎”。这是生涯规划的第三道坎，通常出现在成年后建立家庭的阶段。在这个阶段，个人需要面对家庭责任、亲情和爱情等复杂的情感关系。这个阶段的成功关键在于个人的情感智慧、家庭责任感和沟通能力，这些都会影响到家庭生活的质量和幸福感。

4.“健康之坎”。这是生涯规划的第四道坎，贯穿整个生命过程。在这个阶段，个人需要关注自己的身体健康和心理健康，通过健康的生活方式和良好的心态来保持身心健康。这个阶段成功的关键在于个人的健康意识、自我管理和保健能力。

5."财务之坎"。这是生涯规划的第五道坎,通常出现在个人开始独立承担经济责任的阶段。在这个阶段,个人需要学会理财、投资和负债管理,以确保自己的财务安全和稳定。这个阶段成功的关键在于个人的财务知识、理财能力和风险意识。

这"五道坎"是生涯规划中常见的挑战和转折点,但并不是所有人都会经历完全相同的过程。每个人的生涯规划都是独特的,都需要根据个人的情况和目标来制定和调整。

任务打卡

➢课堂活动:

正确认识自己,评估近期你能想到的近期成就,该成就中体现处什么价值观?

➢能力养成:

分小组写出近期的三个生涯目标,并尝试计划未来 5—10 年希望达到的目标。

任务 3　确保计划的可行性和有效性

任务知识点

一、实现个人目标

1. 深刻认识自己和社会

确定职业生涯发展目标是以深刻认识自己和社会为前提的。深刻认识自己是指对自己的职业志向、爱好、专业知识积累等进行全方位的了解和审视,使自己制定的职业生涯发展目标同自己内心的职业发展期望相吻合;深刻认识社会指对所从事的行业、职业的社会需求以及从事职业的本质特征进行深刻的洞察和把握,使自己制定的职业生涯发展目标同外部社会环境相协调。因此,在深刻认识自己和社会的基础上制定的职业生涯发展目标才是更有价值的。

2. 制定科学的目标

职业生涯发展目标是引领职业生涯发展的一座灯塔,因此,职业生涯发展目标的制定要科学,不要盲目和草率。科学是指在职业生涯中目标需可量化、可考核、可实现。可量化,即可以用数据描述职业生涯发展目标;可考核,即制定的职业生涯发展目标是可用于考核和评估的;可实现,即制定的职业生涯发展目标是可以经过努力实现的。作为应届毕业生或职业人士,要充分认识制定科学的目标在个人职业发展中的重要作用,它能够激励我们向着未来职业生涯成功的彼岸不断努力。

3. 推进目标实施

确定了职业生涯发展目标，并不等于职业生涯发展目标就能实现。人的职业生涯目标从确定之初到逐步实现是一个相当漫长且曲折的过程，需要付出艰辛和努力。因此，推进职业生涯目标的实现，就要掌握一定的方法，做到事半功倍。

4. 坚持目标信念

在目标实施过程中不要轻易更改目标或降低目标，要有“咬定青山不放松”的精神。

5. 强化行动能力

要在目标实施过程中表现出自身较强的行动能力，少说、多做，长期坚持。

6. 定期检查和修正

一般职业生涯目标的实现周期较长，在实施过程中我们要善于发现并不断了解自己的能力和缺陷，最终找到最适合自己的长期目标。因此，定期检查和修正不切实际的目标是非常有必要的。

二、了解通用技能

1. 通用技能的概念

相较于专业知识而言，通用技能是指一个人从一个岗位转到另一个岗位，或从一个行业跨到另一个行业后可复用的能力。它是一种或多种在大多数工作中都能够运用的能力。比如，虽然很多公司的产品、运营、推广等岗位之间的技能差异度很大，几乎都有各自的核心技术或者不同的使用软件，但一些通用技能(沟通能力、数据分析能力、团队协助能力、文档写作能力等)却有很大程度的重叠，因此，发掘、培养自己的职业通用技能，是满足当代行业发展及职业发展趋势的。

2. 通用技能分析

如图 14-1 所示，可将能力分为“对数据”“对人”“对事务”三类，每项能力中都有简单技能与复杂技能。这些技能组成了一个倒金字塔，简单的技能在底部，复杂的技能依次往上。如果你掌握的技能越简单，那么在职场中被支配、被替代的可能性就越大。相反，如果你掌握的技能越复杂、通用技能越高，工作就越自由，可替代性越小。

3. 提升通用技能的方法

如何才能更有效地培养通用技能呢？针对通用技能的养成，给大家介绍一下7—2—1 原则，即：

(1)10%从书本或者查阅、观看外部资料学习、参加培训获得。

(2)20%向有经验的人请教、观摩学习。

(3)70%参与工作实践学习，事后总结、复盘。

例如，若想提高沟通表达能力，首先，我们通过看一些书籍或者视频来学习，了解沟通的技巧和方法有哪些，但是实质上这些学习所起到的作用只有 10%；其次，我们通过观察

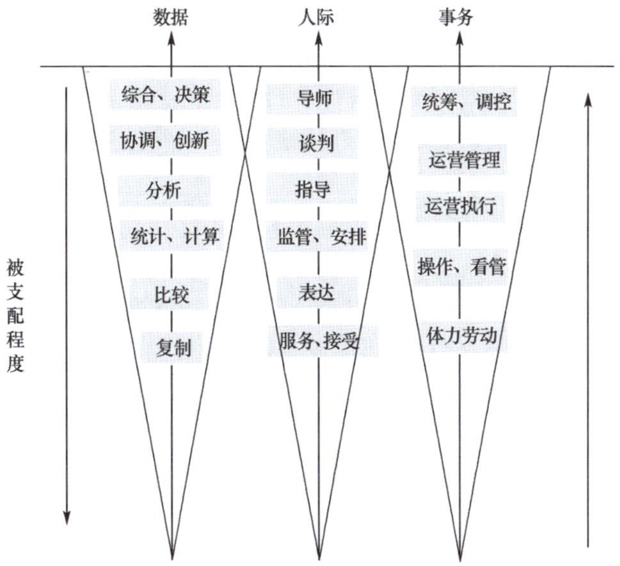

图 14-1 通用技能分析

身边善于沟通的老师、同学及朋友，学习他们的沟通方式，并思考如果面对同样的问题，你会如何沟通，还可以怎样提升，也可以多向他人请教、学习，这个过程对自身能力的提升能达到 20%；最后，当然也是最重要的，想要真正提高沟通能力，就要将自己学会的技巧加以运用，与他人进行有效的沟通，并进行总结和复盘，在经过多次的尝试之后，可完成最后 70%能力的培养。

三、个人通用技能评估

职业高校的学生，不仅要学好各项专业技能，也应该同步培养自己的通用技能，以便帮助自己更好地找到理想的职业。通用技能对于大学生而言是初入职场时企业看重的软实力。我们结合近 3 年应届生招聘需求中的通用技能要求，及高职主要专业人才培养方案，梳理出以下 18 项通用技能，请大家了解，并完成自我通用技能评估。

(1)创新能力，即在技术领域和各种实践活动中不断提供具有经济价值、社会价值、生态价值的新思想、新理论、新方法和新发明的能力。

(2)分析能力，即人在思维中把客观对象的整体分解为若干部分进行研究、认识的技能和本领。客观事物是由不同要素、不同层次组成的统一整体。为了深刻认识客观事物，可以把它的每个要素及层次在思维中暂时分割开来进行观察和研究，搞清楚每个局部的性质、各局部之间的相互关系以及局部与整体的联系。借助分析能力，可以对决策对象进行由表到里、由浅入深、由难到易、由繁到简的认识，从而把握决策对象的本质，为科学决策打下基础。

(3)沟通能力。沟通能力包含表达能力、倾听能力和设计能力(形象设计、动作设计、环境设计)。沟通是人与人之间及人与群体之间思想与感情的传递和反馈的过程，其目的是寻求思想的一致和感情的通畅。

(4)坚韧性。坚韧性是指一个人以坚韧不拔的毅力、顽强不屈的精神，去执行计划。

在困难面前或威胁利诱面前毫不动摇，坚持不懈地去实现既定目标。

(5)结果导向。结果导向是ISO质量管理体系、绩效管理理论中的基本概念和核心思想之一，即强调经营、管理和工作的结果（经济与社会效益和客户满意度）。结果导向是指在经营管理和日常工作中表现出来的能力、态度均要符合所求结果的要求，否则便没有价值和意义。

(6)经济学思维方式。经济学思维方式是认识经济现象、把握经济规律、揭示经济本质、指导经济工作的思维方式。

(7)项目开发与设计能力。项目开发与设计能力是指能够根据不同情况、不同人群、不同需求设计个性化方案，满足客户需求，促成意愿达成或目标达成的能力。

(8)抗压能力。抗压能力其实就是心理承受能力，一般来看，心理承受能力可以从两个方面理解。从狭义的角度看，心理承受能力与先天的神经特征有关，有的人耐受性高、兴奋和抑制平衡，他们能够承受较大的刺激，这样的人心理承受能力强；而有的人则相反。从广义的角度看，心理承受能力可以理解为个体对挫折、对苦难等非自我性环境信息处理的理性程度。

(9)时间管理。时间管理是指通过事先规划和运用一定的技巧、方法与工具实现对时间的灵活运用，最终实现既定目标的过程。

(10)说服能力。说服能力指说话者运用各种技巧去说服受众的能力。

(11)团队合作。团队合作指的是一群有能力、有信念的人在特定的团队中，为了共同的目标相互支持合作奋斗的过程。团队合作能力可以调动团队成员的所有资源和才智，实现他们的共同目标。如果团队合作是出于自觉自愿，那么，它必将会产生一股强大而且持久的力量。

(12)写作能力。写作能力是言语能力的一种。写作能力是指个体的书面语言表达能力。关于其结构，心理学家有不同的理解。有人认为它包括写作思维、观察分析、选词选句、布局谋篇、模仿范文等能力；有人认为它包含审题、立意、搜集材料、选材和组材、语言表达和修改作文等能力。

(13)学习能力。学习能力是指个体能顺利完成某项技能、知识的学习的各种能力的组合。学习能力包括感知理解能力、记忆能力、阅读能力、解决问题的能力等。一般而言，学习能力的高低与完成学习后对所学内容的运用也密切相关。

(14)语言能力。语言能力是指掌握语言的能力，这种能力表现为人们对一种新的语言、语法、语句的理解和掌握情况，能够辨析有歧义的语句、判别表面形式相同而实际语义不同或表面形式不同而实际语义相似的语句以及对听说读写译等语言技能的运用能力。

(15)责任意识。责任意识是个人对自己和他人、对家庭和集体、对国家和社会所负责任的认识和信念，以及与之相应的遵守规范、承担责任和履行义务的自觉态度。责任意识是一个人应该具备的基本素养，是健全人格的基础。具有责任心的员工，会认识到自己的工作在组织中的重要性，会把完成工作当作自己应尽的职责，会把实现组织的目标当成自己的目标。

(16)执行力。对于个人而言，执行力就是解决问题的能力；对于团队而言，执行力就是战斗力，执行团队任务的效率和质量；对于企业而言，执行力就是经营能力。而衡量执行力的标准，对于个体而言，是完成自己工作的速度和效果；对于企业而言，就是能在预定的时间内完成企业的战略目标。

(17)追求卓越。追求卓越是指用积极的行动来争取达到非常优秀的状态。

(18)组织管理能力。组织管理能力是建立组织结构，规定职务或职位，明确责权关系，以使组织中的成员协作配合、共同劳动，有效实现组织目标的能力。

请依照上述对各项通用技能的描述，将个人通用技能评估结果填入表 14-1，并结合自己的职业目标写出自己希望提升的三项能力。

表 14-1　通用技能评估

通用技能名称	自我评分（满分 5 分）	你最想提升的前三项能力，标出序号
创新能力		
分析能力		
沟通能力		
坚韧性		
结果导向		
经济学思维方式		
项目开发与设计能力		
抗压能力		
时间管理		
说服能力		
团队合作		
写作能力		
学习能力		
语言能力		
责任意识		
执行力		
追求卓越		
组织管理能力		

如果大家想了解某一特定岗位对应聘者的通用技能要求，可登录各招聘网站搜索该岗位的招聘简章，详细查看。

职业课堂

公平的升学与就业制度

我国职业教育发展一直“坚持以就业为导向”，但进入新时代的职业教育发展在考虑“以就业为导向”的同时，还应明确提出“以对口升学为导向”，让职业院校毕业生有足够的渠道升入职业专科、职业本科和研究生，因为，“双导向”可以更好地发展职业院校教育。

新职教法第五十三条：职业学校学生在升学、就业、职业发展等方面与同层次普通学校学生享有平等机会。高等职业学校和实施职业教育的普通高等学校应当在招生计划中确定相应比例或者采取单独考试的办法，专门招收职业学校毕业生。各级人民政府应当创造公平的就业环境。用人单位不得设置妨碍职业学校毕业生平等就业、公平竞争的报考、录用、聘用条件。机关、事业单位、国有企业在招录、招聘技术技能岗位人员时，应当明确技术技能要求，将技术技能水平作为录用、聘用的重要条件。事业单位公开招聘中有职业技能等级要求的岗位，可以适当降低学历要求。同时，新职教法也明确支持本科层次职业教育的发展。

长沙财经学校校长从中等职业学校的角度对职业升学与就业制度发表了个人看法，这正是我国包括高等职业教育在内的职业院校正在进行的"双导向"工作，国家职业教育体系的建立，为职业院校打通了向上的"天花板"，这是新时代新征程建设社会主义强国和民族复兴对高素质技术技能型人才培养的需要。他提出：

1."双导向"符合教育公平原则，呼应"办人民满意的教育"，满足人民群众对公平中职学校教育的殷殷期盼。公平是新时代"人民满意的教育"所期待的。但同属于高中阶段教育，就读普高意味着有更多的就读大学的机会，这对于中职生来说，是非常不公平的。数据显示，这些年初中毕业生约有一半进入了中职，如 2014 年全国高中阶段的毛入学率 86.5%，中职贡献了 48%。但他们有多少升入高校呢？这些年的高校录取率稳定在 86.5%左右，中职生升入高校的只有约 9%。以 2017 年湖南省为例，全省考生 41 万多人，共计录取新生 35.72 万人，录取率为 86.94%，本科录取率 42.53%，可是，录取的职高对口类新生只有 3.22 万人，其中，中职贡献居然只有 9%。本科录取率只有大约 3%。"就业导向"下的职教发展政策将对口升学比例限定为 5%，95%的中职生是因政策障碍不能接受高等教育。明确提出新时代的中职"双导向"，就意味着努力让更多的中职生就读高校，让中职教育成为一种趋向公平的教育，成为让"人民满意的教育"。

2."双导向"更加切合当前经济建设变化实际，满足行业企业人才需求层次高移的现实需求。因为年龄太小，心智不成熟，文化基础薄弱，缺乏发展后劲，中职毕业生以往普遍是去劳动力密集型企业、服务性行业作为简单劳动力使用。但目前产业普遍转型升级，技术密集型企业、国有大中型企业对员工文化素质要求越来越高，中职生难以满足产业发展新要求，高职生比中职生更受就业单位欢迎，而且，许多企业已将专科学历作为就业的最低门槛。国家大力发展中等职业教育的目的显然也不是"为企业提供简单劳动力"。显然，按"双导向"政策之后的中职生升为高职生，就更加切合当前经济建设变化实际，满足行业企业人才需求层次高移的现实需求。

3."双导向"有利于增加中职学校吸引力，优化中职学校生源，引导普职合理分流。众所周知，我国中职教育吸引力一直严重不够。"招生难"成为痼疾，中职生的社会认同度严重"低"于普高生，各高校，包括高职院校更愿意招普高生。重要原因之一是中职生源平均水平一直严重低于普高生源。在单一的"就业导向"政策影响下，招生时按"普职比"大体相当政策强制分流，渴望升学的优秀初中毕业生不愿就读中职学校，事实上中职学校招到的是进不了普高的初中"学困生"，中职学校教育就演变成事实上的低层次教育，且一直恶性循环。显然，新时代明确提出中职"双导向"，既"就业有路"，还"升学有门"，会增加吸引力，优秀的初中毕业生就可能进入中职学校，就能破解招生困局，形成良性循环，客观上优化生源，而且引导普职合理分流。

4."双导向"切合国家建设现代职业教育体系的内涵，呼应十九大提出的"完善职业教育和培训体系”，有利于顶层设计整体推动中职学校教学改革发展。国家业已提出建设现代职业教育体系，形成定位清晰、科学合理的职业教育层次结构，中职学校与普通高中分属于职教体系和普教体系，属于一个层次，中职毕业生的出路，一是就业，二是升学。既可以升入职教体系的高职专科、应用技术本科、专业学位研究生教育，还可以升入普教体系的普通本科与学术学位研究生教育。按此体系，中职学校教育发展已经不是单一的“就业导向”，“双导向”呼之欲出。而且，十九大再次提出“完善职业教育和培训体系”，显然，“双导向”是顺势而为。另外，从当前学校实践层面看，也只有“双导向”才可以破解中高职衔接不畅等痼疾，从顶层设计角度，从课程到教学组织到考试安排考虑，整体推动中职学校教学改革发展。

5.“双导向”切合优秀中职学校发展实际，源于优秀中职学校办学经验的积累与提炼，基层实践层面的“双导向”呼之欲出。总结多年办学经验，我国优秀中职学校的发展几乎都是一手抓就业教育，一手抓对口升学教育。以长沙财经学校为例，该校是湖南首批国家重点校、首批国家示范校、首批湖南卓越职业院校建设项目校，有很高的社会认可度，多年来该校毕业生既能高品质推荐就业，也较多的对口升入高校，所谓“招生难”在该校已经不是难题。这些年招生时，家长大清早就来校排长队，近三年，长沙市中考成绩公布第一天即招生爆满。究其原因，是因为摸索多年发展经验，学校内部实际形成了就业教育与对口升学教育两套教育教学管理与运作体系，以就业教育为主体，兼顾对口升学，从入口到出口两个导向两个培养方案，有一定的独立性，但在学校统一管理下并不相互排斥，而是相互支持，时至今日，已成熟高效运作多年，对口升学教育与就业教育都成为学校品牌，形成影响力，吸纳到了比较优秀的生源，形成学校发展的良性循环，来校考察的教育部、省市领导、专家、用人企业都给予学校很高评价。据悉，全国许多中职名校如苏浙沪等地的中职名校都是类似做法，而且，近几年的对口升学比例逐年递增，几乎有一半升入高职院校。从基层实践层面看，“双导向”呼之欲出。

任务打卡

➤正确认识自己，评估近期你能想到的成就，该成就中体现出什么价值观？

➤能力养成：

分小组写出近期的三个生涯目标，并尝试计划未来 5～10 年希望达到的目标。

生涯故事

项目总结

通过完成本项目的两个任务，我们学会了回顾个人的成长计划，以及通过实现个人目标和提升通用技能等确保计划的可行性和有效性。

任务1中，我们学习了如何提升学习能力、时间管理能力及专注度，了解了一些常用的网站，为成长计划调整提供了现实依据。

任务2中，通过学习实现个人目标、了解通用技能，我们能够更好地实现职业目标，提高效率，增强信心，以及获得成就感。

总之，通过完成本项目，我们能够进一步明确个人计划进展，调整学涯计划和职涯设计，更好地应对职业发展的挑战和机遇。

趣味测试

项目15 迎接职业挑战

项目指南

大学生在追求自我职业长久可持续发展的过程中，设定明确的职业发展目标是基础，这些目标应与个人的价值观和长期规划相一致，并具有一定的挑战性。本项目的分析挑战制定应对方案、做好角色转换全面准备、制定个人持续发展规划三个任务，能够帮助我们更全面地进行持续的自我评估和调整。

通过任务的实施和完成，我们可以全面且深入地认识所面临的职业挑战以及如何做好角色转化和个人调整，通过不断学习和成长，提高自己的竞争力和适应力，有效迎接各类职业挑战。

学习目标

1. 通过提高学习专注度，找到适合自己的学习方法，保持积极心态来分析挑战制定应对方案。

2. 通过对职业角色与学生角色分析，做好角色转换全面准备。

3. 通过对自我性格分析与自我能力、职业发展趋势分析，制定个人持续发展规划。

任务1　分析挑战制定应对方案

任务知识点

一、提高学习专注度

1. 明确学习目标，树立正确的学习心态

只有明确了为什么学习，学习的目标是什么，树立了正确的学习心态，你才能有动力去学习，才能意识到学习是为了投资自己，是为了提升自己的能力，才能首先做到学得进去，坚持得下来。

2. 排除干扰

(1)固定每天学习的时间,养成固定时间进入学习状态的习惯;

(2)关掉电子设备,或者将电子设备调至静音,放到看不见的地方,排除可能干扰自己学习的因素,并告知身边的人尽可能减少对自己的打扰;

(3)改善学习环境,优化学习资料管理。比如,不要在学习的地方堆放其他书籍、零食或玩物等,学会对学习资料归类管理,将学习用品放在相对固定的地方,避免因找东西而耽误时间。

3. 劳逸结合

专注学习的同时要学会劳逸结合,例如,专注学习 25 分钟,休息 5 分钟;每天坚持锻炼身体;听音乐来放松自己,保障良好的睡眠等。

二、找到适合自己的学习方法

1. 从感兴趣的知识开始学习

俗话说"兴趣是最好的老师",我们想要培养良好的学习习惯,可以先从自己感兴趣的知识着手,这样不仅更容易激发自己的学习兴趣,也更容易养成专注的习惯。

2. 先借鉴他人,再总结自我

借鉴他人良好的学习方法、学习途径,例如,制订学习计划、学前预习、学后复习、绘制思维导图等,然后在此过程中摸索出适合自己的学习方法。

3. 勤记笔记,巧记笔记

学习过程中记笔记不是单纯的照抄,要对原文进行适当的理解、简化、加工,记住知识点中的关键词和逻辑关系,然后用箭头、图表等将他们联系起来。这种梳理不仅能帮助我们更好地消化各种知识,更重要的是能够帮助我们把前后知识进行串联,让知识由点成线。

4. 持之以恒

学习不是一个及时反馈的行为,需要先积累,待有了一定沉淀之后才能发生质的变化,所以,坚持是很重要的,一旦设定了目标,就坚持达成,半途而废是导致失败的根本原因。

三、保持积极心态

心有多宽,理想就有多远,理想有多远,人就能走多远。一位哲人说:"你的心态就是你真正的主人。"人生成败,在乎一心,失败者的最大败因,就在于他总是抱着失败的心态去面对一切。冷漠、忧虑、自卑、恐惧、贪婪、嫉妒、猜疑、悲观……如同一道道"心墙",阻隔着他追逐成功的步履。要跨越这个鸿沟,关键在于如何看待事物。

1. 保持进取心

进取心是指一个人做成某件事情或达成既定目标的意愿。进取心的强烈程度,取决于意愿的大小。意愿越强烈,说明进取心越大,成功的可能性就越高。进取心是能将愿望转化为坚定信念与明确目标的熔炉,它将集中一个人所有的力量和资源,带领我们到达成功的彼岸。

2. 树立自信心

心理学家在对成功人士的研究中发现，把这些成功人士与普通人区分开来的第一个特征就是自信。要想成大事，就必须充分地相信自己并不平庸。只有相信自己是有用之才，才会精力充沛，豪情万丈，活得有滋有味。

树立自信心的第一步是认识自己。一个人只有在看到自己的闪光点的时候，在意识到自己一定要实现心中所想之后，他才有可能发挥无穷的潜力，成就自己。

职业课堂

改革专升本考试，扩大本科学校在职教高考中的招生规模

2024 年 1 月 2 日，教育部公布对十四届全国人大一次会议建议的答复。1 月 5 日记者注意到，对于“关于农村学生就读中职、技工院校的无条件保送公办职业学院接受大专教育的建议”，教育部经商人社部答复称，将完善职教高考制度，健全“文化素质＋职业技能”考试招生方式，改革专升本考试内容和形式，扩大本科学校在职教高考中的招生规模。

关于农村中职、技校毕业生升学问题，教育部指出，职业教育考试招生制度是深化现代职业教育体系建设改革的重要举措，也是优化类型定位、畅通学生升学通道、缓解教育焦虑的关键。

2019 年 1 月，《国家职业教育改革实施方案》（以下简称《方案》）发布，《方案》提出“建立‘职教高考’制度”，高等职业教育考试招生改革进入全面构建“职教高考”制度的新时期。各地陆续出台了地方文件，规划了本地高职分类考试改革的工作思路、举措任务和改革进度。

其中，山东、江苏等省已经先试先行，开展了职教高考试点。通过积极推进单独招生、对口招生、长学制贯通项目（初中起点的五年制高职、中高职衔接 3＋3/3＋2 和中职本科衔接 3＋4/3＋2＋2 等）、注册入学等，畅通中职生的升学通道，提高学生主动选择职业教育的积极性，初步实现职业教育体系内部的纵向贯通。

同时，各省专科高等职业学校招收中等职业学校毕业生的比例、本科高等学校招收职业院校毕业生的比例以及高等职业学校招收有实践经历人员的比例显著扩大。

教育部表示，职教高考探索实践以来，虽取得诸多成效，但仍存在一些问题亟待改进，如国家层面目前还没有出台职业教育考试招生的指导意见；考试内容设置不尽合理，存在重文化基础测试、轻职业技能测试的现象，等等。

为解决问题，使职教高考制度更好发挥技术技能型人才选拔的作用，下一步，教育部将完善职教高考制度，健全“文化素质＋职业技能”考试招生方式，改革专升本考试内容和形式，扩大本科学校在职教高考中的招生规模，推进建设国家职业技能考试题库和标准化考场。适应技术技能型人才多样化成长需要，创新教学评价方式方法，积极推行技能抽查、学业水平测试、综合素质评价和毕业生质量跟踪调查等。积极鼓励支持农村中职、技校毕业生升学深造。

任务打卡

生涯故事

➤课堂讨论：

在近半年里，你是否坚持过一项运动或者学习，并取得了一定成果？

➤能力养成：

近期你最想实现的目标或愿望是什么？你认为达成的可能性是多少（百分比）？

任务2　做好角色转变全面准备

任务知识点

一、职业及职业对个人的意义

1. 职业的概念

了解工作、职业、职位职业生涯这几个词语的含义，对于帮助我们做好职业规划具有重要作用。

（1）工作是由一系列相似的职位组成的一个特定的专业领域。

（2）职业是一系列性质相近的工作的总称，是指个人服务于社会、作为获得物质生活来源并满足精神需求的工作。例如，医生是一种职业。

（3）职位是在特定的企业组织中的表现，与参与工作的个人相对应，与分配给个人的一系列工作任务相关。每个职位都会有对应的工作任务。有多少参与工作的个人，就有多少个职位。例如，某医院的牙科医生就是一种职位描述。

（4）职业生涯是指个人生活中各种时间的演进方向与历程。职业生涯就是个人在人生中经历的一系列与“就业领域”相关的事件变化，职业生涯和个人的职业发展过程相联系，是个人接受培训教育及职业发展形成的结果。

2. 职业对个人的意义

恩格斯曾说过：“人类社会与动物社会的本质区别在于，动物最多是收集，而人则能从事生产。”人类社会区别于动物族群的主要特征就是人类社会需要靠劳动来凝结成团体，在团体中通过劳动分工和互相协作来构建社会组织网络，个人是构成该网络的基本单元。社会性是人的根本属性，个人离不开社会劳动，社会也离不开个人行为，而人的生产活动具有社会性，而生产活动的最典型行为就是工作。不同的人在社会中通过工作互相借力，结成不同的社会关系，这种社会关系促进了个人到家庭，家庭到社会，社会到国家，国家到国际间不同层次和维度上的交互式发展。离开工作的个体，将失去其独有的社会属性，随之而来的可能是社会关系、社会交往和社会评价的一系列变化。

每个人的兴趣爱好和能力特长是不同的，而在社会生产中，随着生产需求的变化，也会产生各种各样的职业与分工，正是因为个人能力的差异和多样的分工，才构成了丰富多彩的人类社会和多层次的社会形态。那么，职业对个人的意义主要包括哪些方面呢？

(1)生存意义。所有职业都是人们通过劳动获得收入和在社会中谋生的手段。然而，职业收入的多少并不取决于所付出的劳动力。决定收入的因素有很多，包括行业因素、市场因素和成本因素。决定收入因素的核心在于职业的社会价值。因为，随着年龄的增长，人们可以付出的体力劳动越来越少，这是一种必然趋势。所以，要想通过职业获得更多的收入，就应该提高脑力劳动的价值，这是根本途径，那些既不愿意从事体力劳动，也不愿意真正动脑的人，注定难以成功。

(2)人生意义。通过职业获得更好的生活，实现人生的梦想和价值是职业带来的人生意义。人们都渴望追求更好的生活，而不只是生存，所以如何把工作做好，如何让职业变成自己终生奋斗的事业，是实现我们人生理想和目标需要持续努力的方向。能发展成个人事业的职业一定是与人类进步、发展方向相一致的。

(3)社会意义。职业是依托于社会形态而存在的，职业不分高低，但职业成就和职业价值观区分了社会分工和阶级定位。每一项职业的发展也终将以推动社会和人类的进步为目标。

(4)家庭意义。职业对生活的意义是在沉淀之后产生的家庭意义。人们在社会上努力工作，获得的声誉和利益，都会成为自己的和后代继承的家庭财富和社会地位的工具。例如，中药可以积累配方、经验、智慧和社会声誉，这些都可以有序地传递给后代；又如，商人可以积累商业资源、商业经验、智慧和家庭财富，这些也可以有序地传递给后代。我们提倡文化传承，核心载体是职业传承、价值传承、家庭传承。

(5)生命意义。每个职业都有自己的职业精神和职业智慧。只有深刻钻研，才能获得各行各业的专业精神和专业智慧，这些精神和智慧最终将归于人们的心灵、人性和生命的精神和智慧。例如，榫卯结构是古代木匠的智慧，古人需要后人继承，后人需要学习古人。纵观历史，许多古代职业都蕴含着巨大的生命智慧。一方面，我们应该继承这些历史财富；另一方面，我们应该继续探索和创新。

二、职业角色与学生角色的概念与区别

大学毕业生离开学校踏入社会开始工作，就是从学生转变为职业人的开始，要尽可能快且顺利地完成角色的转变。大学生已经对学生角色的行为规范、思维模式十分熟悉，但对社会职业人员的角色要求却比较陌生。两者相比，有许多不同之处，而且后者的要求相对更高一些。如何适应职业角色在社会活动方式、社会责任、独立性等方面的变化和要求，是每一位大学生必须思考和学习的，如果能清楚认识这种社会角色的转变，就可以帮助我们在校期间有针对性地做好准备。

1. 学生角色的定义

学生角色的年龄一般在 18～24 岁，这一阶段是个人学习技能、与人交往的关键阶段。

大学生的主要任务是学习专业技能、建立初步职业理想，培养以专业能力、职业素养为主的各种硬实力及软实力。因此，大学阶段是一个人接受教育、储备知识、培养能力的重要阶段。另外，由于大学生在经济上主要依靠家庭支持，有些贫困学生会获得国家的资助和补贴，自己也能通过奖学金或者兼职获得少量的经济来源。所以，我们通常定义的学生角色为在社会教育环境的保证中，在家庭经济的主要资助下，通过学习知识、培养能力，全面提高自身素质，努力使自己成长为社会需要的人才的青年。

2. 职业角色的定义

职业角色一般是从学生离开学校步入社会开始的。具备职业角色的人基本都有以下共性特点：有自己的社会职位，对应职位具有一定职权；需要遵循相应的职业规范；具备职位需要的知识和业务能力；履行一定的职责和义务；经济相对独立。因此，我们这样定义职业角色，在某一职位上，以特定的身份，依靠自身知识和能力按照一定的职业规范开展工作，在行使职权、履行职责和义务为社会做贡献的同时取得相应报酬的社会人。

3. 学生角色与职业角色的区别

（1）承担的责任不同。大学生是以学习为主要任务，在校园里有很多事情可以尝试，在职业探索阶段也有试错的机会，承担的责任相对较少，主要是完成学习任务。而职业人是社会经营活动中的一分子，需要承担更多的社会责任，针对不同的岗位，有其相应的工作职责和工作任务。

（2）面对的环境不同。大学生在校园里感受着单纯、简单的校园文化氛围，接触更多的是同学和老师。成为职业人后，在职场上，面对的社会环境更复杂、更多变，没有了寒暑假，也没有了校园便捷的生活与饮食环境，自由支配的时间减少，在工作之余，还需要照顾好自己的生活。

（3）人际关系不同。在校园里人际关系相对简单，进入职场后，社会上的人际关系相对于学校中的同学关系要复杂得多，须考虑同事之间的关系、上下级间的关系、与客户的关系等，处理好人际关系也是每一个大学毕业生步入职场后的第一节必修课。

（4）面对的文化环境不同。学生主要以学习为主线，有较长的节假日和休息日，学习任务明确，接触最多的就是老师、同学，受到班风、校风影响；职业人会受到社会中、企业中形形色色的文化熏陶，甚至还会受到不同国家的文化熏陶，这些都会对自己的人生、价值观产生一定的影响。

三、角色转变的阶段及转变的方法

1. 学生角色向职业角色转变的两个阶段

（1）毕业前夕的角色转换。

我国大学生一般在每年 7 月初离校，奔赴工作岗位，但是一般从上一年 10～11 月就要着手准备求职实习。这一时期是毕业生转换角色的重要阶段，主要表现在以下两个方面：

①调整职业定位的关键时期。毕业前,学生经历的实习求职阶段,是通过与用人单位的“双向选择”,了解用人单位,逐渐感受社会对自己的接纳程度,同时,根据在求职过程中的面试经历、与企业招聘者的沟通、获取录用通知书的情况,不断调整个人的职业期望值,重新思考自己的职业选择和职业定位。这是从学生角色向职业角色转换的第一步,为大学生的职业角色确定了一个基调,对学生未来职业的选择具有重要影响。

②是职业心理和知识技能重塑的过程。一般来说,在校生毕业前夕,其求职、上岗、实习等过程,对个人求职心理会产生新的影响,学生也会根据自己是否取得录用通知书,或者自身的工作情况,对自己在校期间学到的知识技能进行思考,并查缺补漏。因此,这个阶段是帮助学生进行心理成熟度调整,让学生有针对性地重新学习知识、培养能力的重要时期。

(2)试用期内的角色转换。

大学生参加工作后,一般会经历 3～6 个月的试用期,然后转为正式员工,这也是从学生到职业人的关键“磨合期”。在这期间,因为身份的转变、无人指导,我们需要独立处理很多问题,很多学生在这个时间段最容易产生沮丧和挫败感,产生放弃的想法,而这个时期也正是学生离开“象牙塔”成为真正职业人的时期,我们需要真正内化实现角色身份的转换,尽快适应职业人的身份。想要尽快适应职场变化,我们应有意识地使用以下学习方法,提升专业技能。

①学习与工作岗位有密切联系的专业知识和专业技能。大学的课程设置总体上偏重于基础知识的学习和基本技能的培养,广而不专,没有针对某一特定岗位进行讲解。所以初入职场,结合工作岗位来学习和训练专业技能,可以加深我们对职业岗位的认知、培养职业兴趣。

②有意识地进行可迁移能力的培养。所谓可迁移能力就是从一个岗位转到另一个岗位可复用的能力,如沟通能力、谈判能力、文案撰写能力等。我们要善于培养自己在职场中的可迁移能力,为自己的职业发展蓄力储能。其实,大学毕业生们在智力上并无太大差距,由此可见,可迁移能力是影响毕业生择业、就业和创业的重要因素。

③做好必要的心理准备。很多人都有着自己的远大抱负,但并非所有人都能在自己的工作岗位上获得成功。当理想与现实产生落差时,他们就容易产生负面情绪,所以做好充分的心理准备是必不可少的。特别是要锻炼自己的逆商,要让自己内心变得坚忍,能对自我、社会和企业组织有一个客观、正确的认知。

2. 学生角色向职业角色转变的途径与方法

(1)学生角色向职业角色转变的途径。

①从个人导向到团队导向。学校里以自我为中心的模式将不会适合职场,个人的成功必须与整体的成功结合才有意义。因此,学生应将重个性转变为重标准,以个人为衡量标准转变为以集体为衡量标准,独创转变为协作,独行转变为合作。

②从情感导向到职业导向。情绪化是学生的显著特征之一,这与职业人的高度理性的性格格格不入。因此,学生应将情感人转变为职业人(注重职场规则),个人好恶转变为竞业精神,情绪左右转变为职业驱动。

③从兴趣导向到责任导向。学生的生活多是凭借自己的兴趣行事,职业人行事则是

职责所在义不容辞，这就要求步入职场的毕业生从兴趣所在变为承担责任，个人利益转变为企业利益，追求快乐转变为追求责任。

④从思维导向到行为导向。学生学习，重在开发智力，学习知识，往往是思维的训练。这和职业人不同，步入职场的毕业生要从思维至上转变到产品至上，想到就行转变为做了才行，理论家转变为实干家，注重是非分析转变为注重是否合适。

⑤从个人资源到组织资源。学生以个人导向为主，相应依托个人资源来生存和发展，职业人在企业里当然依托于企业，会将利用个人资源转变为企业化的资源支持平台，独立发展变为企业共同发展，依靠个人变为依附企业。

(2)学生角色向职业角色转变的方法。

①思维转化。相较于学生角色，职业角色首先需要在底层逻辑上做出转变，实现由学生向职场人的转变，这一转变过程包括人际关系、时间管理、知识来源、思考维度、答案寻求、能力考查和公平程度，两种角色在不同方面应当具备的能力与符合的要求是不同的，但是总体而言，职场角色比学生角色所面临的挑战更多，更需要站得高、看得远、思得深。因此，进入职场的我们要告别学生思维，适应新身份。职场新人要做的第一件事就是心态的转变，要时刻告诉自己“我现在不是学生，而是一位不折不扣的职场人”。学生角色与职业角色的思维转变对比见表 15-1。

表 15-1　　学生角色与职场角色的思维转变对比

	学生角色	职业角色
人际关系	相对简单	复杂
时间管理	被动执行	主动管理
知识来源	以理论知识为主	以实践知识为主
思考维度	单向思考	多维剖析
答案寻找	标准答案	灵活应对
能力考查	学习能力	综合能力
公平程度	相对比较公平	没有绝对公平

②职场沟通。首先，主动沟通是职场新人需要突破的能力，这一能力能帮助自己在未来持续进步。想要在工作中脱颖而出，就必须改变自己的被动状态，要积极主动，经常与同事、领导沟通，主动提出问题，主动寻求帮助，主动寻求机会。

a. 主动与同事沟通。分享你的想法，询问他们对你的工作的看法，遇到难题寻求同事的帮助，或者询问他们是否需要你的帮助，这些可以帮助你迅速破冰，融入团队。

b. 主动与领导沟通。与上级保持积极的沟通，不仅可以得到正确的建议和指导，确保你理解他们的期望，还能向他们展示你对工作的热情和承诺，有利于个人在职场中的进步。

其次，进行有效的沟通，掌握沟通技巧，使用合适的沟通方式。沟通是每个职场人应当具备的能力，它直接影响着工作效率、人际关系、升职加薪。有效沟通的前提是让对方迅速了解你要传达的信息，但要注意表达逻辑，可以采用总分总的方式来表达，尝试梳理形成1、2、3的观点说出来。有效的沟通方式应当带着尊重与真诚，带着目标与解决方案。

③工作方式。第一，先思考再执行。磨刀不误砍柴工，列出任务清单、分解任务再执行任务。只要做事有计划，思考全面，即使有突发情况，我们也能及时做出调整。第二，及时反馈，主动汇报。反馈在职场里是一项非常重要的技能，养成反馈的习惯在职场中至关重要。工作不是作业，做完后等到时间上交，工作中要做到主动汇报，不能让领导过来问是否完成，应当随时与领导同步工作进度，及时向领导反馈结果，这不仅方便领导进行之后的安排，也更容易得到领导的信任和重用。第三，注重结果导向。很多职场新人以为只要勤奋努力就能得到肯定，但其实在职场中一切是以结果为导向的。每天加班到深夜，但是没有取得成果，到头来只是自我感动。在职场中注重的是"输出"，创造价值才是硬道理，一个每天工作12小时业绩平平的员工和一个每天工作8小时业绩拔尖的员工，必然是后者更能获得认可。第四，学会寻求帮助。懂得寻求帮助也是职场常用技能之一。在学生时代，不论是学习还是考试，大多都是通过一个人努力完成的，所以职场新人也往往习惯自我钻研。但事实上，适当寻求同事或领导的帮助能让我们更好地理解工作任务，少走弯路，最快找到解决方案。第五，做好时间管理。我们可以通过四象限时间管理方法，明确工作任务的轻重缓急。重要且紧急的工作立即去做，重要但不紧急的工作做好计划并有序开展，紧急但不重要的工作高效率做完或者让给他人做，不紧急不重要的工作尽量不做或利用碎片时间做。

④职场心态。学生的心理是学习心理，一切都想学，一切都感到新鲜，大多事都依赖老师，总觉得别人会帮助你；在工作中，遇到工作不会做或者做不好时往往会以自己是新人为借口，给自己留后路。而职业人的心理：为什么做不好？我哪里做错了？应该怎么改正？他们会自己主动去找原因和解决的办法。这是新入职的大学生要尽快改变的心理。

职业课堂

打造中国职教名片

10月10日，国务院新闻办公室发布《共建"一带一路"：构建人类命运共同体的重大实践》白皮书，鲁班工坊项目被纳入白皮书，并进行了项目介绍。

从埃及的开罗到埃塞俄比亚的亚的斯亚贝巴；从泰国的大城府到巴基斯坦的旁遮普省拉合尔；从俄罗斯的莫斯科到葡萄牙的塞图巴尔……方圆相融的鲁班工坊标识宛若来自东方的绚丽之花，朵朵精彩绽放，成为"一带一路"上亮丽的职教风景。

鲁班工坊是在中国教育部指导下、天津市原创并率先主导推动实施的职业教育国际品牌，该项目致力于培养合作国家熟悉中国技术、了解中国工艺和中国产品的技术技能型人才。迄今为止，我国已在埃塞俄比亚、埃及、泰国、印度、印度尼西亚、巴基斯坦、柬埔寨、葡萄牙等25个国家建成27所鲁班工坊。鲁班工坊遍布亚非欧三大洲，成为"一带一路"上的"技术驿站"。

围绕智能科技、新能源、新材料、先进制造、铁路运营、汽车工业、中医中药等重点领域，根据共建“一带一路”国家的发展需求，鲁班工坊开设了工业机器人、增材制造、新能源、云计算、物联网、动车组检修、汽车维修、物流管理、中餐烹饪、中医药、跨境电商、智慧农业等 70 多个专业，培养了数以万计的技术技能型人才，助力合作国家青年就业和民生改善，促进合作国家经济社会发展。同时，鲁班工坊还持续为大型中资企业在海外发展培养培训优秀的技术技能型人才，带动中国企业和优质产品“走出去”，不断发挥“教随产出、产教同行”的作用。

除鲁班工坊外，我国“出海”的职业教育品牌还有丝路学院、中文工坊、郑和学院等。它们都已成为我国职业教育国际化进程中的亮丽名片。

共建“一带一路”倡议提出十年来，我国职业教育走出国门，为共建国家培养高端技术技能型人才。十年来，我国建设国际职业教育标准 548 个；编写职业教育双语教材 252 种，覆盖学生数量近 7 万人；与 400 余所高职院校和国外办学机构开展合作办学；海外办学累计招生人数近 2 万名。我国职业院校还不断与世界同行展开交流合作，并为此搭建了多元宽广的平台。例如，世界职业技术教育发展联盟、“一带一路”职教联盟、中国—东盟交通职业教育联盟、中泰职业教育联盟等。

资料来源：《这一年，我们的职业教育蓬勃发展》，科技日报，2023-12-27，2008 版.

任务打卡

拓展阅读

➤课堂讨论：

学生角色与职业角色有什么区别？

➤能力养成：

大学生初入职场应当如何增强职业适应性？

任务 3　制定个人持续发展规划

任务知识点

一、职业发展的趋势

随着社会的发展，第一产业的从业人数将向第二产业、第三产业转移，与第三产业有关的职业将得到继续发展，新的职业不断产生，一些旧的职业也会被逐渐淘汰。第三产业的发展规模是衡量一个国家经济发展程度的重要标志之一。发达国家第三产业的产值占国民生产总值的比例为 60%～70%，中等发达国家的比例为 50%以上。2021 年，我国国内生产总值(GDP)为 114.37 万亿元，其中，第三产业增加值高达 60.96 万亿元，增加值比重为 53.3%，同比名义增长 10.5%，扣除价格因素实际增长 8.2%。可以看出，在三次产业构成方面，第三产业在国民经济中占有绝对地位。

从高职学生的个人职业发展来看，学生需要保持对经济社会发展、知识更新和技术进步的适应性，对岗位内涵变化的适应性，只有这样才能避免因岗位内涵发生变化而失去工作机会。要加强可持续学习能力的培养，加强综合素质的培养，增强个人的可持续发展能力。随着社会分工的发展和职业的分化，职业的种类越来越多。21 世纪是知识经济的时代，当今社会知识经济已经开始占据国民经济的主导地位，对人才的要求开始打破传统的模式，呈现出以下新特点：

(1)传统职业模式逐步实现智能化生产力发展的关键之一是增加职业岗位科技含量，改善劳动组织和生产手段，提高劳动生产率。能熟练应用信息管理方法的智能型操作人才，是今后职业岗位更新、工作内容更新需要的新型人才。

(2)职业的空间概念发生转变，职业岗位转移更加频繁。目前，很多工作通过互联网便可完成，无须到岗，还有很多工作通过远程操控即可完成。

(3)第三产业发展。服务行业从业人员增多，第三产业迅速发展壮大，产生了大量新职业，人们对服务领域、便捷化服务需求的增加，使第三产业成为吸纳社会劳动力的主要渠道。

(4)人才类型要求和比例结构发生显著变化。我国目前仍将保持四种人才类型，即学术型、工程型、技术型、技能型(其中，后两类人才大多是通过职业教育进行培养的)。技术型人才在劳动力结构中的占比持续上升。技术工人变换工作岗位的情况将会越来越多；一部分普通技工的工作将被智能化机器人所代替；还有不少技术工人将转向第三产业或更高的技术岗位。

(5)一专多能，复合型人才的需求增多。就目前用人情况分析，职业岗位的要求和劳动方式逐步由简单转向复杂，过去拥有单一技能就能胜任的工作，现在需要拥有相关专业的更多知识和技能，复合型人才需求增加。

二、职业可持续发展的概念

个人职业可持续发展是指在职业发展的过程中，个体能够不断适应变化的环境，持续提升自身的能力，以实现个人的长期发展。它强调的是个体在职业生涯中，不仅要追求职业成功，还要关注自身的成长和发展，保持与环境变化的适应性。

(1)持续提升职业能力。个体通过不断学习和实践，提升自身的职业技能和知识，以适应职业发展的需求。

(2)塑造个人品质。在职业生涯中，个体要注重培养自己的品质和价值观，形成良好的职业道德和职业素养。

(3)职业规划与自我发展相结合。个体在规划职业生涯时，要将自己的兴趣、能力和价值观与职业发展方向相结合，实现自我价值的最大化。

(4)关注环境变化与市场需求。个体要时刻关注市场变化和行业发展趋势，及时调整自己的职业规划和发展策略。

(5)建立良好的人际关系网络。个体在职业生涯中要积极拓展人脉，与同行、同事和客户建立良好的关系，为职业发展创造更多的机会。

为了实现个人职业可持续发展，个体需要具备自我管理、自我激励和自我调整的能力，同时也需要积极寻求外部支持和资源，如参加培训课程、寻求导师指导、参与行业协会等。此外，个人可持续职业发展也需要个体具备一定的道德和社会责任感，以实现个人发展与社会发展的和谐统一。

三、实施职业可持续发展的计划

个人职业可持续发展计划的具体措施包括以下几个方面：

(1)制定明确的职业规划。制定长期和短期的职业规划，明确职业目标和发展方向，有计划地提升自己的职业能力和竞争力。

(2)持续学习。不断学习新的知识和技能，提高自己的专业素养和综合素质。可以通过参加培训课程、自学、参加行业会议等方式获取新知识。

(3)建立良好的人际关系网络。积极拓展人脉，与同行、同事和客户建立良好的关系，获取更多的职业机会和资源。可以通过社交媒体、行业协会、志愿者活动等方式扩大社交圈子。

(4)注重自我管理和发展。养成良好的工作习惯和生活习惯，保持积极的心态和乐观的态度，提高自我调节和抗压能力。

(5)寻找导师和行业专家指导。寻求导师和行业专家的指导和帮助，了解行业发展趋势和职业前景，提升自己的职业素养和竞争力。

(6)勇于创新和尝试。不断探索新的职业机会和发展方向，勇于尝试新的工作方式和思路，提升自己的创新能力和适应能力。

(7)关注社会和环境问题。积极参与社会公益活动，关注社会发展方向和环境问题，增强社会责任感和环保意识。

这些措施不仅可以帮助个人实现可持续职业发展，提升职业竞争力和个人综合素质，同时也可以促进个人的全面发展和社会的可持续发展。

职业课堂

提升全民数字素养与技能行动纲要

数字素养与技能是数字社会公民学习工作生活应具备的数字获取、制作、使用、评价、交互、分享、创新、安全保障、伦理道德等一系列素质与能力的集合。提升全民数字素养与技能，是顺应数字时代要求，提升国民素质、促进人的全面发展的战略任务，是实现从网络大国迈向网络强国的必由之路，也是弥合数字鸿沟、促进共同富裕的关键举措。为深入贯彻落实习近平关于网络强国的重要思想，实施全民数字素养与技能提升行动，加快数字化发展，建设网络强国和数字中国，根据《中共中央关于制定国民经济和社会发展第十四个五年规划和二〇三五年远景目标的建议》和《中华人民共和国国民经济和社会发展第十四个五年规划和 2035 年远景目标纲要》，制定行动纲要。

一、发展形势与重要意义

当前，全球经济数字化转型不断加速，数字技术深刻改变着人类的思维、生活、生产、学习方式，推动世界政治格局、经济格局、科技格局、文化格局、安全格局深度变革，全民数字素养与技能日益成为国际竞争力和软实力的关键指标。全球主要国家和地区把提升国民数字素养与技能作为谋求竞争新优势的战略方向，纷纷出台战略规划，开展面向国民的数字技能培训，提升人力资本水平。党的十八大以来，以习近平为核心的党中央做出建设网络强国、数字中国战略决策，加快建设完善数字基础设施，不断提高数字经济、数字社会、数字政府发展水平，持续增强人民群众获得感。但同时，我国也存在顶层设计缺失、数字鸿沟较大、资源供给不足、培养体系尚未形成、数字道德规范意识有待增强等问题，亟须加大工作力度，完善政策措施，整体提升全民数字素养与技能水平。立足新时代世情国情民情，要把提升全民数字素养与技能作为建设网络强国、数字中国的一项基础性、战略性、先导性工作，切实加强顶层设计、统筹协调和系统推进，注重构建知识更新、创新驱动的数字素养与技能培育体系，注重建设普惠共享、公平可及的数字基础设施体系，注重培养具有数字意识、计算思维、终身学习能力和社会责任感的数字公民，促进全民共建共享数字化发展成果，推动经济高质量发展、社会高效能治理、人民高品质生活、对外高水平开放，为我国开启全面建设社会主义现代化国家新征程和向第二个百年奋斗目标进军注入强大动力。

二、总体要求

（一）指导思想

以习近平新时代中国特色社会主义思想为指导，全面贯彻党的十九大和十九届二中、三中、四中、五中全会精神，深入学习贯彻习近平在庆祝中国共产党成立 100 周年大会上的重要讲话精神，立足新发展阶段，贯彻新发展理念，构建新发展格局，坚持以人民为中心，落实高质量发展要求，以满足人民日益增长的美好生活需要、促进人的全面发展和全体人民共同富裕为根本目的，坚持深化供给侧结构性改革，以创新驱动、高质量供给引领新需求，着力发展数字基础设施、优化数字资源供给、完善数字环境保障，着力构建覆盖全民、城乡融合、公平一致、可持续、有韧性的数字素养与技能发展培育体系，着力拓展全民数字生活、数字学习、数字工作、数字创新四大场景，激发全民建设网络强国和数字中国的积极性、主动性、创造性，提升全民数字化适应力、胜任力、创造力，增强人力资本积累，拓展人口质量红利，厚植创新发展新优势，为全面建设社会主义现代化国家提供强大的数字动力支撑和坚实的人力资源基础。

（二）基本原则

秉持发展为了人民、发展依靠人民的理念，推动数字教育资源、数字技能培训、数字产品和信息服务等高质量发展和开放共享，不断提高人民群众的获得感、幸福感、安全感。坚持统筹谋划，系统推进。遵循数字化发展规律，针对不同类型的群体、不同年龄阶段的公民，强化顶层设计和统筹谋划，整合资源，筑牢基础，补齐短板，整体提升全民数字学习、工作、生活和创新的素养与技能。坚持深化改革，协调发展。聚焦提升全民数字素养与技能过程中的突出矛盾和难点问题，创新政策供给，破除体制机制障碍，不断弥合城乡、区域和人群间的数字鸿沟，营造良好的数字学习和创新创业环境，促进区域协调、城乡融合发展。坚持正确导向，保障安全。统筹发展和安全，强化底线思维和风险意识，坚持正能量是总要求、管得住是硬道理、用得好是真本事，主动防范化解风险，有力有序推进全民数字素养与技能提升。

（三）发展目标

到 2025 年，全民数字化适应力、胜任力、创造力显著提升，全民数字素养与技能达到发达国家水平。数字素养与技能提升发展环境显著优化，基本形成渠道丰富、开放共享、优质普惠的数字资源供给能力。初步建成全民终身数字学习体系，老年人、残疾人等特殊群体数字技能稳步提升，数字鸿沟加快弥合。劳动者运用数字技能的能力显著提高，高端数字人才队伍明显扩大。全民运用数字技能实现智慧共享、和睦共治的数字生活，数字安全保障更加有力，数字道德伦理水平大幅提升。展望 2035 年，基本建成数字人才强国，全民数字素养与技能等能力达到更高水平，高端数字人才引领作用凸显，数字创新创业繁荣活跃，为建成网络强国、数字中国、智慧社会提供有力支撑。

资料来源：节选自《提升全民数字素养与技能行动纲要》，中华人民共和国国家互联网信息办公室官网

任务打卡

趣味测试

➤课堂讨论：

分析个人性格与能力对职业发展规划的意义是什么？

➤能力养成：

调整优化个人职业目标并培养个人“数字素养”。

项目总结

通过完成本项目的三个任务，我们深入了解了未来职业发展过程中可能面临的挑战，在了解学生角色和职业角色对比分析的基础上，从思维、沟通、工作方式、心态层面分析了如何做好全面的职业准备。由个人衍生向行业，分析未来将从事的行业中存在的机会和挑战，并在此基础上制定出个人未来的发展规划。正所谓知己知彼，百战不殆。信息时代提供了多种多样的认识自我的途径，但真正要做到的是实现自我能力向职业优势的裂变过程。

任务 1 让我们了解了学生角色面临的挑战以及应对这些挑战的基本逻辑。

任务 2 通过深入剖析学生角色与职业角色的不同点，从思维转换、沟通提升、工作高效、心态平稳等方面提出了应对职业生涯发展种种挑战与桎梏的全面应对措施。

任务 3 在分析时代演进过程中催生的新型职业与行业变革方式的基础上，结合个人自身的性格特征和能力优势，探讨了如何将自我能力嵌入行业所需的职业能力之中，实现由学生角色向职场角色的渐进性过渡与适应。

总之，通过完成本项目，我们全面而深入地认识了未来应当积极转变的方向，最重要的是摒弃学生思维，从底层逻辑上实现视野拓宽与行为转变，在工作方式的优化、心态的调整和自我时间管理效率的提升方面努力。

趣味测试

参考文献

[1] 苏娟丽,王琦.职业教育办学模式和人才培养模式改革探索[J].教书育人,2022

[2] 徐露.基于工匠精神的职业教育人才培养实践探索[J].品位·经典,2022

[3] 李海莉.国内外建设产教融合型城市的经验与启示[J].黑龙江科学,2022

[4] 周桐,刘宇,伍小兵,李同同,林涛.我国高职院校产教融合的现状、困境及创新路径[J].实验技术与管理,2022

[5] 刘飞.基于产教融合背景的高职院校人才培养模式[J].科技风,2022

[6] 廖喜凤,陈玲霞.产教融合型城市建设驱动的职业教育共同体内涵与建设路径[J].职业技术,2022

[7] 黄忠.百年变局下第四次工业革命的发展与国际关系的走向[J].当代世界与社会主义,2022

[8] 周妮娜,盛华,王雁.具身视角下数字经济技能人才培养的产教融合实践——以贵州盛华职业学院为例[J].广西职业技术学院学报,2022

[9] 田蜜,宋绍卫.大学生职业生涯规划与就业指导案例与实务——就业指导篇[J].高等教育出版社,2019

[10] 王东娓,袁雅莎,梁皓.新时代职业道德建设读本[M].北京:中国言实出版社,2020

[11] 沈士光.职业道德[M].上海:上海人民出版社,2016

[12] 郭强.职业道德与职业生涯[M].上海:上海人民出版社,2011

[13] 陈雪兰,黄琴,绍春军.职业道德与法律[M].成都:电子科技大学出版社,2019

[14] 王颖,张鑫.德育原理[M].成都:电子科技大学出版社,2019

[15] 阿尔伯特·哈伯德.把信送给加西亚[M].邢群麟,译.北京:中华工商联合出版社,2017

[16] 才忠喜,张东亮.大国工匠[M].北京:中国农业出版社,2021

[17] 朱斌谊,秦涛,余培.大学生职场核心能力训练教程 问题解决[M].成都:西南交通大学出版社,2021

[18] 周敏娟,李振涛,董静,秦伟.大学生职业生涯规划[M].成都:西南交通大学出版社,2021

[19] 刘佳,蔡俊.大学生职业素养[M].成都:四川大学出版社,2011

[20] 周鸣阳,许爱玉.找准你的位置 大学生求职与职场制胜方略[M].杭州:浙江大学出版社,2010

[21] 余长春,王润斌.大学生就业能力与社会需求的匹配[M].北京:社会科学文献出版社,2014

[22] 王北一,杨胜宝.通过完善 大学生学业生涯规 划促进 学风建设[J].思想政治教育研 究,2014

[23] 曾维咏,杜彬,罗晓云,袁远,吴颂群.云南农业大学新生学业生涯规划现状研究[J].云南农业大学学报 ,2014

[24] 王训兵,李晓波,王飞.大学生学业生涯规划现状及对策[J].教育与职业,2012

[25] 中华人民共和国教育部.中国职业教育发展报告(2012-2022 年)[J].职业技术教育,2022

[26] 杨会,严海霞.课程思政提升高职学生职业素养:价值,理念与行动[J].职教通讯, 2019

[27] 王丹,郑晓明.无边界职业生涯时代大学生生涯发展探析[J].社会科学战线,2020

[28] 武亚.基于职业生涯规划理念的高职生自我管理能力提升方案探究[J].济源职业技术学院学报, 2022

[29] 张金磊.高职学生职业素养培养体系研究与实践——以北京工业职业技术学院为例[J].高等工程教育研究, 2023

[30] 黄少勇,张仕英,杨庆.大类招生情境下大学生生涯规划教育实施路径研究——基于学生发展理论[J].江苏高教, 2023

[31] 林瑞青.大学生职业规划与职业素养[M].中国人民大学出版社,2014

[32] 方伟.大学生职业生涯规划咨询案例教程[M].北京大学出版社,2015

[33] 中国建筑五局总承包公司项目质量总监邹彬——小砌匠登上大舞台(奋斗者 正青春)[N]. 人民日报, 2022

[34] 屠呦呦:青蒿素——中医药献给世界的一份礼物 [N]. 中国青年报, 2021

[35] 连上多个热搜! 火爆全网的 ChatGPT 到底是个啥? [N]. 极目新闻, 2023

[36] 罗芸. 积极职业目标差异对高职生未来职业能动性的影响:预先应对的中介机制[D].贵州师范大学,2023

[37] 杨昊凯. 高职院校职业生涯教育现状及对策研究[D].河北师范大学,2023

[38] 黄卢涛. 家庭社会经济地位对大学生成就抱负的影响研究[D].石河子大学,2023

[39] SWOT 分析——帮你做成功的求职者. 人民网,2018

[40] 王东娓,袁雅莎,梁皓.新时代职业道德建设读本[M].北京:中国言实出版社,2020

[41] 黄华等.职业道德[M].北京:中国劳动社会保障出版社,2013

[42] 薛靖,黄奕,李想.就业指导与职业素养[M].成都:四川大学出版社,2021

[43] 金洪,周生斌,陈文.大学生职业素养及职业能力训练教程:技能成才,强国有我[M].西安:世界图书出版西安有限公司,2023

[44] 包心鉴.当代中国的政治认同[N].光明日报,2014

[45] 高国希.以人民为中心:中国式现代化的价值追求[J].道德与文明,2022

[46] 鲍文涵.职业教育大有可为[N].人民日报,2023